过程装备与控制工程专业核心课程教材编写委员会

组织策划人员（按姓氏笔画排列）

丁信伟（全国高等学校化工类及相关专业教学指导委员会
副主任委员兼化工装备教学指导组组长）

吴剑华（全国高等学校化工类及相关专业教学指导委员会委员）

涂善东（全国高等学校化工类及相关专业教学指导委员会委员）

董其伍（全国高等学校化工类及相关专业教学指导委员会委员）

蔡仁良（全国高等学校化工类及相关专业教学指导委员会委员）

编写人员（按姓氏笔画排列）

马连湘	王良恩	王淑兰	王 毅	叶德潜
刘敏珊	闫康平	毕明树	李 云	李建明
李德昌	张早校	吴旨玉	陈文梅	陈志平
肖泽仪	林兴华	卓 震	胡 涛	郑津洋
姜培正	桑芝富	钱才富	徐思浩	黄卫星
黄有发	董其伍	廖景娱	魏新利	魏进家

主审人员（按姓氏笔画排列）

丁信伟　施　仁　郁永章　蔡天锡　潘永密　潘家祯

审定人员（按姓氏笔画排列）

丁信伟　吴剑华　涂善东　董其伍　蔡仁良

普通高等教育"十一五"国家级规划教材

过 程 流 体 机 械

第二版

李　云　姜培正　主编

化学工业出版社

·北京·

本书是普通高等教育"十一五"国家级规划教材,是 2000 年出版的《过程流体机械》的第二版,本版保留了第一版的编排结构,对部分内容进行了更详细的分析和阐述,还添加了反映近年来的过程流体机械新成果的内容。本书以流体机械中应用广泛并具有典型性的活塞式、离心式压缩机和泵为主要对象,阐述了它们的工作原理、结构形式、运行特性、调节方法和机器的安全可靠性等方面的基本知识,并注意联系一些化工厂与石油炼制、石油化工厂的特点和发展趋势。每章均有一定数量的思考题和练习题,便于思考,掌握要点。为帮助教师备课,配套制作了《过程流体机械典型题解析》。

　　本书不仅可作为过程装备与控制工程专业等的本科、大专教材,亦可供制造与使用各种流体机械的有关工厂、设计研究单位等的工程技术人员参考。

图书在版编目(CIP)数据

过程流体机械/李云,姜培正主编 . —2 版 . —北京:化学工业出版社,2008.6(2024.1重印)
普通高等教育"十一五"国家级规划教材
ISBN 978-7-122-03226-3

Ⅰ. 过… Ⅱ. ①李…②姜… Ⅲ. 化工过程-流体机械-高等学校-教材 Ⅳ. TQ021.5

中国版本图书馆 CIP 数据核字(2008)第 097395 号

责任编辑:程树珍		文字编辑:陈 喆	
责任校对:洪雅姝		装帧设计:韩 飞	

出版发行:化学工业出版社(北京市东城区青年湖南街 13 号　邮政编码 100011)
印　　装:大厂聚鑫印刷有限责任公司
787mm×1092mm　1/16　印张 16¼　字数 425 千字　2024 年 1 月北京第 2 版第 20 次印刷

购书咨询:010-64518888　　　　　　　售后服务:010-64518899
网　　址:http://www.cip.com.cn
凡购买本书,如有缺损质量问题,本社销售中心负责调换。

定　价:49.80 元

第 二 版 前 言

本书为普通高等教育"十一五"国家级规划教材，是在第一版的基础上，根据时代发展和课程改革的要求，在总结近年来教学研究与改革成果，并分析教师和学生反馈意见的基础上修订而成的。

修订时，在保持第一版特色的基础上，注重对基本概念和基本参数或方程的深入阐述、理解和运用，以便于读者深入理解。力图通过阐述过程流体机械的基本理论以及分析，强化对学生分析和解决工程实际问题能力的培养，还添加了反映近年来的过程流体机械发展的新成果，以激发学生的科技创新兴趣。

由于教学对象、教学目的和书的篇幅所限，本书所阐述的流体机械，仅限于流体机械中的工作机一类。但在工作机这一类中，本书不仅阐述压缩机和泵，而且还阐述分离机。这些流体机械在许多物质产品的生产过程中被广泛大量地使用，发挥着十分重要的作用。有关这些流体机械所要阐述的理论知识和科学技术是内容相当丰富、多彩而有趣的。

本书着重联系化工生产过程所需的流体机械加以阐述与讨论。由于流体机械所涉及的内容既广又深，人们往往从理论计算研究、工程设计制造与选型使用等不同方面、不同层次上来了解它，掌握它与发展它。本书从所规定的教学目的和要求出发，学生学习流体机械这门专业课程主要是为了对流体机械选型与使用。因此本书所阐述的流体机械，其内容的理论性不是太深，但其知识面却相当广，实际的应用知识相当多。本书将从阐述各种流体机械的基本工作原理、结构形式、运行性能与调节控制及安全可靠性出发，着重达到学会选型与使用的目的。

同时，本书修正了第一版存在的错误和表达上的不妥之处，增加了部分过程流体机械结构插图，以增强学生对过程流体机械的感性认识，弥补教学内容过于抽象的不足。

本书由李云、姜培正主编，参加修订工作的有高秀峰（第1、第2章）、李云（第3、第4章）、冯诗愚（第5章），本书的建议授课学时为64学时，实验另计。

本书在编写和出版的过程中，得到本书第一版主审人郁永章教授的关心和积极支持，为本书修订提出了许多宝贵意见。书中文字、图表的编辑也得到了研究生林力、罗庶、刘小放等人的帮助，在此向他们以及本书第一版编者们致以诚挚的感谢。

我们衷心期望继续得到广大读者、同行专家的批评、指正。

编　者
2008 年 6 月

第 一 版 序

按照国际标准化组织的认定（ISO/DIS 9000：2000），社会经济过程中的全部产品通常分为四类，即硬件产品（hardware）、软件产品（software）、流程性材料产品（processed material）和服务型产品（service）。在新世纪初，世界上各主要发达国家和我国都已把"先进制造技术"列为优先发展的战略性高技术之一。先进制造技术主要是指硬件产品的先进制造技术和流程性材料产品的先进制造技术。所谓"流程性材料"是指以流体（气、液、粉粒体等）形态为主的材料。

过程工业是加工制造流程性材料产品的现代国民经济的支柱产业之一。成套过程装置则是组成过程工业的工作母机群，它通常是由一系列的过程机器和过程设备，按一定的流程方式用管道、阀门等连接起来的一个独立的密闭连续系统，再配以必要的控制仪表和设备，即能平稳连续地把以流体为主的各种流程性材料，让其在装置内部经历必要的物理化学过程，制造出人们需要的新的流程性材料产品。单元过程设备（如塔、换热器、反应器与储罐等）与单元过程机器（如压缩机、泵与分离机等）二者的统称为过程装备。为此，有关涉及流程性材料产品先进制造技术的主要研究发展领域应该包括以下几个方面：①过程原理与技术的创新；②成套装置流程技术的创新；③过程设备与过程机器——过程装备技术的创新；④过程控制技术的创新。于是把过程工业需要实现的最佳技术经济指标：高效、节能、清洁和安全不断推向新的技术水平，确保该产业在国际上的竞争力。

过程装备技术的创新，其关键首先应着重于装备内件技术的创新，而其内件技术的创新又与过程原理和技术的创新以及成套装置工艺流程技术的创新密不可分，它们互为依托，相辅相成。这一切也是流程性产品先进制造技术与一般硬件产品的先进制造技术的重大区别所在。另外，这两类不同的先进制造技术的理论基础也有着重大的区别，前者的理论基础主要是化学、固体力学、流体力学、热力学、机械学、化学工程与工艺学、电工电子学和信息技术科学等，而后者则主要侧重于固体力学、材料与加工学、机械机构学、电工电子学和信息技术科学等。

"过程装备与控制工程"本科专业在新世纪的根本任务是为国民经济培养大批优秀的能够掌握流程性材料产品先进制造技术的高级专业人才。

四年多来，教学指导委员会以邓小平同志提出的"教育要面向现代化，面向世界，面向未来"的思想为指针，在广泛调查研讨的基础上，分析了国内外化工类与机械类高等教育的现状、存在的问题和未来的发展，向教育部提出了把原"化工设备与机械"本科专业改造建设为"过程装备与控制工程"本科专业的总体设想和专业发展规划建议书，于1998年3月获得教育部的正式批准，设立了"过程装备与控制工程"本科专业。以此为契机，教学指导委员会制订了"高等教育面向21世纪'过程装备与控制工程'本科专业建设与人才培养的总体思路"，要求各院校从转变传统教育思想出发，拓宽专业范围，以培养学生的素质、知识与能力为目标，以发展先进制造技术作为本专业改革发展的出发点，重组课程体系，在加强通用基础理论与实践环节教学的同时，强化专业技术基础理论的教学，削减专业课程的分量，淡化专业技术教学，从而较大幅度地减小首的授课时数，以加强学生自学、自由探讨和发展的空间，以有利于逐步树立本科学生勇于思考与创新的精神。

高质量的教材是培养高素质人才的重要基础，因此组织编写面向21世纪的6种迫切需要的核心课程教材，是专业建设的重要内容。同时，还编写了6种选修课程教材。教学指导委员会明确要求教材作者以"教改"精神为指导，力求新教材从认知规律出发，阐明本课程的基本理论与应用及其现代进展，做到新体系、厚基础、重实践、易自学、引思考。新教材的编写实施主编负责制，主编都经过了投标竞聘，专家择优选定的过程，核心课程教材在完成主审程序后，还增设了审定制度。为确保教材编写质量，在开始编写时，主编、教学指导委员会和化学工业出版社三方面签订了正式出版合同，明确了各自的责、权、利。

　　"过程装备与控制工程"本科专业的建设将是一项长期的任务，以上所列工作只是一个开端。尽管我们在这套教材中，力求在内容和体系上能够体现创新，注重拓宽基础，强调能力培养，但是由于我们目前对教学改革的研究深度和认识水平所限，必然会有许多不妥之处。为此，恳请广大读者予以批评和指正。

全国高等学校化工类及相关专业教学指导委员会

副主任委员兼化工装备教学指导组组长

大连理工大学博士生导师

丁信伟教授

2001 年 3 月于大连

第 一 版 前 言

本书是根据全国高等学校化工类及相关专业教学指导委员会"化工装备教学指导组"1999 年度扩大工作会议和第二次工作会议决定的"核心课教材《过程流体机械》的编写要求"和审定的"编写大纲"而编写的。其中编写要求指出:"过程流体机械教材的教学目标是让本科生全面熟悉典型的过程流体机械的基本工作原理、工作特性以及能够表征其生产能力的技术经济指标,达到让学生能够初步学会选用各种流体机械的目的"。

遵照以上会议决定和该教材应达到的教学目的,本书系统的阐述了过程流体机械的基本工作原理、结构形式、运行性能与调节控制、安全可靠性以及选型的基本原则、方法和事例。流体机械应用量大面广,在国民经济众多的产品生产过程中起着心脏、动力和关键设备的重要作用,选用好这些流体机械,对工厂的装备投资,生产产品的质量、产量、成本和效益等都具有十分重要的意义,因而它是一门十分重要的专业核心课程。

由于教学对象、教学目的和本书篇幅所限,本书在编写体系、内容和方法上作了一些新的尝试。虽然本书不偏重于阐述较深的理论、公式推导和设计计算的内容,但却具有较广的知识面和较多的实际应用知识。书中还反映了一些现代的新知识和发展的新趋向。本书所指的过程流体机械仅限于流体机械中的工作机,而不包括原动机,但在工作机中却既有增压与输送流体的压缩机和泵,也有用于流体介质分离的离心机。本书在写法上力求概念清晰、简明扼要、突出重点、图文并茂,其篇幅虽少而酝涵的内容颇多。另外对部分内容,只是简单的提示了一下,未能作较具体的阐述,仅指出了有关的文献,可供参考。

本书共分五章,姜培正教授编写了第 1、3 章,李云副教授编写了第 2 章,魏进家和李德昌副教授编写了第 4 章,李德昌副教授编写了第 5 章。全书由姜培正教授主编,李云副教授参加了部分统稿工作。

本书由西安交通大学化工学院郁永章教授主审,由大连理工大学化工装备特种技术研究所所长、博士生导师丁信伟教授审定,承蒙二位教授悉心审阅,提出许多宝贵意见,谨致衷心谢忱。本书在取材中还得到沈阳鼓风机厂、重庆江北机械厂等单位及博士生权晓波、曾卓雄的大力支持和帮助,在此亦表谢意。

本书因编者的水平、能力和编写的时间有限,不妥之处实为难免,恳请兄弟院校和有关单位的同志们给予批评指正。

西安交通大学 姜培正

2001.4

目　　　录

1 绪 论

本章概述流体机械及其在物质生产过程中的地位和作用，介绍流体机械的分类与近代流体机械的发展趋势。

1.1 过程流体机械

1.1.1 过程与生产过程

过程是指事物状态变化在时间上的持续和空间上的延伸，它描述的是事物发生状态变化的经历。

生产过程是人们利用生产工具改变劳动对象以适应人们需要的过程。一般是指从劳动对象进入生产领域到制成产品的全部过程，它是人类社会存在和发展的基础。

现代产品的生产过程尤其是化工生产过程往往是由多个生产环节相连接的，或由主、附生产环节相互呼应的相当复杂的过程，并以大型化、管道化、连续化、快速化、自动化为其特征。人们还在提高产品的生产率、降低成本、节约能源、提高安全可靠性、优化控制与无污染等方面不断改进和完善着产品的生产过程。

1.1.2 过程装备

在现代产品的生产过程中，人们所使用的生产工具广义所指往往是包括各种生产过程装备，如机械、设备、管道、工具和测量用的仪器仪表以及自动控制用的电脑、调节操作机构等。所以过程装备是实现产品生产的物质条件，过程装备的现代化、先进性在某种意义上讲，对生产产品的质量、优越性能和竞争能力等都会起着决定性的作用。

1.1.3 过程流体机械

流体机械是以流体或流体与固体的混合体为对象进行能量转换、处理，也包括提高其压力进行输送的机械，它是过程装备的重要组成部分。在许多产品的生产中，其原料、半成品和产品往往就是流体，因此给流体增压与输送流体，使其满足各种生产条件的工艺要求，保证连续性的管道化生产，参与生产环节的制作，以及在辅助性生产环节中作为动力气源、控制仪表的用气、环境通风等都离不开流体机械。故流体机械往往直接或间接地参与从原料到产品的各个生产环节，使物质在生产过程中发生状态、性质的变化或进行物质的输送等。所以它是产品生产的能量提供者、生产环节的制作者和物质流通的输送者。因此，它往往是一个工厂的心脏、动力和关键设备。

流体机械是过程装备中的动设备，它的许多结构和零部件在高速地运动着，并与其中不断流动着的流体发生相互作用，因而它比过程装备中的静设备、管道、工具和仪器仪表等重要得多、复杂得多，对这些流体机械所实施的控制也复杂得多。学习与掌握有关流体机械的理论知识和科学技术是颇为必要的。

1.2 流体机械的分类

流体机械的分类方法很多，这里仅从三个方面分类。

1.2.1 按能量转换分类

流体机械按其能量的转换分为原动机和工作机两大类。原动机是将流体的能量转变为机械能，用来输出轴功，如汽轮机、燃气轮机、水轮机等。工作机是将动力能转变为流体的能量，用来改变流体的状态（提高流体的压力、使流体分离等）与输送流体，如压缩机、泵、分离机等。

1.2.2 按流体介质分类

通常，流体是指具有良好流动性的气体与液体的总称。在某些情况下又有不同流动介质的混合流体，如气固、液固两相流体或气液固多相流体。

在流体机械的工作机中，主要有提高气体或液体的压力、输送气体或液体的机械，有的还包括多种流动介质分离的机械，其分类如下。

1.2.2.1 压缩机

将机械能转变为气体的能量，用来给气体增压与输送气体的机械称为压缩机。按照气体压力升高的程度，又区分为压缩机、鼓风机和通风机等。

1.2.2.2 泵

将机械能转变为液体的能量，用来给液体增压与输送液体的机械称为泵。在特殊情况下流经泵的介质为液体和固体颗粒的混合物，人们将这种泵称为杂质泵，亦称为液固两相流泵。

1.2.2.3 分离机

用机械能将混合介质分离开来的机械称为分离机。这里所提到的分离机是指分离流体介质或以流体介质为主的分离机。

1.2.3 按流体机械结构特点分类

流体机械按结构可分为两大类，一类是往复式结构的流体机械，另一类是旋转式结构的流体机械。

1.2.3.1 往复式结构的流体机械

往复式结构的流体机械主要有往复式压缩机、往复式泵等。这种结构的特点在于通过能量转换使流体提高压力的主要运动部件是在工作腔中作往复运动的活塞，而活塞的往复运动是靠作旋转运动的曲轴带动连杆、进而驱动活塞来实现的。这种结构的流体机械具有输送流体的流量较小而单级压升较高的特点，一台机器能使流体上升到很高的压力。

1.2.3.2 旋转式结构的流体机械

旋转式结构的流体机械主要有各种回转式、叶轮式（透平式）的压缩机和泵以及分离机等。这种结构的特点在于通过能量转换使流体提高压力或分离的主要运动部件是转轮、叶轮或转鼓，该旋转件可直接由原动机驱动。这种结构的流体机械具有输送流体的流量大而单级压升不太高的特点，为使流体达到很高的压力，机器需由多级组成或由几台多级的机器串联成机组。

1.3 气体性质和热力过程

压缩机是应用非常广泛的流体机械，其处理对象是气体，因此，了解被处理对象的性质，尤其是热力性质，以及热力变化过程，对设计、研究和使用压缩机都非常重要。

1.3.1 气体状态方程

描述气体宏观状态的物理量是比体积 v 或密度 ρ，气体的基本状态 v 或 ρ 取决于当时

的压力 p 与温度 T。此外，比内能 u、比焓 h、比熵 s 等也是压缩机研究中常用的一些气体状态参数。状态参数的数值仅仅取决于状态，而与达到此状态所经历的途径或过程无关。

任何气体，基本状态参数 p、v、T 三者不是完全独立的，它们之间存在着一定的制约关系，并可表示成式(1-1)，这一制约关系称为气体的状态方程，由状态方程可根据气体的任意两个基本状态参数得到第三个基本状态参数。

$$f(p、v、T)=0 \tag{1-1}$$

1.3.1.1　理想气体状态方程

可以将气体假设成分子为不占体积的弹性质点且分子间没有相互作用力的理想气体，理想气体状态方程为

$$pv=RT \text{ 或 } pV=mRT \text{ 或 } pV=NR_0T \tag{1-2}$$

式中　p——气体压力，Pa；

v——气体比体积，m^3/kg；

V——气体体积，m^3；

T——气体绝对温度，K；

R——气体常数，$J/(kg \cdot K)$；

R_0——通用气体常数，适用于任何气体，$R_0=MR \approx 8.31451J/(mol \cdot K)$；

N——气体摩尔数，mol；

M——气体摩尔质量，kg/mol，$M=\mu/1000$；

μ——气体分子量。

自然界中实际上并不存在理想气体，但在气体离液相区比较远，如氮、氧等气体温度在常温以上，压力小于 10MPa 时，将气体处理成理想气体所带来的计算误差能被工程上所接受，采用理想气体模型和状态方程能够简化工程计算。

1.3.1.2　实际气体状态方程

随着压力增高和温度下降，气体的热力性质与理想气体的偏差将逐渐增大，以致超出工程所允许的误差范围，这时理想气体模型不再适用，必须按实际气体处理。已有的处理方式有两种：一种是对理想气体的压力与比体积分别予以修正，由此得到的描述气体状态参数关系的方程，称为实际气体状态方程，如范德瓦尔方程、RK（Redlich-Kwong）方程、RKS（Redlich-Kwong-Soave）方程、PR（Peng-Robinson）方程、马丁-侯（Martin-Hou）方程等，不同方程适于计算不同的介质以及介质的不同参数状态，不能完全通用；另一种是用一个总的修正系数修正理想气体状态方程，如式(1-3)所示，表述直观、简单。压缩机研究中多用后一种方式。

$$pv=ZRT \tag{1-3}$$

式中，Z 称为气体压缩因子，也称气体压缩性系数，其值与气体性质、压力和温度有关，需由实验确定。Z 表示实际气体偏离理想气体的程度，其物理意义是实际气体的摩尔体积与同温同压下理想气体的摩尔体积之比，$Z=1$ 即为理想气体。

在临界状态则有

$$p_c v_c=Z_c R T_c \tag{1-4}$$

根据对比态原理，不同物质在对比参数（对比压力 p_r、对比温度 T_r、对比比体积 v_r）都相同的对比态，具有相同的压缩因子，即

$$Z=f(p_r,T_r,Z_c) \tag{1-5}$$

式中　p_r——对比压力，$p_r=p/p_c$；

T_r——对比温度，$T_r=T/T_c$；

Z_c——临界压缩因子，多数气体的 Z_c 值在 $0.25\sim0.3$ 之间。

故此，对于无 Z 值曲线的气体或者混合气体，可根据图 1-1 所示的按对比态原理绘制的通用 Z 值曲线求取某一对比压力 p_r 和对比温度 T_r 下的压缩因子，该图假定各种气体临界压缩因子均为 $Z_c=0.27$。

对于 $Z_c=0.25\sim0.3$ 之间的其他气体，应用图 1-1 的误差小于 5%；对于氢、氦、氖只有当 $T_r\geqslant2.5$ 时方可应用，且应以如下的虚拟临界压力 p_c' 和虚拟临界温度 T_c' 代替临界压力 p_c 和临界温度 T_c；对于氨和水蒸气等极性分子，图 1-1 不能直接使用，需要进行修正，详见三参数和四参数法对比态原理及相关压缩因子修正算法。相应上述压缩因子计算方法称为两参数对比态原理，两参数对比态原理假设各种气体的临界压缩因子都相等。

$$\left.\begin{aligned}p_c'&=p_c+0.811 && \text{MPa}\\T_c'&=T_c+8 && \text{K}\end{aligned}\right\} \tag{1-6}$$

当 $p_r>10$ 时，所有气体对理想气体的偏差可达几倍；当 p_r 接近于零时，在所有对比温度下气体的 Z 值都接近于 1；当 $Z=0.95\sim1.05$ 时，工程上可将气体作为理想气体处理。为了应用计算机计算方便，现在正把各种气体的 Z 值拟合成温度与压力的函数。

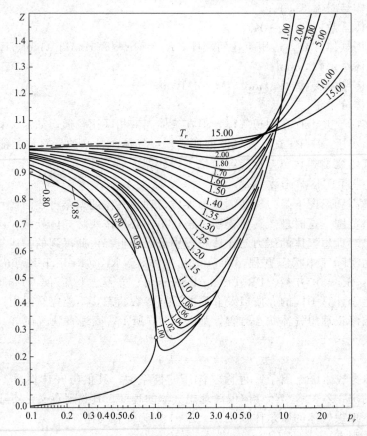

图 1-1　气体通用 Z 值曲线（$Z_c=0.27$）

1.3.1.3　混合气体状态方程

混合物的热力性质取决于各组元的热力性质和所占比例，混合物中各组元所占的百分数称为混合物的成分，混合物的成分有三种表示方法：质量分数 w_i、摩尔分数 x_i、体积分数 φ_i。

质量分数 w_i 为混合物中第 i 组分的质量 m_i 与混合物总质量 m 之比：

$$w_i = m_i/m \atop \sum w_i = 1 \left.\right\} \tag{1-7}$$

摩尔分数 x_i 为混合物中第 i 组分物质的量 N_i 与混合物总物质的量 N 之比：

$$x_i = N_i/N \atop \sum x_i = 1 \left.\right\} \tag{1-8}$$

对于理想气体，$x_i = N_i/N = p_i/p$。

体积分数 φ_i 为混合物中第 i 组分的分体积 V_i 与混合物总体积 V 之比：

$$\varphi_i = V_i/V \atop \sum \varphi_i = 1 \left.\right\} \tag{1-9}$$

对于理想气体，$\varphi_i = V_i/V = p_i/p = x_i$。

（1）理想混合气体状态方程

理想气体混合物遵循理想气体状态方程，方程中所涉及的气体常数和摩尔质量要用混合气体的折合气体常数 R_{eq} 和折合摩尔质量 M_{eq}。

$$M_{eq} = m/N = \sum x_i M_i \atop R_{eq} = R_0/M_{eq} \left.\right\} \tag{1-10}$$

（2）实际混合气体状态方程

对于实际混合气体，若组分间不起化学反应，则可以把混合物当作假想的纯质来处理。相应状态方程中混合物的常数与各组成物质纯质常数之间的关系，称为混合法则。一旦混合物的常数确定了，就可像计算纯物质一样，用状态方程确定混合物的热力参数。各种状态方程用于混合物时，往往有专门的混合法则，可查阅相关文献。

（3）实际混合气体压缩因子

对于实际混合气体，也可根据对比态原理，采用通用压缩因子图计算其压缩因子，但此时需把混合物看成是具有当量临界压力 p_{cm} 和当量临界温度 T_{cm} 的假想单一物质。当量临界参数的计算有如下两种方法。

ⅰ. 各组分 p_c 和 T_c 值相近，即满足 $0.5 < T_{ci}/T_{cj} < 2$、$0.5 < p_{ci}/p_{cj} < 2$ 时，采用如下的 Key 法则计算，对氢、氦、氖等气体仍应以虚拟临界压力和虚拟临界温度代入。

$$T_{cm} = \sum_i x_i T_{ci} \atop p_{cm} = \sum_i x_i p_{ci} \left.\right\} \tag{1-11}$$

ⅱ. 任意两组分临界压力比超过 20% 时，采用如下的 MPG 法则计算。

$$\left. \begin{array}{l} T_{cm} = \sum_i x_i T_{ci} \\[2mm] p_{cm} = \dfrac{R_m \left(\sum_i x_i \varphi_{ci}\right) T_{cm}}{\sum_i x_i v_{ci}} \end{array} \right\} \tag{1-12}$$

式中，R_m 为混合气体常数，$R_m = \sum w_i R_i$，其中，R_i 为任意组分的气体常数。

1.3.2 气体热力过程

压缩机中所涉及的气体热力过程是压缩和膨胀过程，过程方程是描述气体状态变化过程中各基本状态参数关系的方程。

1.3.2.1 理想气体热力过程

理想气体的过程方程可表示如下：

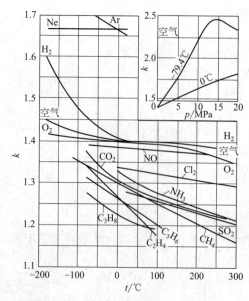

图 1-2 一些气体等熵指数与温度关系
（0.1MPa 下）

$$\left.\begin{array}{l} \dfrac{V_1}{V_2}=\left(\dfrac{p_2}{p_1}\right)^{\frac{1}{n}} \\ \dfrac{T_2}{T_1}=\left(\dfrac{p_2}{p_1}\right)^{\frac{n-1}{n}} \end{array}\right\} \tag{1-13}$$

式中，当过程指数 $n=1$ 时成为等温过程，即压缩过程所产生的热量能全部导出；$n=k$ 时成为绝热过程，即无热量传出。理想气体的等熵指数 k 值仅为温度的函数，如图 1-2 所示。但在压缩机工作的温度范围内，温度对 k 值的影响不超过 1%，故可忽略不计，认为 k 等于定值。一般单原子气体 $k=1.66\sim1.67$，双原子气体 $k=1.40\sim1.41$，多原子气体 $k=1.10\sim1.30$。

混合气体的等熵指数 k 值按下式计算：

$$\frac{1}{k_m-1}=\sum\frac{\varphi_i}{k_i-1} \tag{1-14}$$

式中 φ_i ——气体组分体积分数；
　　　k_i ——气体组分的等熵指数。

理想气体热力过程在 $p\text{-}v$ 图及 $T\text{-}s$ 图上的表示如图 1-3 所示。

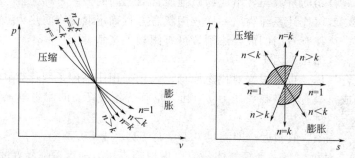

图 1-3 $p\text{-}v$ 图及 $T\text{-}s$ 图上的理想气体热力过程

1.3.2.2 实际气体热力过程

仿照理想气体过程方程式(1-13)，可把实际气体的绝热过程方程表示为

$$\left.\begin{array}{l} \dfrac{V_1}{V_2}=\left(\dfrac{p_2}{p_1}\right)^{\frac{1}{k_v}} \\ \dfrac{T_2}{T_1}=\left(\dfrac{p_2}{p_1}\right)^{\frac{k_T-1}{k_T}} \end{array}\right\} \tag{1-15}$$

式中 k_v ——容积等熵指数，其值与气体的性质、压力和温度有关，而且变化比较大；
　　　k_T ——温度等熵指数，其值虽然也与气体的性质、压力和温度有关，但对双原子气体和三原子气体来讲，变化比较小，且与理想气体的等熵指数相近，故常直接应用理想气体的等熵指数。

因此，在实际使用中尽量避免使用 k_v，而是根据状态方程式(1-3)，由式(1-15)中的后一个表达式整理出容积比的如下表达形式，便于应用：

$$\frac{V_2}{V_1}=\frac{Z_2}{Z_1}\left(\frac{p_1}{p_2}\right)^{\frac{1}{k_T}} \tag{1-16}$$

1.3.3 气体其他性质

1.3.3.1 物理性质

（1）黏度

黏度分为运动黏度和动力黏度，动力黏度是运动黏度与介质密度的乘积。不同介质的黏度差别甚大，并受压力和温度影响。黏度主要影响介质流动过程中的压力损失。

（2）热导率

热导率与物质种类和温度有关，一般分子量小的气体热导率较高。温度升高热导率增大。在低中压下，压力对热导率影响较小，高压下气体热导率随压力增高而增大。

（3）溶解度

压缩机领域一般关注气体介质在水和润滑油中的溶解度，一般来讲多是希望溶解度小。在制冷压缩机中，要求氟利昂与润滑油的互溶性要好，以便工质带油。

1.3.3.2 化学性质

气体的化学性质主要有可燃性、爆炸性、助燃性（主要是氧）、腐蚀性、热稳定性、毒性以及对环境的污染与破坏等。

（1）闪点

闪点指一种可燃性液体在规定条件下，在一个封闭或开启的坩埚中，从被试液体中产生的蒸汽与空气形成的混合物，可利用外部火源点燃时的最低温度（压力为 0.103MPa）。闪点是判断可燃性气体被点燃的标准。

（2）燃点

将物质在空气中加热时，开始并维持继续燃烧的最低温度叫做燃点，也叫着火点。燃点的数据随试样的形状、测定方法不同而有一定差异。

（3）爆炸性

爆炸性可以用爆炸极限来描述，可燃性气体在空气中构成爆炸性混合气体的比例范围称爆炸极限。在爆炸极限范围内，遇到火源就能闪火发生爆炸。在该范围之外，即使有明火也不发生爆炸。但在爆炸上限以上的混合气体，遇火源时可以燃烧。

（4）腐蚀性

当金属与周围介质接触时，由于发生化学作用或电化学作用而引起金属的破坏，叫做金属腐蚀。金属腐蚀可以分为化学腐蚀和电化学腐蚀两大类。单纯由化学作用而引起的腐蚀叫做化学腐蚀，如金属与干燥气体（O_2、H_2S、Cl_2 等）相接触时，在金属表面上生成相应的化合物（氧化物、硫化物、氯化物等）为化学腐蚀。电化学腐蚀是指当金属与电解质溶液接触时，由于电化学作用而引起的腐蚀，如钢铁在潮湿空气中的腐蚀是电化学腐蚀。气体对金属材料的腐蚀这两种情况都有可能。

（5）热稳定性

气体在温度较高的情况下，会产生分解和爆炸，如不饱和烃乙烯、丙烯、乙炔等。一些氟利昂制冷剂高温时也能分解。

（6）对环境的影响

气体除了毒性、易燃易爆、腐蚀、引起酸雨等对环境的影响外，CO_2、一些制冷剂、一些烃类等气体进入大气层后，会导致地球表面吸收和储存的太阳能增加，从而使地球表面大气的平均温度增高，这种现象称为温室效应。温室效应能导致地球两极冰雪融化，使海平面升高，以及带来其他有关的可能危害。此外，含氯元素的卤代烃化合物（即氟利昂）中的氯原子能与地球臭氧层中的臭氧发生化学反应，从而破坏臭氧层。因此，1987 年在蒙特利尔召开的联合国环境计划会议签署了"关于臭氧层衰减物质的蒙特利尔协定"，规定要禁止或逐渐淘汰这类化合物。

1.4 压缩机概述

用来压缩气体借以提高气体压力的机械称为压缩机，也称为"压气机"或"气泵"，一般提升压力小于0.2MPa时称为鼓风机，提升压力小于0.02MPa时称为通风机。根据压缩气体的原理，压缩机可分为"容积式"和"动力式"两大类。压缩机的种类和形式很多，不同压缩机的结构和特点差别巨大，因而其适用的场合、性能、造价、尺寸重量等指标也相差甚远。

1.4.1 压缩机的分类与命名

1.4.1.1 按工作原理分类

按工作原理，压缩机可分为"容积式"和"动力式"两大类。容积式压缩机直接对一可变容积工作腔中的气体进行压缩，使该部分气体的容积缩小、压力提高，其特点是压缩机具有容积可周期变化的工作腔。容积式压缩机工作的理论基础是反映气体基本状态参数 p、V、T 关系的气体状态方程。动力式压缩机首先使气体流动速度提高，即增加气体分子的动能，然后使气流速度有序降低，使动能转化为压力能，与此同时气体容积也相应减小，其特点是压缩机具有驱使气体获得流动速度的叶轮。动力式压缩机在中国个别文献中称为"速度式"或"叶轮式"压缩机。动力式压缩机工作的理论基础是反映流体静压与动能守恒关系的流体力学伯努利方程。

1.4.1.2 按排气压力分类

见表1-1，按排气压力分类时，压缩机的进气压力为大气压力或小于0.2MPa。对于进气压力高于0.2MPa的压缩机，特称为"增压压缩机"，化工厂中常用的循环气压缩机（循环泵）即为增压压缩机的一种。

表1-1 按排气压力对压缩机分类

名 称		排 气 表 压
风机	通风机	<15kPa
	鼓风机	0.015~0.2MPa
压缩机	低压压缩机	>0.2~1.0MPa
	中压压缩机	>1.0~10MPa
	高压压缩机	>10~100MPa
	超高压压缩机	>100MPa

1.4.1.3 按压缩级数分类

在容积式压缩机中，每经过一次工作腔压缩后，气体便进入冷却器中进行一次冷却，这称为一级。而在动力式压缩机中，往往经过两次或两次以上叶轮压缩后，才进入冷却器进行冷却，把每进行一次冷却的数个压缩"级"合称为一个"段"。在日本把容积式压缩机的"级"称为"段"，中国个别地区、个别文献受此影响，也把"级"称为"段"。

单级压缩机——气体仅通过一次工作腔或叶轮压缩；

两级压缩机——气体顺次通过两次工作腔或叶轮压缩；

多级压缩机——气体顺次通过多次工作腔或叶轮压缩，相应通过几次便是几级压缩机。

1.4.1.4 按功率大小分类

压缩机按功率大小分类见表1-2。

表 1-2　压缩机按功率大小分类

名　称	功率/kW	一般配用电源/V
小型压缩机	<5	220
中型压缩机	5~450	380
大型压缩机	≥450	3000 或 6000

1.4.1.5　压缩机分类及命名

压缩机按结构或工作特征分类和命名见表 1-3。

表 1-3　压缩机按结构或工作特征分类和命名

按工作原理	按工作腔中运动件或气流工作特征	按工作腔中运动件结构特征
容积式	往复式	活塞式
		柱塞式
		隔膜式
	回转式	双螺杆(螺杆)式
		单螺杆式
		涡旋式
		罗茨式
		滑片(旋叶)式
		滚动活塞(转子)式
		螺旋叶片式
		单齿转子式
		液环(液体活塞)式
		三角转子(汪克尔)式
动力式	离心式	叶轮(透平)式
	轴流式	
	漩涡式	
	喷射式	喷射泵

1.4.2　压缩机的用途

压缩机的用途极为广泛，遍布工农业、交通运输、国防甚至生活的各个领域。按照气体被压缩的目的，大致可区分为如下四类。

(1) 动力用压缩机

利用压缩空气驱动各种工具和器械已经应用得非常广泛，如风镐、风钻、气力扳手、造型机、车辆制动、仪表控制等。纺织工业中利用压缩空气吹送纬线以替代梭子，食品和制药工业用压缩空气搅拌浆液，中大型发动机用压缩空气启动，高压空气爆破采煤，鱼雷发射，潜艇沉浮等。这些场合均需用到不同压力的压缩空气，具有安全、可靠、方便、洁净等优点。

(2) 化工工艺用压缩机

在化学工业中将气体压力提高有利于化学反应的进行，提高反应速度和产率，并可相应减小设备尺寸，降低工程造价。如化肥生产中的合成氨工艺要使氢气和氮气在 15~100MPa 的压力下反应，尿素生产需要在 21MPa 下使二氧化碳和氨发生化学反应，而由乙烯聚合生产塑料的工艺则需要高达 280MPa 的工作压力，石油加氢精炼则需要 7～32MPa 的压力。

（3）制冷和气体分离用压缩机

制冷设备中需要提高制冷剂的压力，以将其冷却成液态，这需要压缩机提供约 1.5～12MPa 的压力。在气体分离工业（如空分），需要用压缩机先将混合气体提高压力，然后进行冷却和膨胀降温并变成液态，最后利用不同组分沸点差将其蒸发分离。

（4）气体输送用压缩机

气体输送有管道输送和装瓶输送两种方式。气量大时由管道输送，此时压缩气体的目的是提高气体压力以克服流动过程中的管道阻力，并使较小的管径输送尽可能多的气体，如天然气的管道输送需要 1～10MPa 的压力。气量小时用容器装运，因容器一般体积有限，所以为装运更多的气体，往往将充气压力定得高一些，如天然气汽车加气子站气体转运槽车的运输压力是 20MPa，而燃料电池汽车车载氢气瓶的充装压力是 35～70MPa。

1.4.3　各种压缩机的特点和适用范围

各种压缩机热力性能与结构特点的比较见表 1-4，图 1-4 示出动力与化工用压缩机不同形式的应用范围，图 1-5 示出不同形式的制冷压缩机应用范围。在某些范围内几种形式的压缩机都可应用，此时则应根据压力与流量以外的其他要求，如尺寸、重量、成本、可靠性、可维护性、安全性、供货周期等因素来选择压缩机形式。

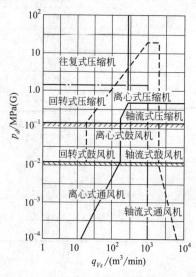

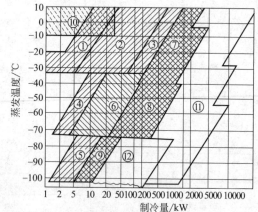

① 全封闭往复式　⑤ 复叠式下部往复式　⑨ 复叠式下部螺杆式
② 半封闭往复式　⑥ 两级压缩系统回转式　⑩ 滚动活塞与涡旋式
③ 开启式往复式　⑦ 单级螺杆式　⑪ 离心式
④ 两级压缩往复式　⑧ 两级压缩系统螺杆式　⑫ 空气透平式

图 1-4　动力和化工用压缩机应用范围　　　图 1-5　不同形式制冷压缩机应用范围

表 1-4　各种压缩机热力性能与结构特点的比较

名　称	往　复　式	回　转　式	离　心　式	轴　流　式
排气压力/MPa	一般 0.2～32 最高 700	一般 0.2～1.0 最高 4.5	一般 0.2～15 最高 70	一般 0.2～0.8
容积流量/(m³/min)	0.1～400 最小 0.01	0.1～500	10～3000	200～10000
调节性能	排气压力 稳定	排气压力 稳定	排气压力 随流量变化	排气压力 随流量变化
绝热效率	较高	一般	一般	较高
结构、零部件	复杂	较简单	简单	简单
可靠性	一般	高	高	高

名　称	往　复　式	回　转　式	离　心　式	轴　流　式
寿命	一般	较长	长	长
制造要求	一般	大多很高	高	高
安装维修	较复杂	较简单	较简单	较简单
工作腔润滑	有、无	有、无	无	无
气体带液适应性	差	强	不可	不可

1.4.4　压缩机的一些术语和基本概念

表压力和绝对压力　用压力表测得的压力称为表压力，它是容器中压力与当地大气压力之差，大气压力由气压计测量。表压力的数值后一般加符号"(G)"表示。

吸、排气压力　压缩机首级汽缸工作腔进气法兰和末级汽缸工作腔排气法兰接管处测得的气体压力称为压缩机的吸、排气公称压力（名义压力），简称压缩机的吸、排气压力。在某些场合，压缩机的排气压力也称"背压"。相应多级压缩机每一级的汽缸工作腔进、排气法兰接管处测得的气体压力称为级的公称（名义）吸、排气压力，并认为前级排气压力与后级吸气压力的名义值相等，称为级间压力。名义吸、排气压力分别用符号 p_s、p_d 表示。

吸、排气温度　压缩机首级汽缸工作腔进气法兰和末级汽缸工作腔排气法兰接管处测得的气体温度称为压缩机的吸、排气温度。相应每一级工作腔进、排气法兰接管处测得的气体温度称为级的吸、排气温度。吸、排气温度分别用符号 T_s、T_d 表示。

压力比　压缩机的压力比也称总压力比，是指末级排气接管处测得的名义排气压力与首级进气接管处测得的名义吸气压力之比，用符号 ε_t 表示。相应各级名义吸、排气压力之比称为级的名义（公称）压力比，或简称级的压力比。名义压力比用符号 ε 表示。

工况　压缩机运行所在的进、排气压力和进气温度状态参数称为压缩机的"工况"，压缩机铭牌上所标的参数工况称为"额定工况"，偏离"额定工况"运行则称为"变工况"。

标准状态　指压力为 1atm(＝101325Pa)、温度为 0℃ 的状态。

基准状态　指压力为 1atm(＝101325Pa)、温度为某基准值 t_N 的状态。在美、英、澳等英语区国家 $t_N=15℃$；在欧洲和日本 $t_N=0℃$；在前苏联，有些领域 $t_N=0℃$，有些领域 $t_N=20℃$；在中国 $t_N=20℃$，但民用燃气供应领域 $t_N=0℃$。

1.5　流体机械的发展趋势

随着国民经济的加速发展和科学技术的突飞猛进，流体机械也随之得到不断的发展与完善。目前流体机械的发展趋势简述如下。

1.5.1　创造新的机型

高压力、高单级增压比的压缩机和泵，例如活塞压缩机的出口压力达 700MPa，离心压缩机出口压力达 70MPa。

适用于大流量或小流量的压缩机和泵，例如轴流式压缩机进口流量达 10000m³/min，活塞压缩机进口流量约 0.01m³/min。

高转速压缩机和高转速离心机，例如带有气体轴承的小型汽轮机和压缩机的转速高达 150000r/min。

超声速压缩机，例如 $M \geqslant 2$ 的超声速轴流压缩机。

操作自动控制的大型离心机等。

1.5.2　流体机械内部流动规律的研究与应用

在流体机械的通流部件中进行空间三维流动、黏性湍流、可压缩流、两相或多相流和非牛顿流体的流场数值分析计算以及改进空间流道几何形状的设计等。

1.5.3　高速转子动力学的研究与应用

高速转子的平衡、高速转子的弯曲振动和扭转振动、高速转子的支承与抑振、高速转子的轴端密封和高速转子的使用寿命预估等。

1.5.4　新型制造工艺技术的发展

多维数控机床加工叶轮、叶片等零部件，复杂零件的精密浇铸和模锻，特殊焊接工艺和电火花加工等。

1.5.5　流体机械的自动控制

为使流体机械安全运行、调控到最佳运行工况或按产品生产过程需要改变运行工况等，均需要不断完善自动控制系统。

1.5.6　流体机械的故障诊断

为使流体机械安全运行，变定期停机大修为预防性维修，采用在线监测实时故障诊断系统，遇到紧急情况及时报警、监控或联锁停机。目前故障诊断系统正向人工智能专家诊断系统和神经网络诊断系统方向发展。

1.5.7　实现国产化和参与国际市场竞争

许多大型复杂的流体机械大多已实现了国产化，并随着一些大型工程装备的出口，向国外销售，参与了国际市场的竞争。

2 容积式压缩机

容积式压缩机的工作原理是依靠工作腔容积的变化来压缩气体，因而它具有容积可周期变化的工作腔。按工作腔和运动部件形状，容积式压缩机可分为"往复式"和"回转式"两大类，前者的运动部件进行往复运动，后者的运动部件做单方向回转运动。本章重点介绍往复式压缩机（活塞压缩机），简单介绍回转式压缩机，前者的绝大多数基本理论同样适用于后者。

容积式压缩机的主要特点是：工作腔的容积变化规律只取决于机构的尺寸，故机器压力与流量关系不大，工作的稳定性较好；气体的吸入和排出是靠工作腔容积变化，与气体性质关系不大，故机器适应性强并容易达到较高的压力；机器的热效率较高；一般来讲结构比较复杂，尤其是往复式压缩机易于损坏的零件多；一些压缩机的气体吸入和排出是间歇的，容易引起气柱及管道的振动。

2.1 往复压缩机基本构成和工作过程

2.1.1 基本构成和工作原理

2.1.1.1 总体结构和组成

图 2-1 是一台大型往复式压缩机结构示意图，这是一台卧式四列五级对称平衡型高压活塞压缩机，用于石油、化工等工业过程。图中所示的压缩机结构部件大致可分为如下三大部分。

（1）工作腔部分

工作腔部分是直接处理气体的部分，包括汽缸、活塞、气阀等，构成有进、出通道的封闭空间。活塞杆穿出工作腔端板的部位设有填料，用以密封间隙，活塞上设置的活塞环也是起密封作用的。

（2）传动部分

传动部分把电动机的旋转运动转化为活塞的往复运动，包括曲轴、连杆、十字头等，往复运动的活塞通过活塞杆与十字头连接。

（3）机身部分

机身部分是用来支承（或连接）汽缸部分与传动部分的零部件，包括机身（或称曲轴箱）、中体、中间接筒等，其上还可能安装有其他附属设备。

图 2-1 所示的压缩机确切地讲应称为压缩机主机，一台压缩机除主机外，还必须配以润滑系统、冷却系统、缓冲和减振系统、分离和净化系统、调节系统、安全防护系统等必不可少的附属装置才能稳定、可靠工作。

2.1.1.2 机构学原理和构成

活塞压缩机的机构学原理如图 2-2 所示，曲柄 1 的旋转运动通过来回摆动的连杆 2 转换成十字头 3 的往复运动，活塞 7 通过一根细长的活塞杆 4 连接在十字头上与其同步往复运动。活塞同心地安装在圆筒形汽缸 10 内，汽缸的一端或两端设有端盖，相应的前部和后部端盖称为缸盖和

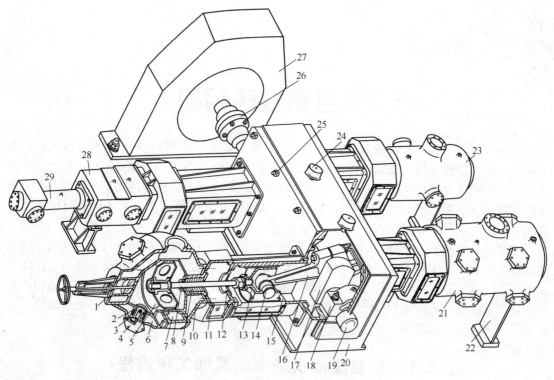

图 2-1　活塞式压缩机总体结构

1—气量调节装置；2—气阀；3—气阀压筒；4—压盖；5—Ⅰ级活塞组件；6—Ⅰ级缸气道；7—Ⅰ级缸夹套；
8—活塞杆；9—密封填料；10—Ⅰ级汽缸；11—中间接筒；12—刮油环；13—十字头组件；
14—十字头销；15—中体；16—连杆组件；17—曲柄；18—主轴承；19—曲轴；
20—机身；21—Ⅱ级汽缸；22—支承座；23—Ⅲ级汽缸；24—放气罩；
25—拉紧螺栓；26—联轴器；27—驱动电机；
28—Ⅳ级汽缸；29—Ⅴ级汽缸

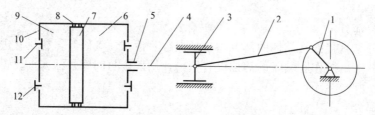

图 2-2　压缩机的机构学原理及构成示意图

1—曲柄；2—连杆；3—十字头；4—活塞杆；5—填料；6—工作腔；7—活塞；
8—活塞环；9—工作腔；10—汽缸；11—进气阀；12—排气阀

缸座。活塞、汽缸、缸盖或缸座共同围合成的封闭空间就是用于进行气体压缩的工作腔，当活塞在十字头带动下做往复运动时，工作腔容积做周期性变化，即可实现气体的吸入、压缩和排出。气体进出工作腔的控制部件 11、12 分别称为进、排气阀。活塞杆穿出汽缸端盖的部位存在环形间隙，需要进行密封，该密封元件 5 称为填料。活塞与汽缸之间同样也存在环形间隙，导致活塞两侧产生气体泄漏，对这一部位进行密封的元件 8 称为活塞环。

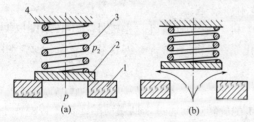

图 2-3　气阀结构和工作原理示意图
1—阀座；2—阀片；3—弹簧；4—升程限制器

控制气体进出工作腔的气阀如图 2-3 所示，它有四个主要零件，即阀座、阀片（板）、弹簧、升程限制器。如图 2-3（a）所示，气阀处于关闭状态时，阀片紧压在阀座上，使工作腔与外部断开。如图 2-3（b）所示，工作时，阀片下侧气体压力升高或上部气体压力下降，从而在阀片上产生一个与弹簧力反向的气体压差力，阀片两侧压差足够大时，气体力便克服了弹簧力而将阀片顶开，形成气流通道；反之，当作用在阀片上的气体力减小或消失时，阀片便在弹簧力作用下落回阀座，气阀关闭。升程限制器的作用是限制阀片的最大位移，并用于承载弹簧。可见，这种气阀的启闭完全是由工作腔内外的流体压力差决定，自动工作，故称为自动阀。进、排气阀的原理和结构相同，只是安装方向相反。

2.1.1.3 汽缸基本形式和工作腔

如图 2-4 所示，对于压缩机的一个汽缸而言，缸内仅在活塞一侧构成工作腔并进行压缩循环的结构称为单作用汽缸。在活塞两侧构成两个工作腔并进行相同级次压缩循环的结构称为双作用汽缸。通过活塞与汽缸结构的搭配，构成两个或两个以上工作腔，并在各工作腔内完成两个或两个以上级次压缩循环的结构，称为级差式汽缸。有些多工作腔汽缸，其中的一个腔室仅与某工作腔进气相通，而不用于压缩气体，起力平衡作用，称为平衡腔。

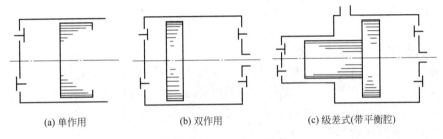

(a) 单作用　　　　　　　(b) 双作用　　　　　　　(c) 级差式(带平衡腔)

图 2-4　压缩机汽缸形式

容积式压缩机中，直接用来处理气体的容积可变的封闭腔室称为工作腔，一个压缩机汽缸中可能有一个工作腔，也可能有多个工作腔，它们同时或轮流依次工作，执行相同或不同压缩任务。工作腔中的全部容积并不一定都是有效的，其中实际用来处理气体的那部分容积称为工作容积，例如往复压缩机中活塞所扫过的那部分容积。工作腔在排气结束后，其中仍可能残存一部分高压气体，这部分空间称为余隙容积，余隙容积一般是有害的，多是希望以小为好，但有时也需要利用余隙容积来调整压缩机设计或调节其运行。

2.1.1.4 压缩机结构形式

一台压缩机，尤其是多级压缩机中，可能有不止一个连杆，把一个连杆所对应的一组汽缸及相应动静部件称为一列。一个压缩机有几个连杆就有几列。一列可能对应一个汽缸，也可能对应串在一起的几个汽缸。单列或多列活塞压缩机根据汽缸中心线与地平面的相对位置，可分为图 2-5 所示的一些形式，这些形式又大致可概括为立式、卧式、角度式三类。

ⅰ. 立式压缩机的汽缸中心线与地面垂直，如图 2-5（a）所示。

ⅱ. 卧式压缩机的汽缸中心线与地面平行，如图 2-5（b）～（d）所示，包括一般卧式（汽缸布置在曲轴一侧）、对动式（汽缸分布在曲轴两侧且两侧活塞运动两两相向）、对置式（汽缸分布在曲轴两侧但两侧相对列活塞的运动不对称）；四列或四列以上对动及对置式压缩机，电机位于各列间称为 H 形压缩机，电机位于轴端称为 M 形压缩机；两列对动压缩机也称 D 形压缩机。

ⅲ. 角度式压缩机如图 2-5（e）～（j）所示，包括 L 形、V 形、W 形、扇形、星形等。

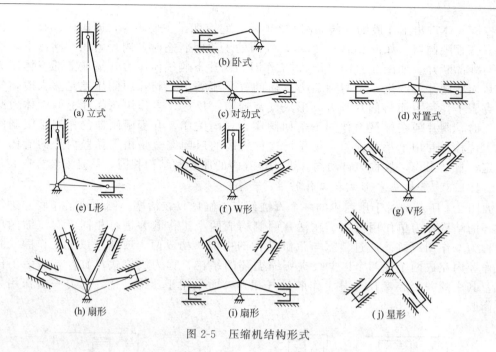

图 2-5　压缩机结构形式

2.1.2　压缩机级的工作过程

被压缩气体进入工作腔内完成一次气体压缩称为一级，每个级由进气、压缩、排气等过程组成，完成一次该过程称为一个循环。压缩机各级的工作过程是雷同的，所以研究压缩机的工作过程，首先需要研究一个级内的工作过程。

2.1.2.1　级的理论循环

为了由浅入深地讨论问题，先研究级的理论循环，假设：

ⅰ. 汽缸没有余隙容积，被压缩气体能全部排出汽缸；

ⅱ. 进排气过程无压力损失、压力波动、热交换，吸、排气压力为定值；

ⅲ. 压缩过程和排气过程无气体泄漏；

ⅳ. 所压缩的气体为理想气体，其过程指数为定值；

ⅴ. 压缩过程为等温或绝热过程。

理论循环如图 2-6 所示，横坐标为工作腔容积，纵坐标为其内气体压力。当活塞自左向右移动时，气体以压力 p_1 被吸入汽缸，4→1 为进气过程；活塞运动到最右端后，返程向左移动，气体被压缩，1→2 为压缩过程；当压缩压力达到排气压力 p_2 后，气体被活塞推出汽缸，2→3 为排气过程。进气过程吸气阀打开，排气过程排气阀打开，且均为瞬间启闭。过程 1→2→3→4 即为级的理论循环，如此周而复始地工作。循环过程在 p-V 图上的表示称为压力指示图，也称示功图（因为从图上可反映出循环的耗功）。图中，活塞运动到达的远离主轴侧的极限位置称为"外止点"（立式压缩机也称"上止点"）；活塞运动到达的接近主轴侧的极限位置称为"内止点"（立式压缩机也称"下止点"）。活塞向外止点运动时称"进程"，反之则称"回程"，活塞从一个止点到另一止点所走过的距离称为"行程"。

（1）理论循环级的进气量

理论循环中，级所吸进的气量为活塞迎风面积 A_p 与其行

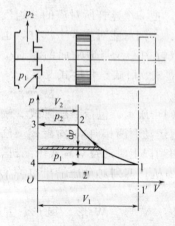

图 2-6　理论循环压力指示图

程 s 的乘积，即活塞一个行程所扫过的容积，特称行程容积或扫气容积，用符号 V_s 表示，早期的文献也用 V_h 表示。回转式压缩机中，行程容积多称为排量，即压缩机一转中所形成的总工作容积的大小。

$$V_s = A_p s \tag{2-1}$$

（2）理论循环指示功

完成一个工作循环所消耗的外功称为指示功，理论循环指示功即为 p-V 图（图 2-6）上封闭循环图所包围的面积，其值为

$$W_i = \int_{p_1}^{p_2} V \mathrm{d}p \tag{2-2}$$

将过程方程代入式（2-2）可积分得到等熵压缩循环指示功 $W_{i \cdot ad}$ 的计算式（2-3）、等温压缩循环指示功 $W_{i \cdot is}$ 的计算式（2-4），将式（2-3）中的等熵指数 k 换成多方压缩指数 n，便得到多方压缩循环指示功 $W_{i \cdot pol}$ 的计算式。

$$W_{i \cdot ad} = p_1 V_1 \frac{k}{k-1} \left[\left(\frac{p_2}{p_1} \right)^{\frac{k-1}{k}} - 1 \right] \tag{2-3}$$

$$W_{i \cdot is} = p_1 V_1 \ln \frac{p_2}{p_1} \tag{2-4}$$

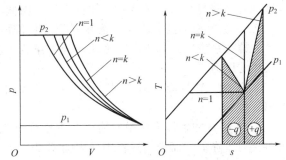

图 2-7 示出了不同过程指数对指示功和过程热量传递的影响。过程指数越大越远离等温线，$n > k$ 的压缩过程吸收热量，$n < k$ 的压缩过程放出热量。T-s 图上的阴影部分即为压缩过程的热量交换，$+q$ 表示吸收热量，$-q$ 表示放出热量。

图 2-7 不同压缩循环过程的功耗和能量交换

2.1.2.2 级的实际循环

理论循环只是假想的情况，实际压缩机级的工作循环较理论循环复杂，图 2-8 所示为实际循环 p-V 图，p_s 和 p_d 为名义吸、排气压力。

（1）实际循环与理论循环的差别

① 汽缸有余隙容积（图 2-9） 在排气行程终了的止点位置，余隙容积（活塞与汽缸盖之间的间隙、汽缸至气阀的通道、汽缸与活塞之间的间隙在第一道活塞环前的部分、活塞杆与汽缸座孔的间隙在填料以前的部分）内的高压气体无法排出，当活塞进入下一个进气行程时，工作腔内残留的高压气体要先膨胀至低于名义吸气压力后才可能开始有新的气体吸入汽缸。

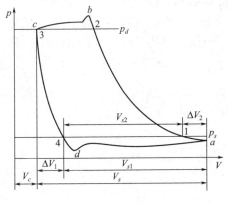

图 2-8 实际循环压力指示图

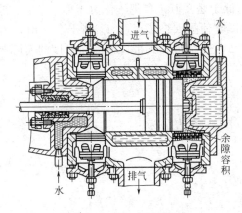

图 2-9 汽缸余隙容积

② 进、排气通道及气阀有阻力　通道和气阀不可能绝对光滑且无曲折，同时流通面积有限，故气体流经这些部位要产生压力损失，因此实际的吸气压力线低于名义值，而实际排气压力线高于名义值。

③ 气体与汽缸各接触壁面间存在温差　吸入过程中气体一般比各壁面温度低，因此气体会被加热；排出过程中气体一般会比各壁面温度高，因此气体会放出热量。压缩和膨胀过程的热交换较复杂，因为压缩和膨胀过程中气体温度不断变化，而壁面温度则由于汽缸的冷却和热惰性的关系趋于定值，故在压缩开始阶段继续有热量传给气体，成为吸热压缩，随着压缩过程的进行，气体温度不断提高，在某瞬时气体温度便和缸壁温度相等，该瞬时为绝热压缩，此后气体温度超过缸壁温度成为放热压缩。膨胀过程正好相反。

④ 汽缸容积不可能绝对密封　汽缸依靠气阀与进、排气系统相隔离，依靠活塞环等零件来密封活塞与汽缸之间的间隙，依靠填料来密封活塞杆通过汽缸端盖的部分。这些部位不能做到完全密封，因此必然有气体自高压区向低压区泄漏，由此影响工作过程。

⑤ 阀室容积不是无限大　往复式压缩机间断地吸、排气时，工作容积中的气体间断地从进、排气系统吸入和排出，由此使与工作腔相连的部分容积中产生压力脉动，并反过来影响气体的压力。

⑥ 实际气体性质不同于理想气体　被压缩的实际气体在温度和压力变化时，其性质与理想气体有一定差距。

⑦ 在特殊的条件下使用压缩机　进气或排气系统为固定封闭容积的场合，进气过程中压力会明显降低，而排气过程中压力会明显升高。

由图 2-8 可见，实际循环存在残余高压气体的膨胀，这导致吸气阀在 4 点以后才开启，刚开始开启时其通流面积还不够大，所以汽缸内的压力继续下降至 d 点。此后气阀完全开启，缸内压力有所回升，直至吸气结束的 a 点，吸气阀关闭，此时缸内压力稍低于名义吸气压力。活塞转入进程后气体受到压缩，当越过 2 点后缸内压力超过名义排气压力，排气阀开始动作，直至在 b 点完全开启，此时缸内压力因排气阀通流面积的增加而稍有下降，直至排气结束，排气阀在 c 点关闭，残余气体则储存在余隙容积中。排气结束点 c 的压力要稍高于理论循环的排气结束点 3 的压力，但一般差别很小，有时就近似认为 c 点与 3 点重合，有利于分析工作的简化。

（2）实际循环级的进气量

级的实际循环吸进的气量若折合成原始的压力 p_1 和温度 T_1，比理论循环的进气量（即行程容积 V_s）小。由图 2-8 可见，首先余隙容积中高压气体的膨胀占去了活塞的一部分行程，使吸进的气体减少了 ΔV_1；其次由于进气过程中存在阻力，使吸气终了时汽缸内压力 p_a 低于名义值，若把气体由压力 p_a 折合到名义值，则容积又减少了 ΔV_2；另外由于热交换的影响使吸入终了温度 T_a 高于名义值，若把气体温度 T_a 再折合到名义值，则容积又减少了 ΔV_3。令折算到进口压力和温度的实际吸入容积为 V_{s3}，则其与行程容积的比值 λ_s 称为吸气系数，也称充气系数。

$$\lambda_s = \frac{V_{s3}}{V_s} \tag{2-5}$$

式（2-5）可表示为

$$\lambda_s = \frac{V_{s1}}{V_s} \times \frac{V_{s2}}{V_{s1}} \times \frac{V_{s3}}{V_{s2}}$$

令

$$\lambda_v = \frac{V_{s1}}{V_s} \text{——容积系数} \tag{2-6}$$

$$\lambda_p = \frac{V_{s2}}{V_{s1}} \quad\text{——压力系数} \tag{2-7}$$

$$\lambda_t = \frac{V_{s3}}{V_{s2}} \quad\text{——温度系数} \tag{2-8}$$

则吸气系数可表示为

$$\lambda_s = \lambda_v \lambda_p \lambda_t \tag{2-9}$$

由此可见，级的实际循环进气量的所有影响因素都可以归结到这三个系数身上，下面进一步对这三个因素进行分析和讨论。

① 容积系数　根据气体状态方程和过程方程可推导得到容积系数的计算式：

理想气体

$$\lambda_v = 1 - \alpha\left(\varepsilon^{\frac{1}{m}} - 1\right) \tag{2-10}$$

实际气体

$$\lambda_v = 1 - \alpha\left(\frac{Z_4}{Z_3}\varepsilon^{\frac{1}{m}} - 1\right) \tag{2-11}$$

式中　α——相对余隙容积，$\alpha = V_c/V_s$；

ε——名义压力比，$\varepsilon = p_2/p_1$；

m——膨胀过程指数；

Z_4，Z_3——相应于膨胀终了（点 4）和排气终了（点 3）状态时气体的压缩性系数。

如图 2-10 所示，行程容积一定时，压力比和膨胀指数相同的情况下，相对余隙越大，容积系数就越小；相对余隙大到一定程度时，高压气体膨胀占据了整个汽缸容积，此时汽缸就不能吸入新的气体了。相对余隙容积和膨胀指数一定时，排气压力越高，相应余隙容积内的气体膨胀至吸气压力所占据的汽缸体积也越大，压缩机的容积系数就越小，当压力比高到一定数值后，膨胀的气体就占据了整个汽缸，压缩机进气量为零。

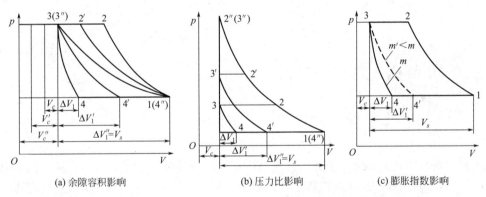

(a) 余隙容积影响　　　(b) 压力比影响　　　(c) 膨胀指数影响

图 2-10　结构和运行参数对容积系数与进气量的影响

如图 2-10 所示，其他条件相同时，膨胀指数减小过程曲线变得平坦，气体膨胀占据的汽缸容积更大。膨胀指数的大小取决于膨胀过程中传给气体热量的多少，传给的热量越多，膨胀指数越小，反之则越大。一般膨胀指数比压缩指数小，主要是因为膨胀过程中单位容积气体接触到的汽缸面积大于压缩过程，膨胀过程中气体主要接触的汽缸接近缸盖的部位及活塞表面温度都较高，故膨胀过程传给气体的热量要比压缩过程传出的热量多，过程指数变小。膨胀指数可由表 2-1 近似计算求得。

② 压力系数　图 2-8 从点 a 到点 1 的过程可视为多方压缩过程，根据过程方程可推导出压力系数的计算式（理想气体）：

$$\lambda_p = 1 - \frac{1+\alpha}{n\lambda_v} \times \frac{\Delta p_a}{p_1} \tag{2-12}$$

表 2-1　按等熵指数确定膨胀指数

进气压力/bar	等熵指数 k	k=1.4
1.5	$m=1+0.5(k-1)$	1.20
1.5~4.0	$m=1+0.62(k-1)$	1.25
4.0~10	$m=1+0.75(k-1)$	1.30
10~30	$m=1+0.88(k-1)$	1.35
>30	$m=k$	1.40

注：$1\text{bar}=10^5\text{Pa}$。

当 $\alpha=0.05\sim0.1$，$n=1.5$，$\lambda_v=0.8\sim0.9$ 时，可近似按式(2-13)计算 λ_p，引起的误差约为 $10\%\sim20\%$。

$$\lambda_p=1-\frac{\Delta p_a}{p_1}=\frac{p_a}{p_1} \tag{2-13}$$

有两个因素影响 λ_p 值：一是进气阀关闭状态的弹簧力，进气阀弹簧越硬，为克服弹簧力开启阀片所需要的压差就越大，λ_p 就越小；另一个是进气导管中的压力波动，如图 2-11 所示，吸气结束时，如果气流刚好处于波峰，实际上对缸内的气体起到了增压的作用，甚至造成 p_a 高于 p_1，即 $\lambda_p>1$ 的情况；反之，若处于波谷，则使吸气结束时汽缸内的压力比正常状态还要低。设计计算中，压力系数一般根据经验选取，气阀弹簧力设计正确时，对于进气压力等于或接近大气压力的第一级，压力系数约为 $0.95\sim0.98$，其余各级因为弹簧力相对气体压力要小得多，故取 $0.98\sim1.0$。

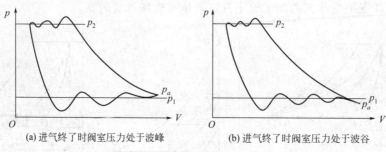

(a) 进气终了时阀室压力处于波峰　　　(b) 进气终了时阀室压力处于波谷

图 2-11　压力波动对进气压力的影响

③ 温度系数　其大小取决于进气过程中传给气体的热量。热量有两个来源：其一为进气过程中自通道、缸壁和活塞传给的热量，这部分热量与壁面和气体的温差、活塞平均速度以及气体密度有关，而壁面的温度主要取决于压力比的大小和汽缸的冷却情况，以及气阀的结构形式和布置等；其二为进气过程中由于压力损失所消耗的功，它也变成热量而加给气体。

余隙容积中高压气体膨胀终了的温度一般比进气温度高，但它不影响吸气量。因为膨胀的和吸进的气体混合后，虽然总温度高于进气温度，但是进气温度升高而使进气容积膨胀的效果恰好被余隙容积中膨胀气体温度的降低而使其气体容积收缩所补偿。

温度系数可按图 2-12 选取。图中，Ⅰ 区范围适用于双原子气体；大气量、或汽缸冷却良好、或进气压力损失小、或高速压缩机可取较高值；小气量、低转速或气冷式压缩机取较低

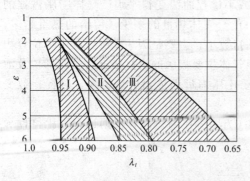

图 2-12　温度系数与压力比的关系

值；压缩氢气或氮氢混合气时，因为氢气的高热传导性促进了热交换，故建议取略低的值；对于具有小等熵指数的多原子气体，由于相应的排气温度较低，故可参考 I 区而取较高的数值。II 区适用于汽缸不冷却的制冷压缩机，对于直流式（进气阀布置在活塞顶上）应取较大值，一般形式取较小值。III 区适用于进气温度低于 −25℃时的制冷压缩机等。

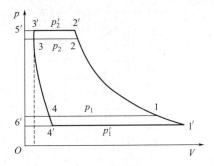

图 2-13 简化的实际循环指示图

（3）实际循环指示功

从实际循环指示图 2-8 无法对封闭循环面积直接积分而得到指示功，所以必须对实际循环进行简化，简化后的实际循环如图 2-13 所示，用固定的进、排气压力损失代替了动态变化的进、排气压力损失，并认为压缩指数 n 和膨胀指数 m 均为定值。则简化的实际循环指示功为

$$W_i = \int_{1'}^{2'} V \mathrm{d}p - \int_{4'}^{3'} V \mathrm{d}p \qquad (2\text{-}14)$$

假设压缩和膨胀过程指数相等，则实际循环指示功可积分为

$$W_i = p_1' V_s \left[1 - \alpha (\varepsilon'^{\frac{1}{n}} - 1) \right] \frac{n}{n-1} (\varepsilon'^{\frac{n-1}{n}} - 1) \qquad (2\text{-}15)$$

式中 ε'——实际压力比，$\varepsilon' = p_2'/p_1'$。

近似认为 $1 - \alpha (\varepsilon'^{\frac{1}{n}} - 1) = \lambda_v$。

令 $\delta_s = \dfrac{\Delta p_1}{p_1}$——进气相对压力损失；

$\delta_d = \dfrac{\Delta p_2}{p_2}$——排气相对压力损失。

则有

$$\varepsilon' = \frac{p_2'}{p_1'} = \frac{p_2}{p_1} \times \frac{1 + \dfrac{\Delta p_2}{p_2}}{1 - \dfrac{\Delta p_1}{p_1}} \qquad (2\text{-}16)$$

$$= \varepsilon \frac{1 + \delta_d}{1 - \delta_s} = \varepsilon (1 + \delta_0)$$

式中 ε——名义压力比，$\varepsilon = p_2/p_1$；

δ_0——进排气过程中总的相对压力损失，将 $1 + \delta_0 = (1 + \delta_d)/(1 - \delta_s)$ 展开并忽略高阶微量 $\delta_0 \delta_s$，则得 $\delta_0 \approx \delta_s + \delta_d$。

故对于理想气体，式（2-15）可化为

$$W_i = (1 - \delta_s) p_1 \lambda_v V_s \frac{n}{n-1} \left\{ \left[\varepsilon (1 + \delta_0) \right]^{\frac{n-1}{n}} - 1 \right\} \qquad (2\text{-}17)$$

对于实际气体，则有

$$W_i = (1 - \delta_s) p_1 \lambda_v V_s \frac{n}{n-1} \left\{ \left[\varepsilon (1 + \delta_0) \right]^{\frac{n-1}{n}} - 1 \right\} \frac{Z_1 + Z_2}{2Z_1} \qquad (2\text{-}18)$$

式中，过程指数对低压级可取 $n = (0.95 \sim 0.99)k$，中、高压级可取 $n = k$。相对压力损失可根据经验图 2-14 查取，功率指标要求先进的机器可取虚线值，这需要设法减小气阀通流损失；功率指标要求不严格的小型高速压缩机可取实线值。压力损失也可根据经验公式计算。对于实际气体现在也常用压-焓图或焓-熵图来计算循环功。

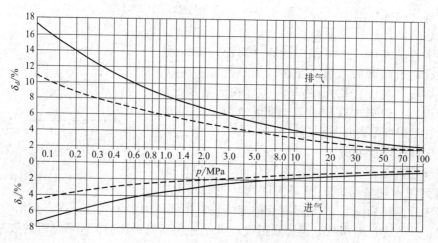

图 2-14 相对压力损失参考值

2.1.2.3 多级压缩

所谓多级压缩，是将气体的压缩过程分在若干级中进行，并在每级压缩之后将气体导入中间冷却器进行冷却，如图 2-15 所示。

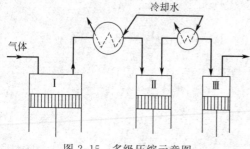

图 2-15 多级压缩示意图

（1）实行多级压缩的理由

① 节省压缩气体的指示功　即使汽缸冷却良好，压缩机中的实际压缩过程也趋于绝热，所以随单级压力比的提高，实际压缩过程线将越来越偏离等温压缩过程，即绝热循环指示功将越来越大于等温循环指示功。如图 2-16 所示，采用多级压缩，每一级在适当提高压力后就把气体排出并使气体冷却到原始进口温度，则实际压缩过程就是折线 1-2-1'-2'-1''-2''，相比于单级绝热压缩更接近等温线，因而可节省指示功。理论上讲，当级数无穷多且回冷完全（每一级出口气体都冷却至原始进口温度）时就实现了等温压缩过程。当然，如图 2-16(c) 所示，若下一级进口气体温度回冷不完全，将多消耗面积 2'-1''-3'-3'' 的功。分析表明，由于回冷不完善使气体温度比原始温度每升高 3℃，约使下一级功耗增加 1%。实行多级压缩之所以省功，完全是因为进行了中间冷却而使后一级吸入气体的体积减小，如果级间没有冷却，则多级压缩与单级压缩耗功相同。

② 降低排气温度　一定吸气温度下，级的压比越高，排气温度就越高。排温过高会导致许多问题，如润滑油的黏度下降，润滑效果恶化，产生结焦和积炭等。此外，排气温度还

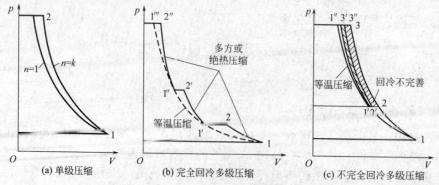

图 2-16 多级压缩指示功消耗情况对比

受到被压缩气体性质的影响。

③ 提高容积系数 随着压力比的上升，余隙容积中气体膨胀占的容积增大，汽缸实际吸气量减少，容积利用率降低。采用多级压缩使各级压力比降低，因而容积系数增高，尤其是第一级的容积系数提高，对减小整机尺寸作用显著。

④ 降低活塞上的气体力 多级压缩能大幅度降低活塞上所受的气体力，由此使运动机构和机身部分等零部件的重量减轻，机械效率也得以提高。如图 2-17 所示的两台机器，转速、行程、原始温度都相同，气体从 1bar 压缩到 9bar，一台采用单级压缩，另一台采用两级压缩。单级压缩的活塞面积为 A_{p1}，活塞在上止点时所受到的气体力为

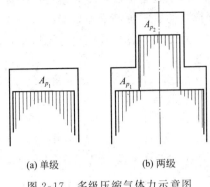

(a) 单级   (b) 两级

图 2-17 多级压缩气体力示意图

$$F_1 = (9-1) \times 10^5 A_{p1} = 8 \times 10^5 A_{p1} \tag{2-19}$$

若采用两级压缩，第一级从 1bar 压至 3bar，第二级从 3bar 压至 9bar，第一级活塞面积仍为 A_{p1}，第二级活塞面积为 A_{p2}，则上止点时活塞受到的气体力为

$$F_2 = (3-1) \times 10^5 A_{p1} + (9-1) \times 10^5 A_{p2} \tag{2-20}$$

设中间冷却是完善的，则二级吸气容积为一级的 1/3，也即

$$A_{p2} = \frac{1}{3} A_{p1} \tag{2-21}$$

代入式(2-20)，则有

$$F_2 = \frac{14}{3} \times 10^5 A_{p1} \tag{2-22}$$

由此可见，该例中两级压缩比单级压缩减小活塞力约 40%。

(2) 级数的选择

① 单级的最佳压力比 对独立的某一级或单级压缩机而言，把级的理论等温循环指示功与实际循环指示功之比定义为级的等温指示效率，即

$$\eta_{i \cdot is} = \frac{p_1 V_1 \ln \varepsilon}{p_1' V_1' \frac{n}{n-1} \{ [\varepsilon(1+\delta_0)]^{\frac{n-1}{n}} - 1 \}} \tag{2-23}$$

近似认为 $p_1 V_1 = p_1' V_1'$，将式(2-23) 对 ε 求导，令其等于零，可求得等温指示效率最高时级的最佳压力比。总的进排气压力损失在 10%～20%、过程指数在 1.2～1.7 时，级的最佳压力比约在 2～4，实际多级压缩机的单级压比多在 3 左右，一定压力损失下，过程指数越小，级的最佳压力比越高。如图 2-18 所示，级之所以存在一个使等温指示效率最高的最佳压力比，是由于：当压力比较低时，由于过程指数偏离等温压缩而多耗的功相对很小，而

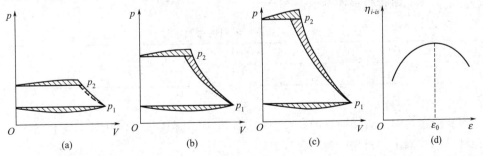

图 2-18 不同压力比时理想等温循环与实际循环对比

进、排气过程中流动阻力所造成的损失相对较大，因而 $\eta_{i\text{-}is}$ 较低；当压力比逐渐增高时，过程指数的影响慢慢增加，而阻力损失的影响慢慢减小，至某一压力比时 $\eta_{i\text{-}is}$ 达最大；当超过此压力比时，过程线偏离等温所造成的影响急剧增加，而阻力损失基本不变，因此使 $\eta_{i\text{-}is}$ 又降低。

② 多级压缩机的最佳级数　多级压缩机如果从省功角度考虑，应使整个机器的等温指示效率最高。图 2-19 是不同排气压力时，不同级数压缩机的等温指示效率计算曲线，计算条件是双原子气体（$k=1.4$），进气压力 0.1MPa，一级进气温度 300K，第二级以后各级 310K，压力损失取图 2-14 中的平均值，各级为等熵压缩，不考虑温度系数影响。可据此选择压缩机级数，保证等温指示效率最高。

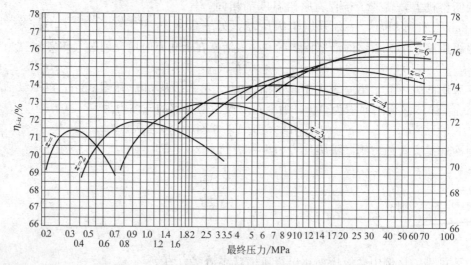

图 2-19　多级压缩机不同级数等温指示效率曲线

③ 级数选择的其他原则　虽然多级压缩可以节省功，但级数越多，结构就越复杂，相应机械摩擦损失、气阀流动阻力损失会增加，设备投资费用也越大，因此应合理选取级数。不同用途的压缩机在选择级数时还应综合考虑以下原则。

ⅰ. 对于大中型压缩机，一般应以最省功为原则，而不吝惜级数增多。

ⅱ. 对于小型移动式压缩机，虽然也应注意节省功的消耗，但往往重量是主要矛盾，因此级数选择多取决于每一级所允许的排气温度。在排气温度允许的范围内，尽量选用较少的级数，以减轻重量。

ⅲ. 对于一些特殊气体压缩机，在温度太高时化学性质会受到影响，因此级数的选择也取决于每一级所允许的温度。

表 2-2 是目前所使用的从常压进气的一些压缩机的级数，这些压缩机基本具有较好的性能和较高的效率，可供设计选型参考。

表 2-2　常见压缩机的级数统计

终压（表压）/MPa	0.3～1	0.6～6	1.4～15	3.6～40	15～100	80～150
级数	1	2	3	4	5～6	7

（3）压力比的分配

多级压缩机各级压力比的分配除进行理论分析外，还应综合考虑使用条件等实际因素，在理论计算的基础上，根据经验综合考虑确定。

理论推导表明，对于理想气体，各级回冷完全时，按等压力比分配总压力比 ε_t，等温指示效率最高，即各级压力比为：

$$\varepsilon = \sqrt[z]{\varepsilon_t} \tag{2-24}$$

式中，z 为压缩机级数。对于实际气体，各级功耗相等时，等温指示效率最高，故按各级功耗相等的原则分配压力比。

压缩机设计时，压力比的分配不能只考虑最省功这一原则，还要考虑其他一些因素，而在等压比分配原则基础上有所调整：

ⅰ. 为提高压缩机的总体容积效率，一般第一级的压力比要选得小一些，比其他级低约 5%～10%；

ⅱ. 如果第一级的进气温度很低，有时为了控制整个压缩机的排温，还故意把一级压比取得比其他级高 5%～10%；

ⅲ. 压缩机排气压力变化时，末级压力比所受的影响较大，如果排气背压提高，末级压比和排温首先升高，所以有时为控制末级排温，最后一级的压力比也取得比其他级低 5%～15%；

ⅳ. 对于气体充瓶用压缩机，当气瓶压力一旦达到设定值便停止工作，所以设计时末级压比可取得比其他级高 10%～20%；

ⅴ. 有时考虑到活塞力平衡的需要，某些级次的压力比可作适当调整。

2.2　往复压缩机热力和动力性能

2.2.1　压缩机的热力性能和计算

活塞压缩机的热力性能是指排气压力、排气量、排气温度以及功率和效率。这部分内容也涵盖了压缩机设计中热力计算的内容和方法。

2.2.1.1　排气压力和进、排气系统

（1）排气压力

一台压缩机的排气压力并非恒定，压缩机铭牌上标出的排气压力是指额定排气压力。实际上，压缩机可在额定排气压力以内的任意压力下工作，如果强度、刚度和排气温度等允许，也可超过额定排气压力工作。

对于一台已有的压缩机，其实际排气压力的高低并不取决于压缩机本身，而是由压缩机排气系统内的气体压力，即所谓的"背压"决定的，而排气系统内的气体压力又取决于该压力下压缩机排入系统的气量与从系统输走的气量是否平衡。如图 2-20 所示，若排气系统在某压力下的气量供求平衡，则压缩机便稳定在某压力下运行；若供过于求，排气系统内的气体质量不断增加，压力便不断提高，于是压缩机的排气压力也就相应提高；反之，若供不应求，则排气系统内气体的质量逐渐减少，压缩机排气压力下降，直至达到新的平衡为止。

多级压缩机级间压力的变化也服从上述规律，因为多级压缩机的设计原则就是前一级的排出量要被后一级在特定的压力和温度下所吸入。如果压缩机运行中前一级排出的气量改变，或后一级所能吸入的气量改变，或气体冷却温度发生改变，都会影响级间压力的分配。多级压缩机开启时，各级间压力和排气系统的背压

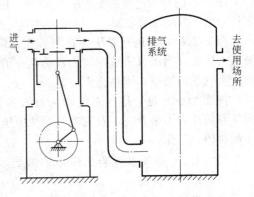

图 2-20　压缩机装置示意图

也是按此规律逐步建立的，首先是第一级开始建立其背压，然后是其后的各级依次建立，最后是整个压缩机系统的背压建立。这一压力建立过程持续的时间取决于排气系统的大小，长的可能需要数小时。

（2）进、排气系统

压缩机的进、排气系统决定了压缩机的工作状态和工作方式，各种压缩机的进、排气系统大致可分成图 2-21 所示的四类。

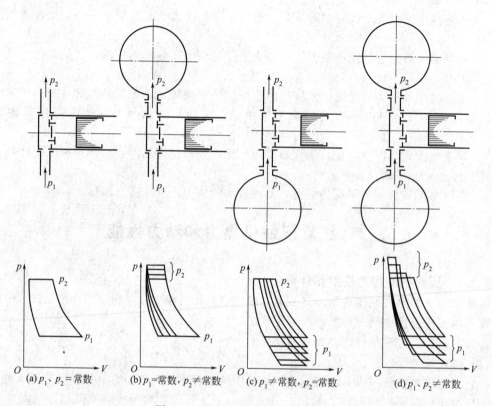

图 2-21 压缩机进、排气系统种类

图 2-21(a) 的进气系统有气体连续、稳定地产生，或从大气中吸进空气，因此进气压力近似地保持恒定；同时，排气系统中也连续、稳定地消耗气体，因此排气压力也近似地保持恒定，压缩机持续工作在固定工况下，运行参数基本恒定。如空气动力压缩机、工艺流程压缩机。

图 2-21(b) 的进气系统与图 2-21(a) 相同，进气压力为定值；排气系统为有限容积，排气压力由低至高逐渐增加，一旦压力达额定值，压缩机即停止工作。如气体充瓶用压缩机。

图 2-21(c) 的进气系统为有限容积，随着压缩机运行，进气压力将逐渐降低；排气系统压力恒定，当进气系统中压力低达某一值时，压缩机便停止工作。若进气系统是为了获得低于大气压的真空，则称为真空泵。

图 2-21(d) 进、排气系统均为有限容积，当压缩机工作后，进气系统压力不断降低，排气系统压力不断升高，直到进气系统中压力低达某一值或排气系统中压力高达某一值时，压缩机停止工作。

2.2.1.2 排气温度和压缩终了温度

（1）定义和计算

压缩机级的排气温度是在该级工作腔排气法兰接管处测得的气体温度。而压缩终了温度是工作腔内气体完成压缩过程，开始排气时的温度。因为排气过程节流和散热的关系，排气温度要比压缩终了温度低一些。它们分别按式(2-25)、式(2-26)计算：

$$T_d = T_s \varepsilon^{\frac{n-1}{n}} \tag{2-25}$$

$$T_d' = T_a \varepsilon'^{\frac{n-1}{n}} \tag{2-26}$$

式中　T_s——吸气温度，K；

　　　T_a——吸气终了汽缸内气体的温度，K；

　　　ε——名义压力比；

　　　ε'——实际压力比。

(2) 关于排气温度的限制

由于种种原因，各种气体压缩机中排气温度都需加以限制。有时，甚至因为排气温度的限制，压缩机不得不采用较多的级数，或者采用压缩机进气冷却等其他措施来降低排气温度。

汽缸用油润滑时，排气温度过高会使润滑油黏度降低及润滑性能恶化；此外，空气压缩机中，因排气温度高，润滑油中轻质馏分容易挥发，它一方面导致气体中含油增加，另一方面形成积炭现象。一般压缩机油在 180～210℃时积炭最严重，所以一般空气压缩机的排气温度限制在 160℃以内，移动式空气压缩机限制在 180℃以内。

氮、氢气压缩机考虑到润滑油的润滑性能，排气温度多限制在 160℃以下。

压缩氯气时，湿氯气能对一般铸铁及钢起电化腐蚀作用，而干燥氯气则能起氧化腐蚀作用，这些腐蚀作用都随温度上升而加剧，因此对于湿氯气的排气温度限制在 100℃以下，而干燥的氯气排气温度不得超过 130℃。

对于石油裂解气，因它是一多组分气体，其中含有多种重碳氢气体，这些气体温度高时能聚合成乳白色胶状物，胶状物能阻塞通道，使活塞环胶着于环槽内，并使气阀阀片因黏着作用而启闭不及时，由此导致阀片加速损坏，所以石油气压缩机的排气温度一般不超过 100℃。

乙炔是一种不饱和烃碳氢化合物，它的性质极不稳定，在温度高时乙炔既可能分解又可能聚合，特别是当分解时变成炭黑和氢，放出大量的热使气体温度进一步提高，这种恶性循环最终将导致爆炸事故，所以乙炔压缩机的排气温度不得超过 100℃。

乙烯在高温高压时，也能爆炸分解成炭黑和氢，一般高压时限制排气温度 80～100℃。

对于汽缸无油润滑压缩机，如果是用自润滑材料做密封元件，则允许的排气温度取决于自润滑材料的性质，填充聚四氟乙烯（PTFE）材料的限制温度是 180℃，这时对元件的磨损较有利。

2.2.1.3　排气量和供气量

(1) 定义

① 排气量　也称容积流量或输气量，是指在所要求的排气压力下，压缩机最后一级单位时间内排出的气体容积，折算到第一级进口压力和温度时的容积值。排气量用符号 q_V 表示，常用单位是 m³/min（或 m³/h、m³/s、L/h 等），排气量换算时应注意以下方面。

ⅰ. 如果被压缩气体含有水蒸气，随着气体压力的提高，水蒸气的分压力也提高，经过冷却器后，若其分压力大于冷却后气体温度所对应的饱和蒸汽压，便有水蒸气从气体中凝析出来，并被气液分离器从气体中分离掉。这部分被分离掉的水分也应换算成一级进口状态的水蒸气容积而计入排气量。

ⅱ. 化工厂中被压缩的多组分气体，有些组分不是工艺所需要的，因此压缩到一定压力后要进行洗涤，以便把它们清除掉。排气量中包含这部分被洗涤掉的气体，并应换算到一级进口。若中途有气体添加进压缩机，计算排气量时则应扣除这部分气体的容积。

ⅲ．对于实际气体，若是根据压缩机出口高压下测得的体积进行换算，换算时还应考虑气体可压缩性的影响。

由此可见，压缩机的排气量实际上并不是压缩机装置真正供给的气量，而是压缩机的吸入量减掉各级泄漏到压缩机之外的剩余气量。所以排气量这个参数一定程度上表征了压缩机的大小，而并不是其真正的供气能力。一定压缩机的容积流量随工况和冷却条件等因素而变化，并非定值，压缩机铭牌上标注的排气量是指额定工况下的容积流量数值。

② 供气量 也称标准容积流量，是指压缩机单位时间内排出的气体容积折算到基准状态时的干气体容积值。供气量用符号 q_{VN} 表示，单位是标准状态 m^3/min （或 m^3/h），换算时应注意以下方面。

ⅰ．级间如果有冷凝水析出，则被分离掉的冷凝水不计入供气量。

ⅱ．级间如果进行抽气洗涤净化，则被洗涤掉的组分不计入供气量。

ⅲ．级间如果被压缩介质在到达压缩机出口之前被抽走并用于工艺流程，则这部分被抽掉的气体也应换算成干气体，计入供气量。

ⅳ．若中途加入其他气体并由机组出口排出，则这部分气体计入供气量。

可见，供气量是用户真正获得的干气体的量，且是整个压缩机装置排出的，而不是仅在最后一级出口处得到的，中间级也可能供气。

③ 理论容积流量 是单位时间内所形成的压缩机工作容积之和，即等于每转总工作容积或排量乘以转速，理论容积流量的单位是 m^3/min （或 m^3/s），用符号 q_{Vh} 表示。

（2）排气量的计算

① 根据实测值换算 按照排气量的定义，当实际测得末级排出气量时，可按下式求取压缩机的排气量

$$q_V = q_{Vd} \frac{p_d}{p_{s1}} \times \frac{T_{s1}}{T_d} \times \frac{Z_{s1}}{Z_d} + q_{V\varphi} + q_{Vc} \tag{2-27}$$

式中 q_{Vd} ——末级排出的气体容积，m^3/min；

p_d，T_d 和 p_{s1}，T_{s1} ——测得 q_{Vd} 时的末级出口压力和温度，以及第一级进口的压力和温度，Pa、K；

Z_{s1}，Z_d ——相应于 p_{s1}、T_{s1} 及 p_d、T_d 时的气体压缩性系数；

$q_{V\varphi}$ ——中途分离掉的水分换算到第一级进口状态的容积值，m^3/min，按式（2-28）计算；

q_{Vc} ——中途清除掉的气体换算到第一级进口状态的容积值，若为中途加入的气体，则应折算后以负值代入，m^3/min。

$$q_{V\varphi} = m_w p_{sa1} / (\rho_{s1} p_{s1}) \tag{2-28}$$

式中 m_w ——每分钟分离出的水质量，kg/min；

p_{sa1}，ρ_{s1} ——相应温度为 T_{s1} 时的饱和蒸汽压和该压力下水蒸气密度。

② 根据 V_h 值理论计算 根据定义，排气量应等于压缩机每一转吸进的气体扣除中途泄漏到机器外部的气体再乘以转速，即

$$q_V = V_{s1} \lambda_{v1} \lambda_{p1} \lambda_{t1} \lambda_{l1} n \tag{2-29}$$

式中 V_{s1} ——第一级汽缸的行程容积，m^3；

λ_{v1}，λ_{p1}，λ_{t1} ——第一级汽缸的容积系数、压力系数、温度系数；

λ_{l1} ——第一级的泄漏系数，表示压缩机实际排出气量占一级吸入气量的百分比，无任何气体泄漏到机器外部时 $\lambda_{l1} = 1$；

n ——压缩机转速，r/min。

2.2.1.4 压缩机热力分析和计算

(1) 冷却析水问题

用于压缩湿气体的压缩机，中间各级或末级排气经冷却后，气体的含湿量（即相对湿度）会增大，如果其中水蒸气的分压达到相应温度下的饱和蒸汽压，就会有水分从气体中析出，这样进入下一级汽缸或最终供给用户的气体体积就减少了。

图 2-22 为多级压缩机系统热力参数关系，设各级进口压力和温度对应的饱和蒸汽压为 p_{sai}，一级进口相对湿度为 φ，以第一和第二级为例来分析冷却析水问题。一级出口气体受到压缩后，其中水蒸气的分压力由进口的 φp_{sa1} 增加到 $\varphi p_{sa1} p_{s2}/p_{s1}$，一级排气由 T_{d1} 被冷却到 T_{s2} 后，如果

$$\varphi p_{sa1} \frac{p_{s2}}{p_{s1}} > p_{sa2} \tag{2-30}$$

则一级排气被冷却后有水分析出。

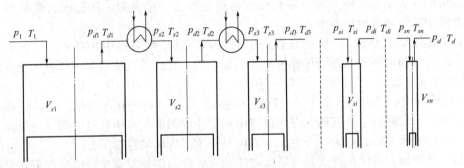

图 2-22 多级压缩机系统热力参数关系

现假设一级进口吸入 1m^3 上述湿气体，则其中干气体所占的体积为

$$V_1' = \frac{p_{s1} - \varphi p_{sa1}}{p_{s1}} \qquad \text{m}^3 \tag{2-31}$$

该湿气体经压缩并冷却后若有水分析出，则析水后的湿饱和气体的容积（二级进口压力和温度状态，即二级吸入的湿气体容积）为

$$V_2 = V_1' \frac{p_{s1}}{p_{s2}} \times \frac{T_{s2}}{T_{s1}} \times \frac{p_{s2}}{p_{s2} - p_{sa2}} \qquad \text{m}^3 \tag{2-32}$$

将式(2-31) 代入式(2-32)，得

$$V_2 = \frac{p_{s1} - \varphi p_{sa1}}{p_{s2} - p_{sa2}} \times \frac{T_{s2}}{T_{s1}} \qquad \text{m}^3 \tag{2-33}$$

再将 V_2 换算到一级进口状态，其与原始的湿气体容积（1m^3）的比值为

$$\lambda_{\varphi 2} = \frac{p_{s1} - \varphi p_{sa1}}{p_{s2} - p_{sa2}} \times \frac{p_{s2}}{p_{s1}} \tag{2-34}$$

$\lambda_{\varphi 2}$ 称为第二级的析水系数，显然任意压缩机第一级的析水系数为 $\lambda_{\varphi 1} = 1$。

由此可得到多级压缩机任意第 i 级的析水系数为

$$\lambda_{\varphi i} = \frac{p_{s1} - \varphi p_{sa1}}{p_{si} - p_{sai}} \frac{p_{si}}{p_{s1}} \qquad (i \geq 2) \tag{2-35}$$

当压力较高时，$p_{si}/(p_{si} - p_{sai}) \approx 1$，故有

$$\lambda_{\varphi i} \approx \frac{p_{s1} - \varphi p_{sa1}}{p_{s1}} \tag{2-36}$$

明确一下多级压缩机第 i 级析水系数 $\lambda_{\varphi i}$ 的定义——压缩机第 i 级吸入的析出水分后的湿

饱和气体体积折算至一级进口压力和温度状态下的数值，与一级实际吸入容积之比（暂不考虑泄漏和抽气），称为第 i 级的析水系数。

由上述定义和式(2-34)及前面的分析过程可见，某一级的析水系数实际上反映的是该级进口前的冷却情况，某一级进口前有水分析出，会影响到该级和其后所有级的析水系数。

既然级或压缩机的析水量可根据进、排气压力和冷却后的气体温度计算，那么式(2-27)中的析水量也可直接由计算得到。参考式(2-36)，则由实测值换算的压缩机排气量可表示为式(2-37)，而省去测量析水量的工作。

$$q_V = \left(q_{Vd} \frac{p_d}{p_{s1}} \times \frac{T_{s1}}{T_d} \times \frac{z_{s1}}{z_d} \right) \Big/ \left(\frac{p_{s1} - \varphi p_{sa1}}{p_{s1}} \right) + q_{Vc} \tag{2-37}$$

$$= q_{Vd} \frac{p_d}{p_{s1} - \varphi p_{sa1}} \times \frac{T_{s1}}{T_d} \times \frac{z_{s1}}{z_d} + q_{Vc}$$

（2）各级泄漏问题

压缩机中各运动部件的间隙或贴合面不可避免地会产生泄漏，如气阀、活塞环和填料等。压缩机中的泄漏分两种类型。

ⅰ. 直接漏入大气或第一级进气管道中的气体，因是泄漏到压缩机之外，故称为外泄漏。如一级进气阀的泄漏，各工作腔填料的泄漏，活塞环向大气或向第一级进气系统的泄漏（有与一级进气连通的平衡腔的压缩机）等。

ⅱ. 气体仅由高压级漏入低压级或高压区漏入低压区，但仍在压缩机之内，故称为内泄漏。如各级（一级除外）排气阀在进气过程中向工作腔的泄漏，所有进气阀（一级除外）的泄漏，双作用或级差式汽缸中，一个工作腔向另一个工作腔的泄漏等。

显然，外泄漏直接降低排气量并增加功率消耗；而内泄漏不直接影响排气量，但能影响级间压力的分配，倘若泄漏影响到第一级排气压力，则也能间接影响排气量。此外，已经消耗了压缩功的高压气体泄入低压级，以后再把这部分气体自低压级压送至高压级，必然要增加功的消耗。

在第一级汽缸膨胀和进气过程中，若有气体漏入该缸容积，也属外泄漏，因为进气过程中汽缸容积是和进气管道相通的，故漏入汽缸容积就等于漏入进气管道，或从另一方面看，泄入一级缸的气体占据了一级缸的部分工作容积，使进气量减小了，因而排气量也降低。

明确一下多级压缩机第 i 级泄漏系数 λ_{li} 的定义——压缩机末级排出的气体体积（暂不考虑析水和中间抽气）折算至第 i 级进口压力和温度状态下的数值，与该级实际吸入的气体体积之比，称为第 i 级的泄漏系数。

由泄漏系数的定义及其物理意义可见，为确保一定的排气量，第一级吸进的气体量就要考虑到第一级以及其后各级的外泄漏。对于第一级之后各级，设计时则应考虑本级全部内、外泄漏以及其后各级外泄漏。

泄漏系数与汽缸的排列方式、汽缸与活塞杆的直径、曲轴转速、气体压力的高低以及气体的性质有关，难以准确计算，工程设计中多根据经验选取。有油润滑压缩机一般取 0.90～0.98，无油润滑压缩机一般取 0.85～0.95，高转速压缩机取上限，低转速压缩机取下限。高压级或压缩氢气等密度较小的气体，泄漏系数宜取下限。

（3）级间抽气问题

所谓级间抽气，就是在压缩机进气口和排气口之间的某个部位，将压缩机系统中的气体抽走一部分，或额外补充进一部分气体，大致有三种情况。

ⅰ. 将压缩至中间压力的气体全部抽出进行洗涤净化，去除其中工艺上不需要的少数成分后，剩余的有效成分再返回压缩机继续压缩。

ⅱ. 将压缩至中间压力的气体抽出一部分，直接用于工艺流程中需求压力较低的工段，其余气体继续压缩至机组排气压力。

ⅲ．在压缩机进、出口之间的某一部位补充一些中压气体，这部分补充气体与吸气口来的气体一道被后几级压缩并送至压缩机出口。

级间抽气（补气）流程和抽气（补气）量影响压缩机的供气量及其设计计算结果，一般用级的抽气系数 λ_{ci} 反映。

明确一下多级压缩机第 i 级抽气系数 λ_{ci} 的定义——压缩机第 i 级吸入的经抽气或补气的气体体积（暂不考虑中间析水和泄漏）折算至一级进口压力和温度状态的数值，与一级实际吸入容积之比，称为第 i 级的抽气系数。

由抽气系数的定义及其物理意义可见，某一级前的抽气或补气影响到该级和其后所有级的 λ_c 以及工作腔容积。

多级压缩机装置的排气量、供气量、理论排气量，以及泄漏、析水、抽气、补气等各参数之间的关系如图 2-23 所示。

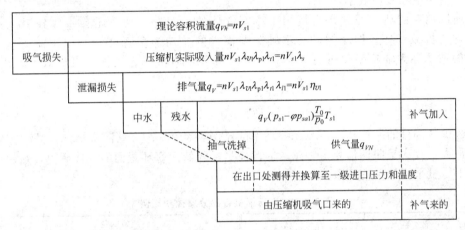

图 2-23　各种气量和参数的关系

（4）工作容积计算

参阅图 2-22 所示的多级压缩机系统热力参数关系，按照前一级排出的气体经级间冷却后，刚好要为下一级所吸进的原则，压缩机任意第 i 级工作容积可用下式计算

$$V_{si} = \frac{q_V}{n} \times \frac{p_1}{p_{si}} \times \frac{T_{si}}{T_1} \times \frac{\lambda_{\varphi i}\lambda_{ci}}{\eta_{vi}} \times \frac{Z_{si}}{Z_{s1}} \qquad (2\text{-}38)$$

式中　q_V——要求的压缩机容积流量，m^3/min；

　　　n——压缩机转速，r/min；

　　　η_{vi}——第 i 级的容积效率，$\eta_{vi} = \lambda_{vi}\lambda_{pi}\lambda_{ti}\lambda_{li}$，即相应级容积系数、压力系数、温度系数、泄漏系数的乘积；

　　　$\lambda_{\varphi i}$——第 i 级的析水系数；

　　　λ_{ci}——第 i 级的抽气系数；

2.2.1.5　功率和效率

（1）指示功率及其影响因素

整个压缩机的指示功为各级指示功之和，单位时间内消耗的指示功称为指示功率，压缩机的指示功率为

$$N_i = \frac{n}{60}\sum_{j=1}^{z} W_{ij} \qquad (2\text{-}39)$$

对压缩机的级而言，排出气体的量折算至级进口状态的体积为 $V_d = V_s\lambda_v\lambda_p\lambda_t\lambda_l$，根据式 (2-17) 可知，级单位体积排气量所消耗的指示功为

$$\overline{w} = \frac{W_i}{V_d} = \frac{p_s \dfrac{n}{n-1}\{[\varepsilon(1+\delta_0)]^{\frac{n-1}{n}} - 1\}}{\lambda_t\lambda_l} \tag{2-40}$$

由此可见，吸气预热、吸排气压力损失、泄漏的增大都会导致单位排气量消耗的指示功增加。所以理论上讲，设法减小这些系数值，通过改善冷却、减小过程指数等都会减小单位体积排气量消耗的指示功。另外，从直观的物理现象也可分析得到这一结论。在级的指示功计算式中并不体现温度，所以因吸气预热加重致使 λ_t 减小时，指示功并不改变，但实际吸入的气量却减少了，所以单位体积排气量消耗的指示功就增加了。泄漏和析水对功耗的影响相似，都导致最终得到的气量少于吸入值，但这些中途减少的成分已经被提高了部分压力，这部分功白白消耗了。

（2）轴功率和机械效率

压缩机消耗的功一部分是直接用于压缩气体的，即指示功；还有一部分用于克服各运动部件的机械摩擦，即摩擦功。主轴需要输入的总功为两者之和，称为轴功，单位时间消耗的轴功称为轴功率，用 N_z 表示。指示功率与轴功率之比称为机械效率，用 η_m 表示，即

$$\eta_m = \frac{N_i}{N_z} \tag{2-41}$$

压缩机各部分的摩擦功率占总摩擦功率的比例见表 2-3，可见活塞环部分的摩擦功率所占比例最大，其次是曲柄销和主轴颈。因此应尽量降低活塞环背面的气体压力，在保证密封的前提下尽量采用较少的环数。

表 2-3　往复压缩机各部分摩擦功比例

部位名称	百分比/%	部位名称	百分比/%
活塞环（处于气体压力作用下）	38～45	十字头销	6～8
活塞环（仅本身初弹力）	5～8	曲柄销	15～20
填料	2～10	主轴颈	13～18
十字头滑道	4～5		

实际影响机械效率的因素很多，例如轴承形式、摩擦副的材料、润滑方式等，现有机器统计结果如下：

ⅰ. 中、大型压缩机，$\eta_m = 0.86～0.92$；

ⅱ. 小型压缩机，$\eta_m = 0.85～0.90$；

ⅲ. 微型压缩机，$\eta_m = 0.82～0.90$。

高压压缩机由于填料部分摩擦功耗较大，无油润滑压缩机活塞环等摩擦功耗较大，宜取低限值。主轴直接驱动油泵、注油器及风扇（风冷时）时，机械效率更低些。整体摩托式压缩机宜取 0.92～0.96。

（3）热效率

压缩机常用的热效率有以下几个，它们分别用于衡量压缩机各部分设计或工作状态的热力学完善程度。

① 等温指示效率　压缩机理论等温循环指示功与实际循环指示功之比，用 $\eta_{i\text{-}is}$ 表示。等温指示效率反映了压缩机实际耗功与最小功接近的程度，即经济性。其中，理论循环指示功

计算时，若温度按各级相应的进气温度，并计及水分的析出、洗涤净化减少的容积以及实际气体的影响，则 η_{t-is} 反映了实际循环由于泄漏、热交换以及进排气阻力而造成的损失情况，而级间冷却的不完善并未计及，所以称此为压缩机的等温指示效率；如果理论等温循环指示功全部按第一级进气温度计算，它既考虑了压缩过程和进排气阻力等，又考虑到级间冷却的不完善，则称此为压缩机装置的等温指示效率。

② 等温轴效率　理论等温循环指示功与轴功之比，用 η_{is} 表示，等温轴效率也称全等温效率，现有压缩机一般为 0.6～0.75。

③ 绝热指示效率　理论绝热循环指示功与实际循环指示功之比。

④ 绝热轴效率　理论绝热循环指示功与轴功之比，用 η_{ad} 表示，常简称为绝热效率。实际压缩机的压缩过程趋于绝热，故绝热效率能较好地反映相同级数时，气阀等通流部分阻力损失的影响。

(4) 比功率

单位排气量消耗的功率称为比功率，单位是 $kW/(m^3/min)$，即单位体积排气量耗功。比功率用于比较同一类压缩机的经济性，且必须在相同排气压力、进气条件、冷却水入口温度、水耗量等前提下，否则就失去了可比性。比功率常用于衡量空气动力压缩机的热力性能指标，其他压缩机较少应用。

2.2.2　压缩机的动力性能和计算

压缩机的动力性能主要指压缩机中的各种作用力分析和计算、飞轮矩的确定、惯性力及其矩的平衡等。动力分析和计算也是结构件强度设计的基础，以及压缩机基础和减振设计的原始数据。

2.2.2.1　压缩机中的作用力

压缩机正常运转时，其中的作用力主要有三类：气体压力造成的气体力；往复和不平衡旋转质量造成的惯性力；接触表面相对运动产生的摩擦力。后者相对于前两者而言，要小很多。至于各零部件本身的重量，一般较上述力小得多，故不予考虑。

(1) 机构运动学关系简化

曲柄连杆机构的运动学关系如图 2-24 所示，活塞离曲轴旋转中心 O 的最远位置是外止点 A，最近位置是内止点 B，两点之间的距离为活塞行程 s。点 D 是曲柄销中心，线段 OD 是曲柄半径 r，连杆大小头孔的中心距 DC 是连杆长度 l。定义曲柄半径与连杆长度的比值 $\lambda=r/l$ 为"曲柄连杆比"（简称连杆比），活塞压缩机的连杆比多在 1/6～1/3.5。

如图 2-24 所示，规定外止点是活塞运动的起始位置，相应曲轴转角为 $\theta=0°$，则任意转角位置活塞的位移 x、速度 v、加速度 a 以及连杆的摆角 β 都是 θ 的函数。连杆摆角 β 的最大可能值不会超过 20°，规定在 $0°<\theta<180°$ 范围内 β 为正值，在 $180°<\theta<360°$ 范围内 β 为负值。由图示的几何关系可知

$$x=AO-CO=l+r-(l\cos\beta+r\cos\theta) \tag{2-42}$$

由图可知 $\sin\beta=r\sin\theta/l$，故 $\cos\beta=1-\sin^2\beta=\sqrt{1-\lambda^2\sin^2\theta}$，代入式（2-42）则可将活塞位移简化成下式

$$x=r\left[(1-\cos\theta)+\frac{1}{\lambda}(1-\sqrt{1-\lambda^2\sin^2\theta})\right] \tag{2-43}$$

通常认为压缩机的转速 n 是恒定的，故旋转角速度为 $\omega=d\theta/dt=n\pi/30$，将活塞位移 x 和速度 v 分别对时间求导可得其速度和加速度

$$v = \frac{\mathrm{d}x}{\mathrm{d}t} = \frac{\mathrm{d}x}{\mathrm{d}\theta}\frac{\mathrm{d}\theta}{\mathrm{d}t} = r\omega\left(\sin\theta + \frac{\lambda}{2} \times \frac{\sin2\theta}{\sqrt{1-\lambda^2\sin^2\theta}}\right) \tag{2-44}$$

$$a = \frac{\mathrm{d}v}{\mathrm{d}t} = \frac{\mathrm{d}v}{\mathrm{d}\theta}\frac{\mathrm{d}\theta}{\mathrm{d}t} = r\omega^2\left[\cos\theta + \frac{\lambda\cos2\theta}{\sqrt{1-\lambda^2\sin^2\theta}} + \frac{\lambda^3\sin^2 2\theta}{4(1-\lambda^2\sin^2\theta)^{3/2}}\right] \tag{2-45}$$

上述三式中，$\sqrt{1-\lambda^2\sin^2\theta}$可按二项式定理展开成如下的无穷级数

$$\sqrt{1-\lambda^2\sin^2\theta} = 1 - \frac{\lambda^2}{2}\sin^2\theta - \frac{\lambda^4}{8}\sin^4\theta - \cdots \tag{2-46}$$

舍去第三项以后的高阶量后代入 x、v、a 表达式，可将其简化为如下形式，这使活塞的位移、速度、加速度的计算式有了明确的物理意义。简化后的计算式表明活塞作一阶简谐和二阶简谐运动的合运动。

$$x = r\left[(1-\cos\theta) + \frac{\lambda}{4}(1-\cos2\theta)\right] \tag{2-47}$$

$$v = r\omega\left(\sin\theta + \frac{\lambda}{2}\sin2\theta\right) \tag{2-48}$$

$$a = r\omega^2(\cos\theta + \lambda\cos2\theta) \tag{2-49}$$

上述简化位移表达式的计算误差在 $\lambda = 1/5$ 时为 1%，在 $\lambda = 1/4$ 时为 2%。

（2）机构运动质量等效

为方便起见，习惯上把压缩机中运动零件的质量按它们的运动情况简化为质点，从而将它们的运动按质点动力学进行计算。如图 2-25 所示，把压缩机中所有运动零件的质量都简化成两类：一类质量集中在活塞销或十字头销中心点 A 处，只作往复运动；另一类质量集中在曲柄销中心点 B 处，只绕曲轴中心 O 作旋转运动。

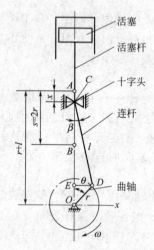

图 2-24　机构运动学关系简化

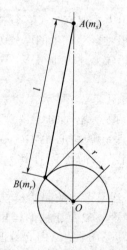

图 2-25　质量简化系统

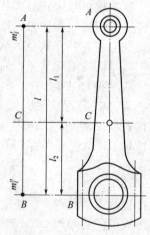

图 2-26　连杆质量转化

活塞、活塞杆和十字头部件都属往复运动，简单地认为其质量集中在质点 A 上，质量总和用 m_p 表示。

对于作摆动的连杆，如图 2-26 所示，将其质量 m_l 分解到两端点 A 和 B：小头质量为 m_l'，与活塞一起作往复运动，大头质量为 m_l''，与曲柄销一起作旋转运动。连杆质量分解应遵循质心和总质量不变的原则，即式（2-50），对于已有的连杆，可用称量的方法得出连杆的转化质量，将连杆十字头销中心点 A 和曲柄销中心点 B 分别搁置在两个磅秤上，同时称出这两点的质量，即为所求的转化 m_l' 和 m_l''。

$$\left.\begin{aligned} m_l'&=m_l\frac{l_2}{l}\\ m_l''&=m_l\frac{l_1}{l}\end{aligned}\right\}\tag{2-50}$$

根据已有连杆的统计结果，设计时可按式(2-51）转化质量，对于高速压缩机，m_l''应取较大的系数值。

$$\left.\begin{aligned} m_l'&=(0.3\sim0.4)m_l\\ m_l''&=(0.7\sim0.6)m_l\end{aligned}\right\}\tag{2-51}$$

曲拐部分也需要对质心不在曲柄销中心的质量部分，根据惯性力相等的原则进行转化。如图 2-27 所示，质量 m_{c1} 和 m_{c2} 相对于点 O 不对称，故在旋转时要产生离心力，转化到曲柄销中心的不平衡旋转质量 m_c 按式(2-52）计算。有些行程较短的压缩机，可能主轴颈和曲柄销有部分重叠，此时重叠部分的质量 m_{c2} 应以负值代入。当然，也可通过三维 CAD 软件直接获得整个曲轴在径向的质心位置，而不必按上述方法分割转化。

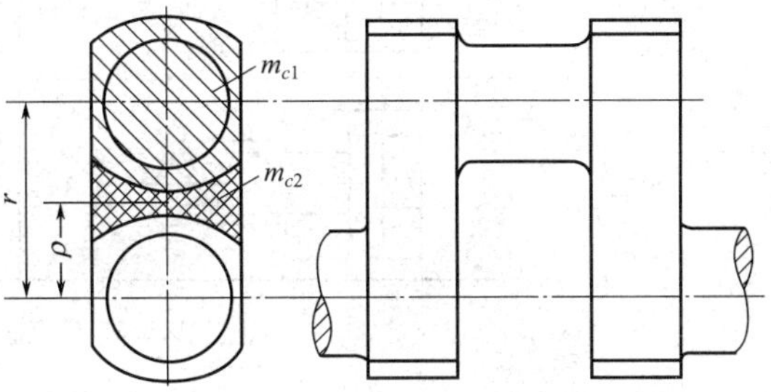

图 2-27 曲轴质量转化

$$m_c=m_{c1}+m_{c2}\frac{\rho}{r}\tag{2-52}$$

至此，整个压缩机运动机构转化在往复运动部分的总质量 m_s 和转化在旋转运动部分的总质量 m_r 分别为

$$\left.\begin{aligned} m_s&=m_p+m_l'\\ m_r&=m_c+m_l''\end{aligned}\right\}\tag{2-53}$$

(3) 各种作用力的计算

对压缩机中的各种力，规定使活塞杆、连杆、曲柄受到拉伸的力为正值，反之则为负值。可见，活塞向轴行程时其所受往复摩擦力为正值，反向则为负值；曲柄销产生的旋转惯性力为正值。

① 气体力　汽缸内的气体压力随活塞运动，即随曲轴转角 θ 变化，变化规律可由压力指示图或过程方程得到。作用在活塞上的气体力 F_g 为活塞两侧各工作腔气体压力与相应活塞受力面积乘积的差值。若活塞一端为大气压或平衡腔，则活塞杆端面所受大气或平衡腔压力也应计算在内，一般忽略活塞杆端面所受大气压力引起的计算误差（不足 0.5%）。几种典型汽缸的气体力计算见图 2-28，图中 p 为气体压力、A 为活塞端面面积，各角标 i、j——第 i 或 j 级、G——盖侧、Z——轴侧、p——平衡级、b——背侧、s——吸气、d——排气。

② 惯性力　压缩机中各运动零部件做不等速直线运动或作旋转运动时，便会产生惯性力。由于曲柄连杆机构的运动部件质量已转化到图 2-25 中的 A 和 B 点，故惯性力便只有往复运动质量 m_s 引起的往复惯性力 F_{Is} 和旋转运动质量 m_r 引起的旋转惯性力 F_{Ir}。

根据式(2-49)，往复惯性力为

$$\begin{aligned} F_{Is}&=m_sa=m_sr\omega^2(\cos\theta+\lambda\cos2\theta)\\ &=m_sr\omega^2\cos\theta+m_sr\omega^2\lambda\cos2\theta\\ &=F_{Is}^{\mathrm{I}}+F_{Is}^{\mathrm{II}}\end{aligned}\tag{2-54}$$

汽缸结构形式		气体力 F_g/N
单作用 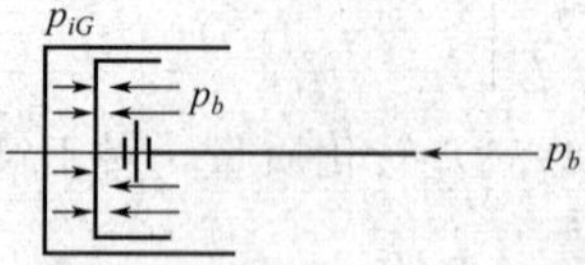	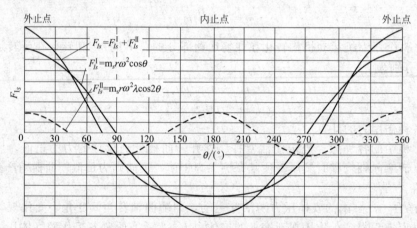	$F_g = p_b A_b - p_{iG} A_{iG}$
双作用 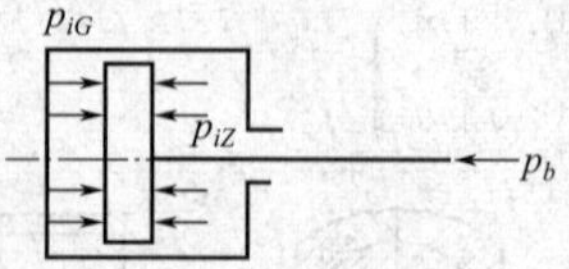		$F_g = A_{iZ} p_{iZ} - p_{iG} A_{iG} + p_b A_b$
级差式 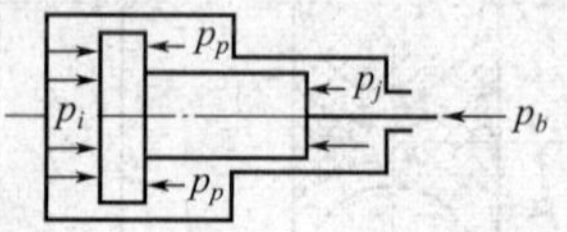		$F_g = -p_i A_i + p_p A_p + p_j A_j + p_b A_b$

图 2-28　典型汽缸结构气体力计算

式中，$F_{Is}^{I} = m_s r \omega^2 \cos\theta$ 称为一阶往复惯性力，$F_{Is}^{II} = m_s r \omega^2 \lambda \cos 2\theta$ 称为二阶往复惯性力。可见，二阶往复惯性力变化周期为一阶之半，最大值仅为一阶最大值的 λ 倍。一台往复压缩机的惯性力曲线如图 2-29 所示。

图 2-29　往复惯性力曲线

旋转惯性力的计算比较简单

$$F_{Ir} = m_r r \omega^2 \tag{2-55}$$

③ 摩擦力　压缩机各接触面间的摩擦力取决于彼此间的正压力及摩擦系数，且随曲轴转角变化，难以精确计算。考虑到其数值较气体力和惯性力小得多，故为简单起见将其作为定值处理，并分为往复摩擦力 F_{fs} 和旋转摩擦力 F_{fr} 两部分。摩擦力按经验统计的摩擦功率推算，通常往复摩擦占摩擦功率的 $60\% \sim 70\%$，旋转摩擦占摩擦功率的 $40\% \sim 30\%$，因此

$$F_{fs} = (0.6 \sim 0.7) \frac{p_i \left(\dfrac{1}{\eta_m} - 1 \right)}{ns/30} \tag{2-56}$$

$$F_{fr} = (0.4 \sim 0.3) \frac{p_i \left(\dfrac{1}{\eta_m} - 1 \right)}{rn\pi/30} \tag{2-57}$$

式中，p_i 为第 i 列的指示功率，W；η_m 为压缩机的机械效率；s 和 r 分别为活塞行程和曲柄半径，m；n 为压缩机转速，r/min。式（2-57）中的 F_r 实际上是折合到曲柄销中心并垂直于曲柄半径的阻力，而非真正的表面摩擦力。

④ 综合活塞力 压缩机中的气体力、往复惯性力、往复摩擦力都是沿汽缸中心线方向作用的，将它们的代数和称为列的综合活塞力，即

$$F_p = F_g + F_{Is} + F_{fs} \qquad (2\text{-}58)$$

显然，F_p 是 θ 的函数，图 2-30 是某双作用压缩机列的综合活塞力曲线。当压缩机空负荷运行时，综合活塞力仅是往复惯性力和往复摩擦力之和。当压缩机在止点位置满负荷停车时，$F_p = F_{g\max}$，即为最大气体力（习惯上称最大活塞力），显然，最大活塞力并不等于综合活塞力的最大

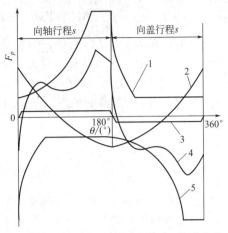

图 2-30 双作用压缩机列的综合活塞力曲线
1—轴侧气体力；2—往复惯性力；3—往复
摩擦力；4—综合活塞力；5—盖侧气体力

值，但相差不太多，故定性分析压缩机零部件强度时，常用最大活塞力来计算，以求简单。最大活塞力也常作为衡量压缩机大小的一个概念。

（4）作用力分析

① 侧向力和连杆力 如图 2-31 所示，综合活塞力 F_p 作用在十字头销（或活塞销）中心点 A 上，在连杆小头中心 A 点产生一个推力 F_l，称为连杆力；同时在机身十字头导轨上产生一个顺主轴旋转方向的正压力 F_N，称为侧向力。由图可得

$$F_N = F_p \tan\beta = F_p \frac{\sin\beta}{\cos\beta} = F_p \frac{\lambda \sin\theta}{\sqrt{1 - \lambda^2 \sin^2\theta}} \qquad (2\text{-}59)$$

$$F_l = \frac{F_p}{\cos\beta} = \frac{F_p}{\sqrt{1 - \lambda^2 \sin^2\theta}} \qquad (2\text{-}60)$$

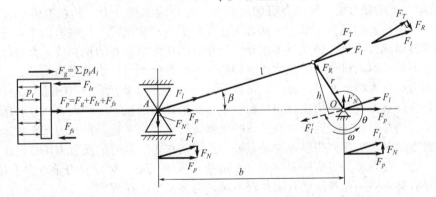

图 2-31 单列压缩机作用力分析图解

② 阻力矩和倾覆力矩 如图 2-31 所示，连杆力 F_l 沿连杆传至曲柄销中心点，作用在曲柄销上，并对曲轴旋转中心构成力矩 M_y，这就是曲轴旋转所受到的阻力矩，其方向与曲轴旋转方向相反。

$$M_y = F_l h = \frac{F_p}{\cos\beta}[r\sin(\theta + \beta)] = F_p r \frac{\sin(\theta + \beta)}{\cos\beta} \qquad (2\text{-}61)$$

连杆力的另一个作用是使曲轴的主轴颈向主轴承上作用一个力 F_l，该力在垂直方向的分力在数值上等于侧向力，但方向却与侧向力相反，其与侧向力也构成一个力矩，即

$$M_N = F_N b = F_p \tan\beta \frac{h}{\sin\beta} = F_p r \frac{\sin(\theta+\beta)}{\cos\beta} \tag{2-62}$$

该力矩在数值上与 M_y 相等，但它是作用在压缩机的机身上，在立式压缩机中有使机器顺旋转方向倾倒的趋势，故称为倾覆力矩。

③ 切向力和法向力　如图 2-31 所示，作用在曲柄销上的连杆力 F_l 可分解为垂直于曲柄方向的切向力 F_T 及沿曲柄方向的法向力 F_R，其计算式分别为

$$F_T = F_p \frac{\sin(\theta+\beta)}{\cos\beta} \tag{2-63}$$

$$F_R = F_p \frac{\cos(\theta+\beta)}{\cos\beta} \tag{2-64}$$

切向力及法向力的大小和方向随曲轴转角变化，规定逆曲轴旋转方向的切向力为正，由曲轴中心向外指向的法向力为正。切向力对主轴旋转中心的力矩就是阻力矩 M_y。切向力和法向力同时影响曲轴强度和主轴承受力。

（5）各力对压缩机的作用

① 气体力　汽缸中的气体力除作用于活塞上外，也同时作用到汽缸盖或汽缸座上，如图 2-31 所示。作用于汽缸盖（座）的气体力 F_g 通过汽缸和机身传递到主轴承上，和经过运动机构传递到主轴承上的活塞力 F_p 中的气体力 F_g 相抵消。所以，在汽缸轴线方向上，气体力是不会传递到机器外边来的，它在机器内部互相平衡了。气体力只使汽缸、中体和机身等有关部分，以及它们之间的连接螺钉等承受拉伸或压缩载荷，故称为内力。但是，在卧式压缩机中，倘若把十字头导轨部分完全紧固在基础上，则基础将承担部分的气体力，并在基础内部相互平衡。

② 惯性力　作用在主轴承上的活塞力 F_p 中，气体力已在机器内部平衡掉了，而余下的往复惯性力 F_{Is} 未被平衡，它能通过主轴承及机体传到机器外面来，故惯性力称为外力，或称为自由力。往复惯性力由于它的方向和数值随着曲轴转角周期地改变，因而能引起机器的振动。此外，旋转惯性力 F_{Ir} 也作用在主轴承上，它也是自由力，也能引起机器的振动。

③ 侧向力及倾覆力矩　侧向力引起的倾覆力矩作用在机身上，其在数值上虽然与阻力矩等值反向，但后者作用在主轴上，两者无法在机器内部相抵消，故倾覆力矩会传到机器外部，且由于其周期性变化会造成机器振动。但是，当压缩机和驱动机构成一个整体或者处在同一个基础上时，驱动机作用给机体或基础的反力矩与倾覆力矩要平衡掉一部分，故基础作用于土壤的力矩仅为两者之差。此外，可以看到某些立式或角度式压缩机，当刚性较差时，倾覆力矩往往使机器本身产生比较明显的、在力矩平面内的振动。特别是当这些压缩机的惯性力平衡得相当好时，便会看到，在空载时机器运转得非常平稳，但当进入正常运转、汽缸内气体压力增加时，机器便明显地晃动起来，原因就在于空载时的倾覆力矩值很小，满载时有了气体压力，使倾覆力矩值增大起来。在对动式压缩机中，对侧向力垂直向上作用的列，若十字头导轨又不固定在基础上且刚性较差时，也会发生上述现象。

通过上述分析可以知道，在活塞式压缩机中，气体力属于内力，一般不传到机器外边来。往复惯性力和回转惯性力是自由力，能传到机器外边来，并可能导致机器振动。倾覆力矩属自由力矩，也能传至机器以外，但当压缩机和原动机置于同一底座上时或者压缩机与原动机机身连成整体时，传给基础的力矩是驱动机作用给底座的反力矩与倾覆力矩之差。

2.2.2.2 飞轮矩计算及分析

（1）设置飞轮的原因

压缩机的阻力矩是随曲轴转角周期变化的，而驱动机的驱动力矩一般是一个不变的数值。虽然在机器每一转之中，阻力矩所消耗的功与驱动力矩所供给的功保持相等，由此维持

压缩机的每分钟转数不变，但一转中的每一瞬时，两者的数值是不相等的，因此要使主轴产生加速或减速现象，即

$$\Delta M = J\varepsilon \tag{2-65}$$

式中　ΔM——驱动力矩与压缩机总阻力矩之差；

　　　　J——压缩机中全部旋转质量的惯性矩；

　　　　ε——压缩机主轴的角加速度。

用旋转不均匀度 δ 表示主轴一转中角速度变化的幅度，即

$$\delta = \frac{\omega_{\max} - \omega_{\min}}{\omega_m} \tag{2-66}$$

式中　$\omega_{\max}$——每转中最大的角速度；

　　　　$\omega_{\min}$——每转中最小的角速度；

　　　　ω_m——平均角速度，可近似取为上述最大与最小角速度的平均值。

转速波动会在运动部件上产生附加的动载荷，使联轴器负荷加重而寿命降低，还会使电动机乃至工厂的电流产生波动，因而需要加以限制。由式(2-65)可见，用设置飞轮的办法来提高 J，可降低角速度的变化，即减小主轴的旋转不均匀度。压缩机本身对旋转不均匀度没有要求，旋转不均匀度主要取决于驱动机本身的要求，以及阻力矩和驱动力矩间的传递条件。各种驱动和传动方式要求控制的旋转不均匀度不能超过表 2-4 的数值。

表 2-4　各种驱动和传动方式要求控制的旋转不均匀度

驱　动　机	异步电动机		同步电动机	柴　油　机
传动方式	带传动	弹性联轴器	刚性联轴器或悬臂电动机	弹性连接
δ	1/30～1/40	1/80	1/100　　1/150～1/200	1/8～1/10

(2) 飞轮矩的计算

机器的转动惯量包括曲轴、联轴器、飞轮（或带轮）等的转动惯量。当采用刚性连接时，还要计及电机转子的转动惯量。由于在以上各种转动惯量中飞轮是专门设置的，其转动惯量最大，在工程设计中常常只取飞轮（包括刚性连接时电动机转子）的转动惯量进行计算。习惯用飞轮矩 GD^2 表示飞轮的转动惯量。

$$GD^2 = \frac{3600L}{n^2\delta} \tag{2-67}$$

式中　D——飞轮轮缘截面质心所形成圆的直径，m；

　　　　G——转化到直径 D 上的飞轮重量（也可近似取为轮缘部分的重量，其值约为整个飞轮重量的 0.9 倍），N；

　　　　L——压缩机一转中能量的变化值，N·m；

　　　　n——压缩机转速，r/min。

图 2-32 为主轴一转内曲柄销上作用的总切向力 F_{Tz} 的变化情况，其平均值 F_{Tm} 就是驱动力矩。主轴一转中的能量变化值 L 可通过对总切向力曲线进行分段积分得到。在 $A-B$ 段中、$A-C$ 段中、$A-D$ 段中……令：

$$\left.\begin{array}{l} L_1 = \displaystyle\int_0^{\theta_b} (F_{Tz} - F_{Tm})r\,\mathrm{d}\theta = r\Delta\theta \sum_{i=1}^{j_1} (F_{Tz}^i - F_{Tm}) \\[4mm] L_2 = \displaystyle\int_0^{\theta_c} (F_{Tz} - F_{Tm})r\,\mathrm{d}\theta = r\Delta\theta \sum_{i=1}^{j_2} (F_{Tz}^i - F_{Tm}) \\[4mm] \vdots \\ \vdots \end{array}\right\} \tag{2-68}$$

式中，θ_b、θ_c……为点 B、C……相对应的曲轴转角；$\Delta\theta$ 为数值积分中曲柄转角的步长；j_1、j_2……为各段积分中所划分的微元个数；F'^i_{Tz} 为第 i 个微元的总切向力值。依次求得各段 L_i 值，其中最后一个 L_i 值（本例中为 L_5）应为零。在各 L_i 值中找出最大值和最小值，则

$$L = L_{max} - L_{min} \tag{2-69}$$

如图 2-32 所示，将总切向力曲线 F_z 与驱动力矩 F_{Tm} 所围的各块面积 f_i 定义成矢量，F_{Tm} 下方的 f_i 为负值，上方的为正值，则顺次首尾相连画出的各面积矢量关系称为"幅度面积矢量图"。幅度面积矢量图总是封闭的，其最高和最低点的差值与 r 的乘积就是 L 值。

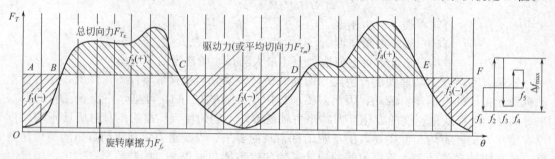

图 2-32　曲轴旋转一周的总切向力变化

如图 2-32 所示，多列压缩机的总切向力为压缩机中各列切向力与压缩机总旋转摩擦力 F_{fr} 之和，即

$$F_{Tz} = \sum_{i=1}^{j} F_{Ti} + F_{fr} \tag{2-70}$$

多列压缩机总切向力合成时应注意，每列的切向力均是以本列的外止点为起始位置计算的，所以式(2-70)应是按相位叠加。通常以压缩机曲轴非驱动侧的第一列作为基准，其余的列则按该列曲柄相对于基准列曲柄的错角，顺曲轴的旋转方向一一叠加。若各列曲柄半径不同，应将各列切向力按式(2-71)折算到相同的曲柄半径上，式中 F'_T、r' 是折算前的不同列的切向力和曲柄半径，F_T、r 是折算后的切向力和其余列的曲柄半径值。

$$F_T = F'_T \frac{r'}{r} \tag{2-71}$$

曲轴上的总阻力矩见式(2-72)，其中 M_f 为旋转摩擦力 F_{fr} 引起的阻力矩。

$$M'_y = F_{Tz} r = M_y + M_f \tag{2-72}$$

平均切向力 F_{Tm} 可由图 2-32 总切向力 F_{Tz} 曲线积分得到

$$F_{Tm} = \frac{\int_0^{2\pi} F_{Tz} \, d\theta}{2\pi} \tag{2-73}$$

采用电动机驱动时，电动机的驱动力矩 M_d 就是 F_{Tm} 与 r 的乘积，驱动力矩 M_d 所做的功就是轴功。驱动力矩 M_d 在数值上较倾覆力矩 M_y 大 M_f。

（3）压缩机结构方案对飞轮矩的影响

需要设置飞轮的根本原因是总切向力曲线不均匀，所以设法使 F_{Tz} 曲线本身更均匀，可减小飞轮矩。如下手段可使总切向力曲线更均匀：

ⅰ．采用双作用汽缸使向盖和向轴行程所消耗的功相近时，切向力均匀；

ⅱ．曲柄错角或汽缸夹角的合理配置影响各列切向力叠加，进而影响总切向力的均匀性；

ⅲ．采用多列压缩机可使总切向力更均匀，如六列的双 W 型压缩机；

iv. 各列曲柄错角的超前或迟后（甚至转向）也影响切向力的均匀性。

2.2.2.3 惯性力及其力矩的平衡

如图 2-33 所示，压缩机内部的惯性力如果不在垂直于主轴线的同一平面内，将在垂直于主轴线的机器对称面上产生力矩。惯性力和惯性力矩都会通过主轴作用到机身上，并传递到机器外部，造成压缩机振动，因而必须设法将其在机器内部尽可能平衡掉。以下虽然将旋转和往复惯性力及力矩的平衡分开阐述，但实际进行动力平衡时一般是整体考虑的。

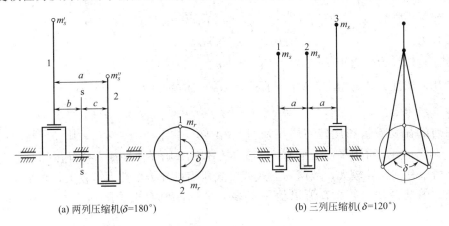

(a) 两列压缩机（$\delta=180°$）   (b) 三列压缩机（$\delta=120°$）

图 2-33 立式或一般卧式压缩机运动关系

（1）旋转惯性力及其力矩

不平衡旋转质量产生的离心力比较容易平衡，只要在曲柄的相反方向设置一个适当的平衡重，使两者所造成的离心力相互抵消即可，所装平衡重的质量 m_0 和质心 r_0 的确定方法如下。

$$m_0 = m_r \frac{r}{r_0} \tag{2-74}$$

多列压缩机可令各列曲拐轴对称设置，则各旋转质量产生的离心力也可相互抵消，或减小和转移方向。平衡重多被分成若干个，分装于各曲柄上，以求同时平衡旋转惯性力矩。

（2）往复惯性力及其力矩

理论分析表明，单列压缩机无法通过在曲柄相反方向设置平衡重的方法将往复惯性力简单地平衡掉。因此，往复惯性力主要通过设置多列或同时设置平衡重的手段来解决，即如下的两类方法：将各列连杆分别装于不同的曲拐上，利用不同曲柄间的错角，使各列往复惯性力相差一定的相位而相互抵消，如图 2-34 所示的 D 形压缩机；当各列连杆装于同一曲拐上时，利用各列之间一定的夹角，使往复惯性力的合力为一定值，并且作用在曲柄的方向，这样便可用加平衡重的办法来平衡，如图 2-35 所示的 V 形压缩机。

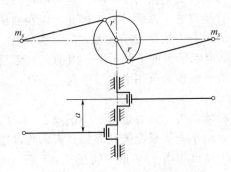
图 2-34 对动压缩机相对列运动

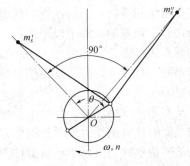
图 2-35 V 形压缩机结构示意图

立式和卧式(包括对动和对置)压缩机多采用第一种手段平衡，角度式压缩机主要采用第二种或同时采用第一种手段平衡。

① 立式或一般卧式压缩机 这种压缩机的特点是若干列汽缸都平行地排列在主轴一侧。图 2-33(a) 中的两列压缩机，曲柄错角 $\delta=180°$，将两列的惯性力分别转化到系统的质心平面 s—s 上，则得合力及合力矩如下。

一阶往复惯性合力 $\qquad\qquad F_{Is}^{I}=(m_s'-m_s'')r\omega^2\cos\theta$

二阶往复惯性合力 $\qquad\qquad F_{Is}^{II}=(m_s'+m_s'')r\omega^2\lambda\cos2\theta$

离心合力 $\qquad\qquad\qquad\qquad F_{Ir}=(m_r'-m_r'')r\omega^2$

一阶往复惯性力合力矩 $\qquad M_{I}=(m_s'b+m_s''c)r\omega^2\cos\theta$

二阶往复惯性力合力矩 $\qquad M_{II}=(m_s'b-m_s''c)r\omega^2\lambda\cos2\theta$

离心合力矩 $\qquad\qquad\qquad M_{r}=(m_r'b+m_r''c)r\omega^2$

若两列的往复质量和旋转不平衡质量均相等，并且 $b=c=a/2$，则 $F_I^I=0$、$F_{Ir}=0$、$M_{II}=0$。剩余的 M_r 可用平衡重平衡掉，而 F_I^{II} 和 M_I 则无法平衡。这种压缩机因各汽缸并排布置，所以列间距 a 较大，故两列立式或卧式压缩机外传惯性力矩较大，再加上二阶惯性力的叠加，因此振动也较大，所以使用不多，只在占地面积受限的一些小型压缩机中有应用。

图 2-33 中的三列压缩机，曲柄错角 $\delta=120°$，各列运动质量相等时，只剩下三个惯性力矩没有自动平衡，且其中的 M_r 可通过平衡重平衡掉。故只残余了幅值不大的一阶和二阶往复惯性力矩，且两者还可相互部分抵消。由此可见，$\delta=120°$ 的三列立式或卧式压缩机的动力平衡情况是非常好的，因而该方案在立式压缩机中应用较多。列数更多时，再加上曲柄错角的配置，平衡性会更好，如大型立式压缩机有 4~6 列。

② 对动式压缩机 图 2-34 为两列对动式压缩机，曲轴上有两个按 180°布置的曲拐，两列的往复运动是对称的。故当两列往复质量、旋转质量、曲柄半径均相等时，其一阶和二阶往复惯性力、旋转惯性力都相互抵消，仅剩下往复和旋转惯性力矩。由于对动式压缩机汽缸处于机身两侧，列间距 a 可以做得非常小，故该力矩的数值也不大，且其中的旋转惯性力矩还可通过在曲柄上设置较小的平衡重而简单地平衡掉。

此外，多列对动式压缩机还可以选用每对动列与其他对动列之间合适的曲柄错角，使残余的力矩也完全平衡，例如四列、六列、八列对动式压缩机都可做到这一点。事实上由于力矩值不大，并且多列时要做到各列往复质量完全相等不容易，因此只要求相对列往复质量相等即可，这给设计带来了方便。对动式压缩机因其良好的动力平衡性能而得到了广泛的应用，大型压缩机除非是超高压机器，基本都是多列对动结构。

③ V 形压缩机 图 2-35 所示的 V 形压缩机，两列汽缸夹角为 $\gamma=90°$，由分析可知，当两列往复质量相等时：一阶惯性力的合力为定值，且始终处于曲柄方向，因此可以在曲柄相反方向用装平衡重的方法予以平衡；二阶往复惯性力的合力始终处于水平方向，其值随二倍曲轴旋转角速度变化，幅值为 $1.4m_sr\omega^2\lambda$，无法简单地用平衡重予以平衡；因两列间距只是数值很小的连杆厚度，故往复惯性力矩微小不计；旋转惯性力可用平衡重平衡；不存在旋转惯性力矩。

在某些船或车用场合，为减小占地面积或减小机器高度，有时也用 $\delta<90°$ 或 $\delta>90°$ 的 V 形结构。此时往复惯性力就不是固定方向的定值了，设半衡重只能做到部分平衡，所以这种压缩机的平衡重往往只用于平衡旋转惯性力。L 形压缩机相当于 V 形 4 转过了 45°角，所以其平衡同 V 形压缩机。

2.3 往复压缩机气阀和密封

2.3.1 气阀组件

气阀是往复压缩机中最为关键的一个组件，它对压缩机运行的可靠性与经济性有着决定性的影响。气阀是限制压缩机转速提高的主要障碍，也是压缩机噪声的主要来源之一，是压缩机中的一个薄弱环节。

2.3.1.1 气阀组成及工作过程

(1) 气阀基本组成

压缩机中使用自动阀，气阀的启闭完全由阀两侧的压力差决定。自动阀有许多种形式，但如图2-36所示，所有的气阀主要由四部分组成。

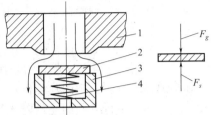

图 2-36　气阀结构及工作原理
1—阀座；2—启闭元件；3—升程
限制器；4—弹簧

① 阀座　具有能被阀片覆盖的气体通道，与阀片一起闭锁气流通道，并承受汽缸内外气体压力差。

② 启闭元件　交替地开启与关闭阀座通道，控制气体进、出工作腔，通常制成片状，因此常称为阀片。

③ 弹簧　是气阀关闭时推动阀片落向阀座的零件，并在开启时抑制阀片对升程限制器的撞击。如果阀片本身具有弹性，则可不另设弹簧，此时阀片和弹簧合二为一。

④ 升程限制器　用来限制阀片升起高度（升程），并往往作为承座弹簧的零件，有些资料也称其为阀盖。

对气阀的主要评价指标是：可靠性和耐久性好，阻力损失小，良好的密封性，形成的余隙容积小，噪声小。

(2) 气阀工作过程

吸、排气阀的工作原理是相同的，现以图2-37所示的吸气阀为例说明气阀工作过程。当余隙容积膨胀终了时，若汽缸与阀腔之间的气体压力差 Δp 在阀片上的作用力大于弹簧力及阀片和一部分弹簧质量力时，阀片开启。阀片一旦离开阀座，便有气体通过此缝隙进入汽缸，在流入气体的推力作用下，阀片继续上升直至撞到升程限制器（图2-37中 a—b 阶段）。阀片撞击升程限制器时，会产生反弹力，如果反弹力与弹簧力之和大于气流推力，则阀片会出现反弹现象（图2-37中 b—c 阶段）。正常情况下，反弹现象比较轻微，阀片在气流推力作用下会再次贴到升程限制器上（图2-37中 c—d 阶段）。此后气流推力大于弹簧力，使阀片停留在升程限制器上（图2-37中 d—e 阶段）。在活塞接近止点位置时，活塞速度降低，气流推力减小，当气流推力不足以克服弹簧力时，阀片开始离开升程限制器，向阀座方向运动（图2-37中 e—f 阶段），在此过程中依然有气体进入汽缸。最理想的情况是当活塞到达止点位置时，阀片也恰好落在阀座上，此时气阀完成一

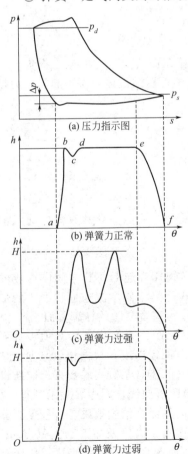

图 2-37　气阀工作过程示意图

(a) 压力指示图
(b) 弹簧力正常
(c) 弹簧力过强
(d) 弹簧力过弱

次工作，面积 a-b-c-d-e-f 称为时间截面，曲线 $abcdef$ 称为阀片的运动规律曲线。

在阀片升起 a—b 过程所需的时间，取决于阀片升程、弹簧力、运动元件质量及气流推力等。当升程高、弹簧力大、运动元件质量大、气流推力小时，开启过程时间便相对较长。过长的开启时间会使时间截面减小，阻力损失增加，但总的讲其对气阀损失影响较小，人们更关心的是阀片与限制器的撞击速度与敲击声。在气阀维持开启的 d—e 阶段，如果弹簧力过强，最大压差造成的气流推力也不足以克服弹簧力，则阀片便不能一直贴在升程限制器上，而是在阀座与升程限制器间来回跳动，称为颤振现象。

颤振的害处如下：

ⅰ. 导致气阀时间截面减小，阻力损失增加；

ⅱ. 阀片的反复撞击导致气阀和弹簧寿命缩短。

如果弹簧力过弱，则阀片停留在升程限制器上的时间延长，阀片将在活塞更接近止点的位置、气流达到更低一些的速度时才开始回落，以至于活塞到达止点位置时阀片来不及落到阀座上，出现滞后关闭的现象。

滞后关闭的害处如下：

ⅰ. 因活塞已开始进入压缩行程，故使一部分吸入的气体又从进气阀回窜出去，造成排气量减少；

ⅱ. 阀片将在弹簧力和窜出气流推力的共同作用下撞向阀座，造成严重的敲击，致使阀片应力增加，阀片和阀座的磨损加剧，导致气阀提前损坏；

ⅲ. 强烈的敲击还会产生更大的噪声。

2.3.1.2 流量系数与阀隙马赫数

（1）流量系数

气阀可视作一节流元件（如孔板），气体流经将因阻力存在而产生一定的压力损失。气体在流经气阀的过程中压力变化很小，故可看作密度不变的不可压缩流体，所引起的压力损失可表示为

$$\Delta p = \frac{\rho}{2}\left(\frac{q_V}{\alpha A}\right)^2 \tag{2-75}$$

式中　ρ——气体密度，kg/m^3；

$\quad q_V$——气体容积流量，m^3/s；

$\quad A$——气阀通流面积，m^2；

$\quad \alpha A$——气阀有效通流面积，即因为通道形状和表面粗糙度等原因，导致有效的通流面积比几何截面 A 缩小了 α 倍；

$\quad \alpha$——气阀的流量系数。

显然，气阀流量系数的数值与选取的计算截面 A 有关。阀片升起后，其与阀座形成的间隙称为阀隙，相应通流面积称为阀隙面积，用 A_v 表示。阀隙是气阀中流通面积最小的部位，是产生阻力损失的主要部位，所以通常取阀隙面积 A_v 作为整个气阀的计算截面。

已有气阀的流量系数一般通过实验获得，通过实验可测得式（2-75）中各参数值，进而计算得到 α 值。气阀流量系数取决于气阀结构、几何现状及表面粗糙度，根据相似原理，结构和几何尺寸相似的气阀，其流量系数相等，故可根据已有气阀流量系数实验数据选取新设计气阀的流量系数。图 2-38 是环状阀和网状阀流量系数实验所得曲线，图中 h 表示升程，b 表示阀座通道宽度。由图可见，流量系数随阀片升程的增大而降低。精确地讲，升程限制器结构乃至压阀罩都影响流量系数，并最终影响功率消耗。若在阀座出口处加工 $0.3 \sim 0.5mm$ 宽与阀座轴线成 $30°$ 的倒角，流量系数会显著提高，但减少了密封面积，从而使与阀片接触面的比压增加。

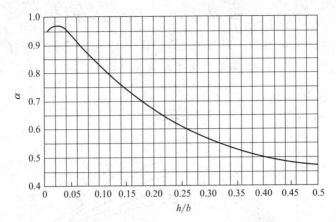

图 2-38　环状阀和网状阀流量系数

（2）阀隙平均马赫数与压力损失

阀隙平均马赫数（有时也简称为阀隙马赫数）定义为气阀全开时阀隙处的气体平均流速 $\bar{v}_v$ 与当地声速 a 之比，即式（2-76）。阀隙平均马赫数的大小要影响气体流经气阀时的压力损失，即影响经济性。

$$M=\frac{\bar{v}_v}{a} \tag{2-76}$$

气体在阀隙中流动时可视为不可压缩流体，故其平均流速为

$$\bar{v}_v=\frac{A_p v_m}{Z(\alpha A_v)} \tag{2-77}$$

式中　A_p——活塞面积，m^2；

αA_v——气阀有效通流面积，m^2；

Z——同名气阀个数；

v_m——活塞平均速度，m/s，$v_m=ns/30$；

n——压缩机转速，r/min；

s——压缩机行程，m。

理想气体的声速为　　　　$a=\sqrt{kRT}$

实际气体的声速为　　　　$a=\sqrt{\dfrac{kRTZ}{Y}}$

式中　k——气体等熵指数；

R——气体常数；

T——气体绝对温度（吸气或排气）；

Z，Y——气体压缩性系数及修正系数。

将式（2-76）代入式（2-75），并计及气体状态方程 $p/\rho=RT$ 或 $p/\rho=ZRT$，则气体流经气阀的平均相对压力损失见式（2-78），对理想气体，$Y=1$。可见，气体流经气阀的相对压力损失主要取决于马赫数，并与气体 k 值有关。

$$\bar{\delta}=\frac{\Delta p}{p}=\frac{\dfrac{\rho}{2}(Ma)^2}{p}=\frac{k}{2Y}M^2 \tag{2-78}$$

活塞的运动速度始终是变化的，所以气体流经气阀的瞬时马赫数和瞬时压力损失也是变化的。计及式（2-48）及 $\omega=n\pi/30$ 和 v_m 计算式，代入式（2-78），可得实际气体流经气阀的瞬时相对压力损失为

$$\delta = \frac{\Delta p}{p} = \frac{k\pi^2}{8Y}\left(\sin\theta + \frac{\lambda}{2}\sin 2\theta\right)^2 M^2 \tag{2-79}$$

式中，M 为阀隙平均马赫数，对理想气体，式中 $Y=1$。可见，通过气阀的相对压力损失随曲轴转角变化（$K=1.4$，$\lambda=0.2$ 的变化关系如图 2-39 所示），并与马赫数、等熵指数、曲柄连杆比有关。

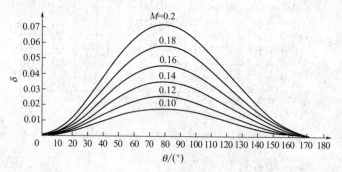

图 2-39　相对压力损失与马赫数及曲轴转角的关系

就减小阻力损失而言，马赫数以小为宜，但马赫数小则要求气阀通流面积大，这往往受到气阀安装尺寸与升程的限制。一般双原子气体流经气阀的马赫数可取 0.12～0.22，压力高时取较低值；其他气体可取为上述值的 $\sqrt{1.4/k}$ 倍，其中 k 为任意气体的等熵指数；经济性要求不高的机器，马赫数可取至上述值的 2.5 倍。通常进、排气阀采用相同尺寸，即阀隙速度相等，这样排气马赫数便低于进气马赫数，有利于减小排气相对压力损失。

2.3.1.3　气阀结构和示例

（1）进、排气阀基本结构

按气阀职能，气阀分为进气阀和排气阀。在许多场合中，进气阀和排气阀的结构基本相同，区别的方法是看阀座还是升程限制器哪一个在工作腔侧。如图 2-40 所示，进气阀的升程限制器在工作腔侧，排气阀则反之。

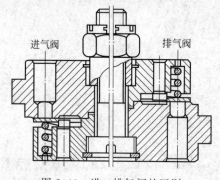

图 2-40　进、排气阀的区别

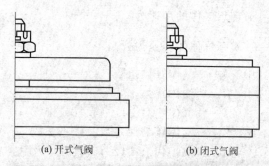

（a）开式气阀　　　　（b）闭式气阀

图 2-41　开式和闭式气阀

环状阀和网状阀按升程限制器结构，分为开式和闭式两种。如图 2-41 所示，开式气阀的升程限制器外径小于气阀外径，两者在外缘不接触，成开启状态。开式气阀的优点是升程限制器结构简单，气体流过升程限制器外缘阻力损失小；缺点是阀片开启时，阀片两侧所承受的压力差全部作用在气阀中心的紧固螺钉上，使气阀螺钉在压缩机工作时易受到交变负荷而疲劳破坏。闭式气阀的升程限制器外径与阀座相等并且外缘相互压紧，它虽然结构复杂些，但作用于升程限制器上的压力差，全部直接传递给压阀罩，气阀紧固螺钉不受此力，因此螺钉直径可较小，且较安全。

(2) 环状阀和网状阀

环状阀和网状阀应用最为广泛，除启闭元件外，两者其他结构基本相同。环状阀的各环是独立的，因而运动中可能存在不同步现象；网状阀则将各环用筋条连成整体，以实现同步运动。常用的网状阀片结构见图 2-42：WA 型阀片中心为圆孔，需要在中心设导向，一般用在有油润滑压缩机；WB 阀片中部带有弹性臂，中心为气阀螺钉紧固，WBⅠ型为单弹性臂，WBⅡ型为双弹性臂，WB 型阀片适用于有油或无油润滑压缩机中。

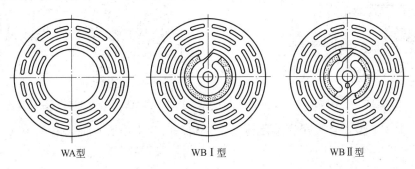

WA型　　　　WBⅠ型　　　　WBⅡ型

图 2-42　网状阀片结构

传统的阀片都是金属的，金属网状阀片结构复杂，难于加工。近年来，非金属材料聚醚醚酮（PEEK）被大规模用于网状阀片的热成型压制，使网状阀片的制造变得非常容易。相比于金属阀片，它具有抗冲击能力强、密封性好、不易损坏、重量轻、噪声小、压力损失小、自润滑性好、易于加工等优点；但其承受的压差不能超过 7MPa，排气温度也不能超过 250℃，且不能用于氧气和含有氯气的压缩机。

图 2-43 为一低压级金属阀片普通环状阀结构，有四环阀片，阀座上开有相应的环形通道 E，并靠若干筋条 D 相连接，阀座与阀片贴合面制有凸台（俗称阀口），以便研磨而使阀片与阀座保持密封。升程限制器上设有阀片运动的导向凸台 A 以及弹簧安装孔，弹簧孔底设有气流平衡小孔 B。每环阀片压有若干圆柱弹簧，它们的尺寸都是相同的。阀座与升程限制器用螺钉或螺栓与螺母紧固成一个气阀组件，当使用螺钉时，在进气阀中有时螺钉头会疲劳断裂而落入缸内导致事故，螺钉头部设有挡圈 C。图中俯视图左半边为去掉阀座和阀片后的结构，露

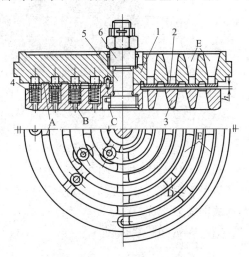

图 2-43　环状阀结构
1—阀座；2—阀片；3—升程限制器；
4—弹簧；5—螺钉；6—螺母

出了弹簧孔。高压气阀为改善阀座强度和刚度，往往用一圈钻孔代替阀座上的环形通道，但在阀座出口处保留 3～5mm 深的环形通道，以利于气体流动。

图 2-44 所示的气阀在升程限制器上加工有环形槽，槽宽与阀片成滑动配合，当阀片开启时便进入槽内，使封在槽内的气体从槽底小孔及配合面慢慢流出，从而形成气垫作用，达到缓冲的目的，减小撞击应力和噪声。这种气阀称为气垫阀。这种阀的阀片较一般气阀要厚，以便阀片关闭状态仍有一部分高度留在槽内。气垫阀只能在宽通道阀中实现，并仅适用于低转速。

图 2-45 为 PEEK 非金属阀片环状阀，阀片上压有与环等宽的金属网状衬片，它一方面使各环运动同步，另一方面使弹簧不直接压在塑料阀片上。后来用若干小槽代替了金属网片实现同步和防护功能。这些小槽的总质量小于金属网片，因此更有利于阀片运动。上海某公司生产的 CW 与 CW2 系列 PEEK 气阀允许最高工作压力达 30MPa，最高转速达 1000r/min。

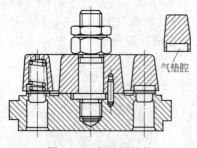

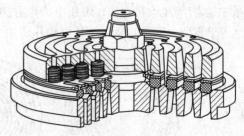

图 2-44 气垫阀结构   图 2-45 塑料阀片环状阀

图 2-46 是 CT 型非金属网状阀片的气阀结构，阀片由中心导向，有两个缓冲片，其中一个与阀片形状相同并置于阀片上，另一个小于阀片置于最上面，气阀弹簧均压于中间的缓冲片外圈上。此种结构的气阀外径从 80～250mm，特别适用于高速天然气压缩机。网状阀片外缘为八角形，目的是增加阀片外圈在相应肋条处的刚性与强度。

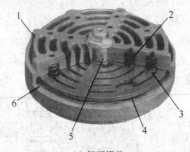

(a) 气阀组件   (b) 非金属阀片

图 2-46 非金属阀片的网状阀结构
1—升程限制器；2—弹簧；3—缓冲片；4—阀片；5—螺钉；6—阀座

图 2-47 的进、排气阀共用一阀座，并在结构上组合成一体，故称组合阀。使用组合阀可获得最大限度的通流截面。低压时组合结构可减小余隙容积，高压及超高压时可改善汽缸或缸盖的受力状况。

（3）碟状阀和菌状阀

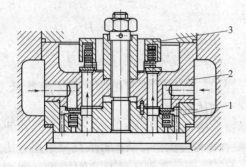

图 2-47 高压组合阀结构
1—进气升程限制器；2—公共阀座；
3—排气升程限制器

碟状阀按启闭元件的形状，有球形碟片和平底锥形碟片两种。图 2-48(a) 为球形碟阀，其阀座也是圆弧面而与碟片实现良好密封，同时降低气流阻力损失；升程限制器与阀座用螺纹连接，升程限制器上部制成三角形供气体流出；球形碟片易与阀孔对中，可不设导向凸台，但制造精度要求高，它完全由冲压制成，加工比较困难。图 2-48(b) 为平底锥形碟片，也由冲压制造，加工比球形碟片稍易，但与阀孔对中要困难。碟状阀一般用于小型高压压缩机，当要求通流能力大时，可将多个阀装于一块阀板上形成阀组。

图 2-48(c) 为菌状阀，启闭元件由金属或非金属制成，金属的多用于超高压，其余均为非金属。菌杆中空，以供放置螺旋弹簧。菌状阀升程高，并且菌头形成的阀隙处气流阻力小、流量系数大，故此种结构的气阀相对压力损失较小。此外，气阀寿命长、噪声也小。它适合于被压缩气体怕金属阀片撞击产生火花以及压力损失要求小的场合，汽缸无油或有油均适用。

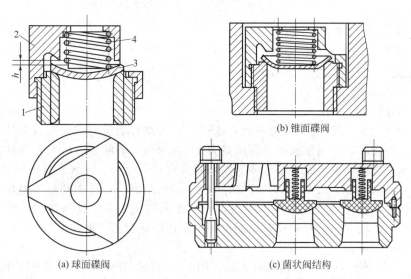

(a) 球面碟阀   (b) 锥面碟阀   (c) 菌状阀结构

图 2-48　碟状阀和菌状阀

（4）气阀弹簧

弹簧是气阀中最重要的零件，理想的气阀弹簧特性是，气阀全闭时弹簧力较小，以便较小的压差就能开启；气阀全开时弹簧力较大，以保证关闭及时，即希望最好是变刚性的。常用的气阀弹簧如图 2-49 所示，板弹簧工作时靠自身变形产生弹簧力，具有变刚性的特点，还能起缓冲作用，其轴向高度很小，使升程限制器高度减小，从而降低气阀余隙容积，运动质量小且布置方便，高低压、高低速压缩机均能适用。

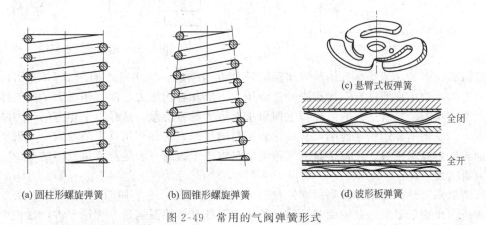

(a) 圆柱形螺旋弹簧   (b) 圆锥形螺旋弹簧   (c) 悬臂式板弹簧 (d) 波形板弹簧

图 2-49　常用的气阀弹簧形式

2.3.2　工作腔滑动密封

在压缩机的工作腔部位，活塞与汽缸之间及活塞杆与缸座孔之间，因为有相对滑动，故需留有必要的间隙，这些间隙在压缩机工作时将产生气体的泄漏，因而需要进行密封，密封装置要求有良好的密封性和耐久性。

2.3.2.1　密封的原理和方式

（1）流体通过间隙的泄漏

工作腔部位的间隙均为环形间隙，流体通过四周均匀的环形间隙的单位时间泄漏量可用下式表示：

$$q_l = 0.26 \frac{\delta^3 d \Delta p}{\mu l} \qquad \text{m}^3/\text{s} \qquad (2\text{-}80)$$

式中　δ——环形单边间隙值，m；

　　　Δp——长度方向间隙两侧泄漏压差，Pa；

　　　μ——流体动力黏性系数，Pa·s；

　　　d——环形间隙直径，m；

　　　l——间隙长度，m。

式（2-80）表明，间隙的影响特别大，成三次方关系，而且由试验知，当环形间隙不均匀，甚至偏在一边时，泄漏量较均匀间隙要大 2～2.5 倍。泄漏量与压力差及间隙直径成正比，与间隙长度成反比。泄漏量与流体黏性系数成反比，氢气、空气、压缩机油在 100℃ 的 μ 值分别为 1.03×10^{-5}、2.19×10^{-5}、$(1200\sim2400)\times10^{-5}$，故在同样压差作用下通过同样间隙时，润滑油的泄漏量要比气体少得多，因此压缩机中常将高黏性的润滑油注入间隙中，借以减少气体的泄漏，有些回转压缩机甚至不这样做就无法正常工作。

（2）密封的基本方式

从原理上讲，密封的基本方式有图 2-50、图 2-51 所示的两种，即利用节流和阻塞效应。

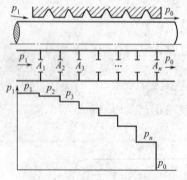

图 2-50　迷宫密封原理

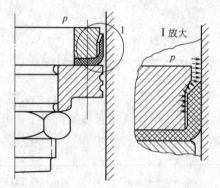

图 2-51　阻塞密封示意图

所谓节流密封，就是在气体泄漏间隙的长度方向制造一些小室，如图 2-50 所示，泄漏气体每进入一个小室即进行一次膨胀并造成压力下降和容积增大，而容积增大了的气体流过截面不变的间隙就要有更大的流速，也即要求有更大的压力差，这样每个小室的压力降便越来越大，气体则不能通畅地泄漏，从而达到密封的目的。这种利用反复节流效应实现密封的方法通常称为迷宫密封。迷宫密封的气体泄漏量取决于最后一个缝隙流出气体的多少，此处的最大流速为声速。

所谓阻塞密封，即采用适当的弹性材料元件堵住泄漏通道，如图 2-51 所示，密封元件在气体压力作用下紧贴汽缸镜面或活塞杆外周而阻断气体泄漏通道。理论上讲，这种手段可实现完全没有泄漏，但密封元件以所密封的全部压力差压向密封表面，故极易磨损。因此现在已很少单独使用。

2.3.2.2　活塞部位的密封

（1）活塞环密封

活塞与汽缸环形间隙的密封靠活塞环实现，活塞环镶嵌于活塞的环槽内。工作时外缘紧贴汽缸镜面，背向高压气体一侧的端面紧压在环槽上，如图 2-52 所示，由此阻塞间隙密封气体。但活塞环为安装方便一般都有切口，因此气体能通过切口泄漏。此外，汽缸和活塞环可能有圆度和圆柱度误差，环槽和环的端面可能有平面度误差，这些也是造成泄漏的因素。所以活塞环通常不是一道，而是需要两道或更多道同时使用，使气体每经过一道活塞环便产生一次节流作用，从而达到减少泄漏的目的。所以活塞环密封原理是反复节流为主，阻塞效应为辅。

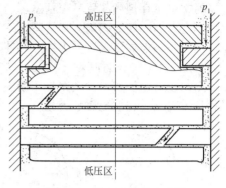

图 2-52 活塞环密封示意图

厄外斯（Eweis）实验（图 2-53）表明：第一道环所造成的压力差最大，以后各环逐次减小，并且前面三道环承担了绝大部分压力差；转速越高，第一环所承受的压差越大，且其后各环达最大压力的角度滞后。上述现象可以用"容积充满时间"来解释，高压气体通过第一环的间隙向其后的空间泄漏时，需要一定的时间才能使第二环前建立一定的压力，但压缩机是循环工作的，每次时间有限，所以来不及泄漏到平衡状态，因而第一道活塞环承受的压差最大，以后逐次减小且有滞后现象。转速越高，气体越来不及泄漏，压缩机的泄漏量也就越少，前面几道环所承受的压力差越大，达到相同密封效果所需的活塞环数量也减少。

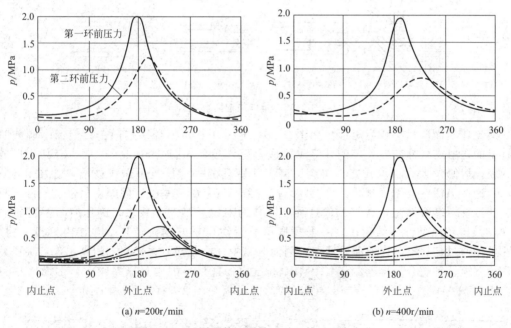

(a) $n=200\text{r/min}$ \quad\quad (b) $n=400\text{r/min}$

图 2-53 不同环数不同转速时环前后压力变化

第一道环承受的压差最大，故最先磨损，随着环外缘的磨损，其径向厚度减薄，切口尺寸相应增大，由此使气体通过切口的泄漏量增加，当其泄漏量大至需由第二道环承担最大压差时，第一道环便失去了密封作用，需要由第二道环代替其承担最大压差。因此，就密封而言，一般三道环便可密封气体，但考虑到前面的环易因磨损而失效需由后面的环替补，故实际压缩机中环数的选择主要根据维修周期决定。实际压缩机中应尽量提高活塞环的耐磨性以减少其道数，因为增加环数将使压缩机汽缸轴线方向长度增加，使加工复杂，零件数增多，机器重量和成本均增加，并增加摩擦功消耗。

通常每个环槽内放置一道活塞环，其结构按所用的材料可制成具有切口的整体环，或者做成具有三瓣、四瓣的剖分环（图 2-54）。整体环可通过设计使其具有压向汽缸镜面的初弹力，剖分环则需要用具有弹力的衬环使其产生初弹力。活塞环切口主要有直切口、斜切口和搭切口（图 2-54）三种形式。直切口制造简单，但泄漏量大；斜切口较直切口泄漏面积减小而密封改善，但切口过尖则易于崩裂；搭切口密封效果最好，但制造复杂，同时首道环承受的压差更大，相应更容易磨损。

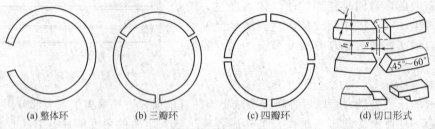

图 2-54　活塞环结构和切口形式

还有一些特殊结构的活塞环，如微型高转速压缩机中，可用轴向高度仅 $1\sim1.5$mm 的薄片活塞环，由 $3\sim4$ 片装于同一环槽内，各片切口相互错开，如图 2-55(a) 所示，这种结构密封性非常好，且易于同汽缸镜面磨合。还有在铸铁环外周镶嵌填充聚四氟乙烯或铜合金材料的 [图 2-55(b)、(c)、(d)]，这一结构可以大大改善磨合性能和耐磨性。

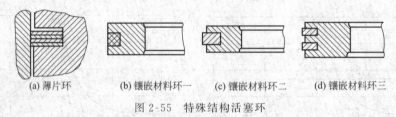

图 2-55　特殊结构活塞环

活塞环断面形状一般为矩形，如图 2-56(a) 所示，矩形环结构简单，但活塞倾侧时其与缸壁的接触密封性变差。环的外缘可做成一定倾角，如图 2-56(b) 所示，有利于形成润滑油膜，但倾角太大，承载能力将会下降。活塞环的外缘面也可做成鼓形，如图 2-56(c) 所示，这样当活塞发生倾侧时，总可以维持一条与汽缸的接触线，因而密封性能较好，且不易刮伤汽缸，磨合性能也较好；但这种环工作时对缸壁的比压较大，高压时容易磨损。图 2-56(d) 是一种组合环结构，在一个环槽里放置切口错开的两道环，并在内侧设一衬环，挡住气体通过切口沿径向泄漏的通路，因而其密封性能相当好；某立式超高压聚乙烯压缩机中，用五组这种组合环即密封了 172MPa 的压力；这种环因密封压差较大，因而磨损也较大。图 2-56(e) 为 T 形环，使用这种环的活塞必须是图 2-56(f) 所示的组合结构，T 形环

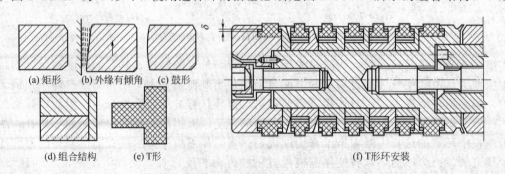

图 2-56　活塞环的截面形状及其安装

的凸肩与隔距环之间有一很小的径向间隙δ，开始该环和一般环一样磨损，当磨损掉预定δ厚之后，便不会再向外扩张，并一直保持与汽缸镜面轻微接触的状态。

（2）迷宫密封

有些气体的纯净度要求较高或不能与油接触（如氧气压缩机），则活塞与汽缸的间隙要采用迷宫密封，这种压缩机称迷宫压缩机。如图 2-57 所示，迷宫设在活塞上，小室通常做成锯齿形。图 2-57（a）中，在金属活塞上直接车制小室，这时不允许两相对运动面接触，但为减少泄漏量，它们之间的间隙又必须很小，这给制造带来了很大的困难。图 2-57（b）中，在一个过盈配合套于活塞外缘的氟塑料圈上车制小室，由于氟塑料的自润滑性，允许两相对运动面有接触，这样制造便比较方便，并且还可减少泄漏量。塑料的膨胀系数比金属大，为防止运行时因热膨胀而与汽缸卡死，制造时必须留有合适的热膨胀间隙。迷宫密封的泄漏一般比较大，机器热效率比较低。迷宫的形状对泄漏的影响较小，间隙影响明显。一定长度上，小室大而少的结构比小室小而多的泄漏严重。

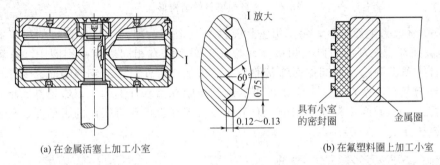

(a) 在金属活塞上加工小室　　(b) 在氟塑料圈上加工小室

图 2-57　迷宫密封的活塞结构

2.3.2.3　活塞杆部位的密封

活塞杆与缸座孔环形间隙的密封靠填料实现，因为过去大都用石棉浸有石墨的织物填充间隙，故称填料。当这种填料磨损后，需人工拧紧压板，使填料再次贴紧活塞杆，故称为他紧式，目前在压缩机中已很少采用。现在的填料都是自紧式的，当填料磨损后能自动补偿。填料密封原理是以阻塞为主，反复节流效应为辅。与活塞环密封不同的是，活塞环是利用外缘面工作，而填料则是利用内缘面工作。

（1）填料结构形式

目前使用最普遍的是图 2-58 所示的平面填料，它由两块平面填料构成一组密封元件，最典型的是朝向汽缸一侧的一块由三瓣组成，背离汽缸侧的一块由六瓣组成，每一块外缘绕有螺旋弹簧，把它们缚于活塞杆上。三瓣缚于活塞杆上时，径向切口仍留有间隙，以便压缩机运行时高压气体从该处导入填料外周的小室，使两块填料都利用高压气体抱紧在活塞杆上。安装时，三瓣的径向切口需与六瓣的错开，利用三瓣的填料从轴向挡住六瓣的径向切口，阻止气体沿轴向的泄漏。六瓣填料径向的切口由其中三个月牙形的瓣盖住，阻止气体沿径向泄漏。所以，真正起密封作用的是六瓣填料。三、六瓣平面填料的径向切口都具有一定的间隙值，以便内缘磨损后能自动补偿。当填料磨损至各瓣径向切口贴合后，填料密封便失效。

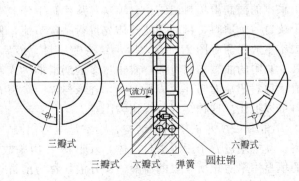

图 2-58　具有三瓣和六瓣密封元件的平面填料

六瓣的填料也可做成图 2-59 所示的几种结构，只要具有径向补偿能力即可。图 2-59 (c) 所示的结构中，通常一个小室内两块的结构是一样的，它仅适用于低压，中国动力用压缩机中大都采用此形式，这种结构当内圈磨损时，外圈便不再成圆形，每块的尖角处伸出圆周外，容易使螺旋弹簧损坏。平面填料组件中的螺旋弹簧仅起预紧的作用，真正的密封比压来自气体压力。

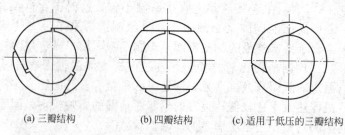

(a) 三瓣结构　　　　(b) 四瓣结构　　　(c) 适用于低压的三瓣结构

图 2-59　平面填料的结构形式

图 2-60 所示为锥面填料，每一组密封元件有三个环，即两个具有切口的梯形截面环和一个 T 形截面环。三环的切口互相错开，并置于两个具有相同锥面的钢圈中。这种结构的预紧力靠环本身的弹力及钢圈端面弹簧的弹力。压缩机工作时，靠钢圈端面的气体压力，通过锥面使环抱紧在活塞杆上。调整锥度可以调整压紧在活塞杆上的力，这是锥面填料较之平面填料的优点。但锥面填料加工困难，而平面填料现在也可获得很好的耐久性，故锥面填料的使用便减少了。

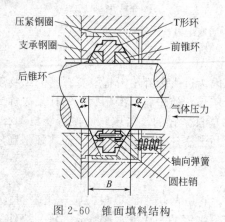

图 2-60　锥面填料结构

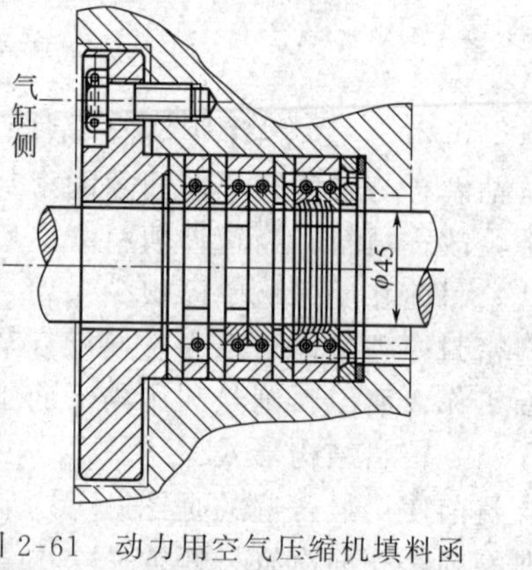

图 2-61　动力用空气压缩机填料函

（2）填料函结构

将若干组填料组装在一起的整体结构称为填料函或填料盒。图 2-61 为动力用空气压缩机采用的油润滑填料函结构，填料是从汽缸工作腔中装入的。在接近汽缸工作腔的第一小室中放置一个填料，目的是使气体先进行一次节流，使其后的填料所承受的压力比较平稳，第二小室放置两个图 2-59(c) 所示结构的填料。最后的小室中是两个刮油环，用以刮掉活塞杆上黏附的曲轴箱润滑油，防止过多的润滑油进入汽缸。小室由一个隔距环和一个环片所组成，填料两端面与环片成滑配合，外缘与隔距环留有一定间隙，以便活塞杆有径向跳动时填料可以退让。这种结构装拆比较困难。

图 2-62 所示的填料函结构，小室是碗形钢圈，填料是三瓣、六瓣的元件。它有六个小室，其中左边五个用于密封气体，环形槽 C 用来收集通过填料泄漏的气体，右边一个小室的填料用来防止所收集的泄漏气体外溢，称为前置填料。压缩有毒、可燃及贵重气体时，填料泄漏气通过在环槽 C 处引管回收。填料的前端有一段巴氏合金层，目的是减小泄漏间隙，

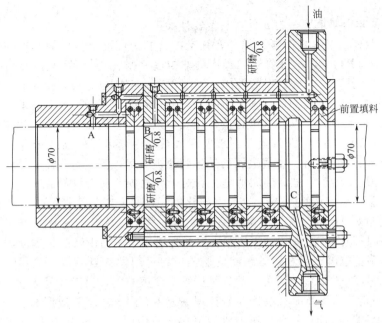

图 2-62　有前置填料的填料函

并防止活塞杆被擦伤。填料函有专门的润滑油通道和注油孔，以将油注入密封间隙中，起润滑和阻塞气体的作用。所有小室用长螺栓连接在一起，装拆起来比较方便。

填料部分无油润滑的压缩机需要使用具有自润滑作用的填充聚四氟乙烯填料元件，由于塑料的导热性差，所以中、高压的塑料填料密封一般要采取冷却措施，以把大量的摩擦热导走。具体的手段有在填料盒体或中空活塞杆中通水、油或液氨等。

2.3.2.4　密封元件的材料

用于制造活塞环与填料的材料类似，有金属、非金属、复合材料三种，两者只对个别材料的选择和技术处理手段稍有差别。

（1）金属材料

金属材料制造的密封元件用于汽缸有油润滑的压缩机。最常用的金属材料是灰铸铁，适用于低压和中压级，它具有良好的耐磨性，还可通过表面磷化、硫化、涂铬、镀钼、蒸汽处理等手段增强其耐磨性。球墨铸铁适用于中、高压级，其耐磨性比普通灰铸铁成倍提高。合金铸铁为普通灰铸铁加入适量的铬、镍、铜、钛、钼等元素，并采用淬火、回火、等温转变等热处理手段，使其韧性、硬度和耐磨性更高，适用于中、高压级。石墨化钢可用于制造活塞环，同球墨铸铁缸套相配，具有最佳的耐磨性。锡青铜、铅青铜、铝青铜、锰青铜等铜合金材料韧性好，耐磨性及耐腐蚀性也好，宜于做中高压密封元件。

（2）非金属材料

非金属材料制造的密封元件用于汽缸无油或少油润滑的压缩机，它们都是以一种非金属材料为主体，填充其他数种金属和非金属成分，经高温压制成型，或再进行一定的机加工得到的。单一成分的非金属材料一般不能直接作为密封元件使用，因为其耐磨性、导热性、强度、热膨胀系数等指标不能满足使用要求。常用的填充剂有青铜粉、石墨、碳、二硫化钼、金属氧化物（二氧化硅、三氧化二铝等）、玻璃纤维、碳纤维。其中，青铜粉和石墨的主要作用是提高硬度、增大热导率、改善耐磨性；玻璃纤维和碳纤维主要是提高强度和改善耐磨性；二硫化钼和金属氧化物主要是提高硬度、增强耐磨性，一定程度上也有助于改善热导率。填充剂的选择和数量需由实验确定，并与气体性质和湿度等有关，使用压力也影响到填充剂的成分确定。

常用的几种非金属填充密封元件材料及特性如下。

① 填充聚四氟乙烯　聚四氟乙烯具有优良的自润滑性能、良好的韧性和耐磨性，所以填充聚四氟乙烯（PTFE）是目前使用最广的非金属密封元件，被大量用做活塞环和填料。PTFE 用做密封元件时，配磨材料的性质、硬度和表面粗糙度对密封元件的磨损特性也有很大影响。非金属材料用于密封时，实际上是在金属材料表面形成一层转移膜，借以隔开相对运动的摩擦副，而起到减小摩擦和磨损的作用，如果金属表面太光，则难以附着非金属转移层。这类密封元件的磨损与机器运行方式也有关系，持续运行较断续运行的实际工作寿命长，因为机器一旦停止运行，金属表面的转移膜便被破坏，下次运行时又要重新形成，故使磨损增加。PTFE 多用于汽缸无油润滑场合，对于汽缸少油润滑也很适用。

② 环氧树脂　填充 35％石墨、19％二硫化钼、19％聚四氟乙烯的环氧树脂基密封元件用于−75℃露点以下的氮、氩、甲烷压缩机时，较 PTFE 材料更耐磨。而−75℃以上露点时，PTFE 材料更耐磨。所以，环氧树脂密封元件适用于压缩干燥的气体。

③ 酚醛树脂　酚醛树脂和纤维织物的层压材料可用做密封元件，但一般由层压板切割而成的密封元件耐久性较差，因为一般纤维层垂直摩擦表面，由于往复运动表面受切向力的作用以及气体可能渗入纤维，故易产生剥离现象。用专门方法绕制成形的层压环能克服上述缺点，这种绕制的层压环在氮氢气压缩机的第六级使用，经 16000h 运行后仍未损坏，而且缸套及环槽的磨损都相应减少。酚醛树脂层压密封元件需在有油润滑条件下使用，但它对润滑的要求不像金属那么严格，因此对压缩那些在汽缸壁上会凝析水分的湿气体，或者压缩石油气等能恶化汽缸润滑的气体，使用它特别适合。

④ 聚酰胺及聚酰亚胺　聚酰胺商品名尼龙，也具有自润滑性能，但摩擦系数较聚四氟乙烯大，导热性更差，膨胀系数也更大，填充 5％铝粉后可用于密封元件。这类材料不宜用做汽缸无油润滑的密封元件，但有油润滑或少油润滑时是很合适的。

（3）复合材料

用铜丝或小铜珠模压烧结成多孔坯料，然后在真空中浸渍聚四氟乙烯，让聚四氟乙烯渗透到坯料的小孔中，使成为复合料或称金属塑料。它具有金属和塑料的优点，强度高、导热性好，又具有自润滑性能，目前已被采用作为压缩机密封元件，但工艺复杂、成本高。

2.4　往复压缩机调节和其他附属系统

2.4.1　压缩机的容积流量调节

用气部门的耗气量可能是变化的。当耗气量与压缩机容积流量不等时，就要对压缩机进行流量调节，以使压缩机的容积流量适应耗气量的需求。对调节的要求主要有：最好能实现容积流量的连续调节，实在不行也可分级调节，如 100％、75％、50％、25％、0％；调节工况经济性好，即调节时单位容积流量耗功小；调节系统结构简单，操作方便，工作可靠。

2.4.1.1　调节方式概述

气量调节的理论基础是如下的容积流量计算公式：

$$q_V = n V_s \lambda_v \lambda_p \lambda \lambda_l \qquad m^3/min$$

改变等式右边任何一项都可改变容积流量 q_V，只是有些参数可以改变，有些参数无法改变，还有些参数的改变虽可实现但不经济。不同结构形式的压缩机所能采用的调节方法也不相同，调节的要求也因使用场合不同而异。表 2-5 列出了适于容积型压缩机的各种调节方法特点和使用条件。

表 2-5 容积流量调节方式和特点

调节执行部位	序次	调节方式	使用条件	调节特性		
				间断	分级	连续
驱动机	1	单机停转	简单易行,适用于微型、小型压缩机,内燃机通过离合器驱动的压缩机,包括汽车空调用压缩机	√		
	2	多机分机停转	压缩机站及化工厂中多台压缩机时,使用此法比较方便		√	
	3	无级变速	①采用内燃机或汽轮机驱动时,可分别调速至60%与25% ②采用变频电动机驱动时,频率变化范围为30~120Hz ③采用绕线式异步电动机驱动,增加转子电阻范围100%~60%			√
	4	分级变速	采用分级变速电动机驱动,改变定子电极对数,通常只能在1~3对极之间变化		√	
气体管路	5	进气节流	大、中型压缩机的小范围调节(100%~80%),或偶尔调节的场合			√
	6	截断进气口	常用于单级往复或回转压缩机中,中国动力用二级空气压缩机也采用,它会使末级压力比很大	√		
	7	进、排气管自由连通	主要用于启动释荷或很少调节时(排气管应设止回阀)	√		
	8	进、排气管节流连通	可用于辅助性微量调节			√
气阀	9	全行程压开进气阀	各级进气阀同时全部压开,可用于各种往复压缩机	√		
	10	部分行程压开进气阀	用于第一级与末级或用于调节需控制某级间压力的后级,范围100%~60%,调节装置较复杂			√
汽缸余隙	11	连通一个或多个固定补助余隙容积	多用于大型工艺用压缩机与空气压缩机	√		
	12	连通可变补助余隙容积	可用于大型工艺用压缩机,调节范围100%~0			√
	13	部分行程连通补助余隙容积	用于大型压缩机,调节范围100%~60%,调节装置较复杂	√		√
活塞	14	改变行程	用于电磁压缩机、自由活塞压缩机、汽车空调中摆盘压缩机,调节范围100%~0			√
综合调节	15	联合使用10与11	大型多级压缩机第一级用部分行程压开进气阀,末级用补助余隙容积			√
	16	联合使用3与9,或3与6	内燃机驱动时,100%~60%负荷由内燃机改变转速,60%~0由压开进气阀或截断进气完成	√		√

2.4.1.2 从驱动机构调节

(1) 单机停转调节

功率小于3kW的压缩机多用间断开停的方式进行调节,优点是简单方便,但气量稳定性差,频繁开停造成零部件磨损加剧,并对电网或原动机的工作造成影响,所以一般限制每小时开停不超过8~10次,解决办法是在系统中设置大的储气容积。

(2) 多机分机停转

在一些工艺流程中以及制冷场合,常将多台压缩机(有些多达20台)并联工作,此时可令一台或几台压缩机停转,实现气量分级调节。压缩机台数越多,调节分级越小,越接近气量连续性调节。这种调节方式的另一个好处是多机可以互为备用,以防因压缩机故障而停产。

(3) 变转速调节

内燃机、蒸汽机以及可变转速电动机驱动的压缩机,可比较方便地实现连续的气量调节。这种调节的优点除气量连续外，还有调节工况比功率消耗小，压缩机各级压力比保持不变，压缩机上不需设专门的调节机构等。缺点主要是：原动机本身的性能限制了转速调节范围不能太宽，如内燃机只能在 $100\% \sim 60\%$ 转速范围内变化，变频电机的频率变化范围为 $30 \sim 120Hz$；转速低时由于压缩机进气速度降低，压缩机气阀可能会出现颤振现象，高转速则可能出现滞后关闭现象；运动部件磨损增加，噪声、振动增加；可能造成润滑油供应不足或过量。

2.4.1.3 从气体管路调节

(1) 进气节流调节

在压缩机进气管路上安装节流阀，使实际吸入汽缸的气体压力降低来减少气量（图2-63）。可实现气量的连续调节，且机构简单。缺点是：单位质量输气量的功耗增加；排气温度升高可能会影响压缩机工作；多级时级间压力比的重新分配导致各列活塞力改变可能影响强度；末级排温可能骤增到不允许的程度，故这种压缩机设计时末级压比就要取低些；气体压缩机进气节流产生真空，可能导致空气吸入，影响被压缩介质的纯度。多级压缩机第一级进气节流的结果，即第一级压力比降低、中间各级大致不变、末级升高（图2-64）。

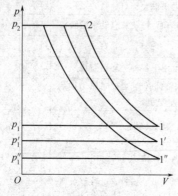

图 2-63 理论循环进气节流 p-V 图

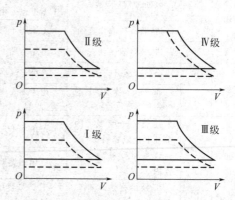

图 2-64 多级压缩机的第一级节流

(2) 截断进气口调节

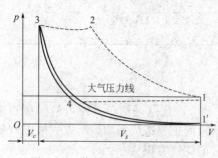

图 2-65 截断进气口调节指示图

进气口被截断后，压缩机汽缸中没有新鲜气体进入，只是汽缸余隙容积中的气体反复膨胀和压缩（图2-65），压缩机空运行。此时消耗的功率（月牙形面积表示）仅是额定功率（虚线所围面积1234表示）的 $2\% \sim 3\%$，故这种调节方法具有较好的经济性，适合于中、小型压缩机，特别是空气动力用压缩机。这种调节方法的缺点是：切断进气后使末级压力比增加，能使排气温度出现短暂的升高；末级为双作用汽缸时，其活塞力产生很大变化，可能影响强度；汽缸中出现真空度，对气体压缩机可能造成空气吸入而影响介质纯净度；汽缸真空度导致曲轴箱润滑油窜入汽缸，增加油耗量；进气管路上的切断阀即使全开，也有一定的阻力损失，长年累月地消耗功；进气压力的降低，使作用在活塞上的压力差增加，气体力增加形成转矩高峰，造成启动困难。

(3) 进排气管连通调节

将进气管与排气管通过旁通阀连通，使排出的气体全部或部分返回进气管，实现容积流量调节，有自由连通和节流连通两种。自由连通在调节时将旁通阀完全打开，使压缩机排出的气体可自由地（仅克服旁通管路及旁通阀阻力）流入进气管路；这种系统中为防止管系中原有高压气体倒流入进气管，在旁通管路之后的排气管段上应装设逆止阀；自由连通只能得到间断的调节，但调节机构简单，常用作大型高压压缩机启动释荷。节流连通是将一部分已经压缩到高压的气体节流降压后回到吸气管路，可实现100%～0连续调节；缺点是经济性差，因为高压气体节流虽然减少了气量但并未减少压缩机消耗，故很少采用。

2.4.1.4 从气阀进行调节

在工作腔进气过程结束后，利用机械装置强制进气阀片仍处于开启状态，在活塞反向运动时，汽缸内被吸入的气体全部或部分又被推出汽缸，达到降低容积流量的目的，称为压开进气阀调节。根据进气阀被压开过程的长短，有全行程压开进气阀和部分行程压开进气阀两种方式。

（1）全行程压开进气阀

调节时，调节机构使进气阀始终处于全开状态，气体可以自由地从进气阀进入和退出工作腔，压缩机进入空载状态，容积流量为零。这种调节方式属间断调节，调节时压缩机消耗的功仅为气体进出吸气阀时克服气阀阻力需要的功和空转摩擦功，因而调节的经济性较好。压开进气阀叉的驱动结构称为伺服器，有图2-66所示的活塞式和隔膜式两种。活塞式伺服器调节时，高压气体通过调节器进入进气阀盖5，推动小活塞4，使压开叉2压开阀片；当需恢复正常工作时，活塞上部的气源放空，压开叉靠弹簧3复位，阀片恢复到关闭状态。活塞式结构的小活塞难免要泄漏气体，而隔膜式可克服此缺点，因而现在比较喜欢采用隔膜式并置于汽缸外部。图2-67虚线所围的封闭面积，就是全行程压开进气阀时的指示功，实线为调节前示功图。多级压缩机采用这种手段调节时，每一级进气阀都要压开。

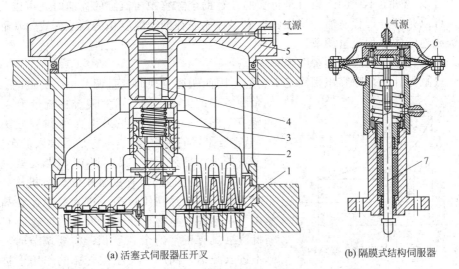

(a) 活塞式伺服器压开叉　　　　　　(b) 隔膜式结构伺服器

图2-66　活塞式伺服器压开叉和隔膜式结构伺服器
1—阀座；2—压开叉；3—弹簧；4—小活塞；5—阀盖；6—隔膜；7—顶杆

（2）部分行程压开进气阀

当汽缸进气终了时，进气阀片被强制地保持在开启位置，压缩过程的部分行程中，气体从被压开的进气阀流回进气管道，待活塞运动到预定位置时，压开进气阀片的强制动作消失，进气阀片回落到阀座上，进气阀关闭。此后，汽缸内剩余的气体开始被压缩，直至达到排气压力后从排气阀排出汽缸，压缩机实际容积流量减少。通过控制进气阀关闭的时刻，可实现容积流量的连续调节。这种调节方法的指示图如图2-68实线所示，是一种经济性较好的调节方法。多级压缩时，各级协调压开吸气阀，可使级间压力比保持不变。部分行程压开进气阀的控制机构有气流动力式和液压驱动式两种，前者依靠气流推力与弹簧力的合理匹配来控制吸气阀片关闭的时机，后者则依靠微电脑控制压开机构的精确动作时间。根据工作原理，前者排气量的调节范围约为 $100\% \sim 30\%$；后者据称可在 $100\% \sim 0$ 之间连续调节。后一种调节方法使吸气阀片受到压开装置的频繁冲击，影响寿命和密封性；此外，压开机构的响应性也不可能太迅速，因而可使用的转速不超过 500r/min，多用于大型工艺压缩机。

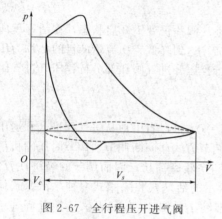

图 2-67　全行程压开进气阀　　　　　　　图 2-68　部分行程压开进气阀

2.4.1.5　从汽缸余隙调节

一定工作容积的汽缸，余隙不同时排气量也不一样，因而可利用外接一个容积的方法改变汽缸余隙，从而改变压缩机实际排气量，这称为连通补助余隙容积调节方法。补助余隙容积的大小可以是固定不变的，也可是可变的；补助余隙容积与汽缸的连通时间可以是全行程连通，也可以是部分行程连通。这样就形成多种连通补助余隙容积的调节方式，从而实现间断、分级或连续的容积流量调节。

（1）全行程连通固定补助余隙容积

连入汽缸的补助余隙容积是固定不变的，因而所能实现的气量调节也是一定的。根据补

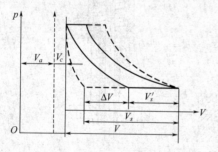

图 2-69　连通固定补助余隙容积

助余隙容积的大小不同，可实现容积流量为 $0 \sim 100\%$ 的调节。图 2-69 中实线是采用这种调节方法的指示图，V_c 是原始的余隙容积，V_a 是后接入的余隙容积。调节后的吸入容积由 V_s 减少到 V_s'，吸入量少了 ΔV。图 2-70(a) 是连通固定补助容积的调节机构，在正常工况下高压气体经高压接头 1 进入腔 A，在高压气体作用下，阀芯 6 坐落在补助容积 B 的密封面 C 上，压缩机汽缸具有正常的余隙容积；需要调节时，高压气体不进入腔 A，阀芯 6 在压缩气体的作用下被推向上方，使汽缸工作腔与补助容积 B 腔连通，缸内气体膨胀过程时，补助容积 B 中的气体参与膨胀，使容积流量减少。

（2）全行程连通可变补助余隙容积

如果补助余隙容积是一个大小可变的结构，如图 2-70（b）所示，通过旋转手轮改变活塞位置即可改变实际接入工作腔的补助余隙容积大小，从而可方便地实现容积流量的连续调节。这种调节方法可靠性稍差，主要用于大型压缩机。还有一种办法是汽缸与多个固定大小的补助余隙容积相连，将这些补助余隙容积逐个分级接入，则可得到分级的排气量调节。图 2-71 是一个双作用汽缸每侧工作腔设置两个补助余隙容积，通过分级接入各补助余隙容积而实现四级调节的压力指示图。

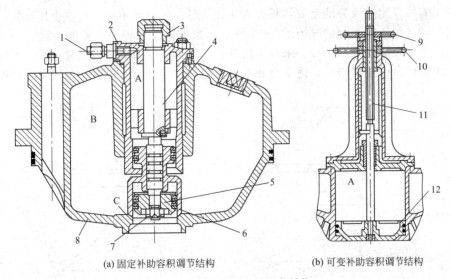

(a) 固定补助容积调节结构　　　　(b) 可变补助容积调节结构

图 2-70　连通补助容积调节结构

1—高压接头；2—高压腔；3—螺帽；4—连接杆；5—小活塞；6—阀芯；7—螺母；
8—补助容积；9—微调手轮；10—调节手轮；11—丝杠；12—活塞

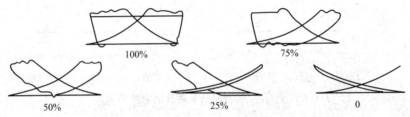

图 2-71　双作用汽缸四级调节指示图

（3）部分行程连通补助余隙容积

在压缩腔与补助余隙容积之间设一个连通阀，连通阀受控于预先设定的缸内压力可自动启闭，在每个工作循环的压缩和膨胀行程的某一压力转折点将补助余隙容积与汽缸隔断或接通。如图 2-72 所示，过程线 1-2-3-4 表示全排气量指示图，阴影部分是调节后的指示功。膨胀初期未连通补助余隙容积（3-5），当缸内压力膨胀到某一预定值（5 点）时连通阀开启，补助余隙容积内的气体参与共同膨胀至 6 点，使吸气容积减少了 ΔV_1。压缩开始后，补助余隙容积仍与汽缸连通，因此按过程线 1-7 压缩；7 点后两腔断开，压缩过程改走 7-8，使排气状态下排出的气体减少了 ΔV_2。与全行程连通补助余隙容积相比，这种调节方法经济性要好，且可达到用不变的补助余隙容积实现容积流量的连续调节。但连通阀每转动作两次，类似于气阀压开机构，可靠性和响应性存在问题。

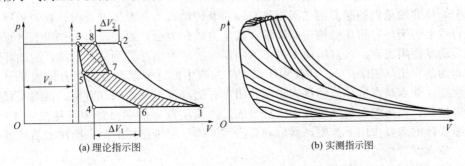

(a) 理论指示图　　　　　　(b) 实测指示图

图 2-72　部分行程连通补助余隙容积调节指示图

单级压缩机采用连通补助余隙容积的方法调节时，压力比不变。对多级压缩机，采用这种方法调节时各级压比变化情况如图 2-73 所示，如果只在一级加入补助余隙容积，则一级压比降低、中间级压比几乎不变、末级压比升高。为了不使末级压比过分升高，末级往往也相应地采用补助余隙容积调节，使末级和末级前级压比都提高，以改善末级工作状况。

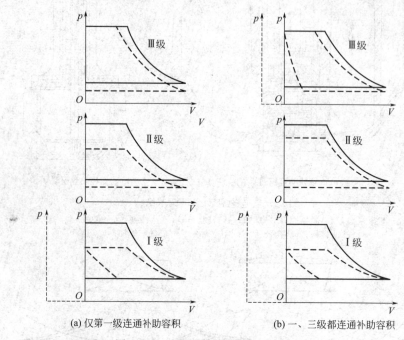

(a) 仅第一级连通补助容积   (b) 一、三级都连通补助容积

图 2-73　三级压缩机连通补助余隙容积

2.4.2　压缩机润滑与润滑设备

压缩机各相对运动件表面，除采用自润滑材料外，都需进行润滑。润滑剂大多为液体，只有少数情况采用润滑脂。液体润滑剂的主要作用有：润滑摩擦表面，减少摩擦和磨损；冷却零部件以带走摩擦热或压缩过程产生的热量；密封相对运动件的泄漏间隙；防止摩擦副锈蚀或腐蚀；对摩擦副产生的磨屑起清洗作用。压缩机中需要润滑的部位有汽缸和传动机构两类，这两类部位的润滑实现手段和润滑剂种类是不同的。

2.4.2.1　汽缸的润滑

按照润滑油到达汽缸镜面的方式可将汽缸润滑方式分为飞溅润滑、压力润滑和喷雾润滑三种。

（1）飞溅润滑

如图 2-74 所示，用于单作用无十字头压缩机，这种润滑方式借助于连杆大头的击油杆或击油勺，将曲轴箱内的润滑油飞溅至汽缸镜面及传动机构各摩擦副表面，或者利用挂在曲轴轴颈台肩上的圆环，将曲轴箱中的润滑油带至主轴颈表面，再在离心力作用下飞溅至汽缸镜面和传动摩擦副表面。汽缸镜面上过多的润滑油被活塞裙部的刮油环刮除，刮油环同时也起到均布油的作用（图 2-75）。广泛用于微型压缩机中的这种润滑方式具有结构简单、润滑可靠的优点。缺点是汽缸和传动机构只能共用一种润滑油，不能区别对待；供油不稳定，供油量难以控制；低压级在吸气过程中汽缸里能产生真空度，故润滑油很容易被吸入汽缸中，并在压缩气体的高温作用下挥发，然后和被压缩气体一起排出压缩机，而出现油耗量过多。

（2）喷雾润滑

在压缩机汽缸进口处喷入一定量润滑油，油和气体相混合一起进入汽缸，一部分黏附在

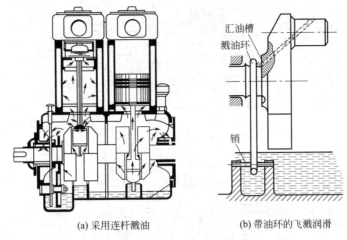

(a) 采用连杆溅油　　　　　　　　(b) 带油环的飞溅润滑

图 2-74　汽缸飞溅润滑方式

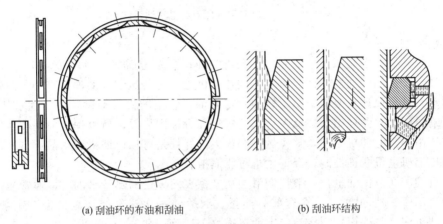

(a) 刮油环的布油和刮油　　　　　　　　(b) 刮油环结构

图 2-75　刮油环工作原理和结构

汽缸镜面上供汽缸润滑。喷雾润滑实现简单，且一级进气阀也可得到润滑。但进入汽缸的油雾只有一小部分黏附到缸壁上起润滑作用，其余都和压缩气体一起排出而得不到利用，造成浪费；此外，油和空气密切混合容易氧化和积炭。故通常只在一些特殊情况时应用。

（3）压力润滑

如图 2-76 所示，润滑油由专门的注油器以一定的压力注入工作腔，注油点和注油量可以控制，广泛用于各种中、大型压缩机。注油器实际上就是一些独立的柱塞油泵，由一根具有若干偏心轮或凸轮的公共轴驱动，并具有观察注油情况的可视窗口。

汽缸润滑的耗油量，一般按摩擦面积估计，对于低、中压压缩机，卧式每 $400m^2$（立式每 $500m^2$）摩擦面积耗油量为 1g。终了压力 5～10MPa 油耗量应增加 1.5～2.0 倍，终了压力 22～35MPa 油耗量应增加 3～4 倍。填料的润滑油耗量，每 $100m^2$ 活塞杆表面为 1～3g，高压级选大值。新压缩机在汽缸和活塞跑合期间，润滑油的供给应加倍。

2.4.2.2　传动机构润滑

这部分的润滑主要是主轴承和主轴颈、连杆大头瓦和曲柄销、活塞销或十字头销与连杆小头套、十字头和滑道等摩擦副。传动机构润滑油供给方式有飞溅润滑和压力润滑两种。

（1）飞溅润滑

工作原理和方式与图 2-74 所示汽缸部分飞溅润滑方式相同，依靠溅油装置一并解决。

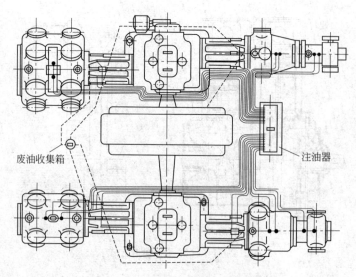

废油收集箱

注油器

图 2-76　汽缸与填函压力润滑注油系统

（2）压力润滑

与汽缸的注油润滑相似，依靠专门油泵将曲轴箱油送至需要润滑的传动机构各摩擦副，只是各注油点不使用注油器，而是由统一的油泵供油。有些压缩机的油泵直接由曲轴一端的外伸轴驱动，这可保证只要压缩机运转便肯定有油，但压缩机启动过程中供油量往往不足，而高速压缩机的滑动摩擦副可能就在启动的短短几分钟内烧毁，所以中、大型高速压缩机的油泵趋向于由单独电动机驱动，这样做一个很大的好处是可在压缩机启动前进行充分的预润滑，并与压缩机电机联锁控制，保证主机可靠润滑。

传动机构的润滑供油量，一般按润滑油从摩擦表面导走的热量来确定，通常按机座部分摩擦功为全部摩擦功的 30% 计算这部分热量，润滑油一次流经摩擦副的温升一般取 15～20℃。传动机构（曲轴箱）润滑油应定期更换（一般为一年），正常运行中一年应对润滑油进行三次黏度和酸值的化验。

2.4.2.3　润滑油的选择

选择压缩机润滑油时要考虑到压缩机的结构形式、被压缩气体的性质、气体纯净度要求、压力和温度等条件。对于空气压缩机，除了要求润滑油有必要的黏度外，还要考虑高温积炭、气体管路锈蚀、缸壁凝结水、高压密封等问题，而选择不同特性的润滑油或添加入一些专门成分。对于制冷压缩机（冷冻机），在大型制冷装置中，制冷剂和油难于互溶的润滑油润滑性较好；而对于小型制冷装置，则希望油与制冷剂的互溶性要好，否则可能导致系统中某些部位积存润滑油，导致回油不畅，致使换热器效率下降和压缩机缺油，因而一些新型制冷剂要求使用专门的合成油。对特殊气体压缩机，主要考虑气体性质与润滑油的相互影响，以及材料的腐蚀与防护等。

压缩机汽缸中所用的润滑剂绝大多数为矿物油（从石油中提炼），有些制冷压缩机因与制冷剂互溶的问题而要求使用合成油（化学手段合成）。一些氧压缩机中，因汽缸部分严禁与油相接触，故用蒸馏水润滑，蒸馏水不易黏着在汽缸镜面上，可加入 6%～8% 的甘油以增加吸附能力。氯压缩机中，氯能和润滑油中的烃生成 HCl，对金属有腐蚀作用，故不用矿物油，而用浓硫酸润滑，硫酸还能吸收氯中的水分，防止产生腐蚀。乙烯压缩机中为防止乙烯被矿物油污染，用 80% 甘油和 20% 水的混合物进行润滑。近年来，主要用于一部分制冷压缩机中的合成油因其良好的性能指标，也被逐渐用于汽缸润滑。

传动机构（曲轴箱）润滑基本都采用矿物油；仅个别场合（全无油压缩机）应用润滑脂，此时轴承需密封，以防润滑脂流失。制冷压缩机中因曲轴箱连通汽缸，故有时适应制冷剂要求使用合成油。制冷机油的使用时间较长（全封闭压缩机长达10年），因而对油的化学稳定性要求较高。

2.4.3　压缩机冷却和冷却设备

2.4.3.1　冷却方式及系统

压缩机装置中需要冷却的部位有：级间冷却——多级压缩级间排气；后冷却——被压缩气体排出压缩机后进行冷却，使其温度降低，便于分离气体中的水分和油雾，也使输送气体的管道直径减小或气体流速和流阻降低；润滑油冷却——大型压缩机中传动机构润滑油也需要冷却，以维持其良好的润滑性能及对摩擦副的冷却效果；汽缸冷却——限制缸壁温度不要太高，保证缸内润滑效果，限制零部件热变形。上述热量如果是通过冷却水带走，则称为水冷压缩机；如果是通过空气带走，则称为风冷压缩机。

（1）风冷系统

微型和小型压缩机，以及中型压缩机在缺水地区运行时采用风冷。风冷的冷却效果较差，因而压缩机的指示功消耗较水冷大，并且鼓风消耗的动力费用一般也较水冷系统的泵功大，风冷系统（尤其是较大的机组）还带来很大的鼓风噪声。风冷系统构成简单，使用方便，维护工作量小。中型多级压缩机组采用风冷时，一般将各级中冷器、后冷器、油冷器集成为一体，用一个大的轴流风机鼓风，风机功率一般约为压缩机电机功率的5%～10%；换热器采用管外肋化的翅片管，管内为光管或内螺纹；这种机组系统中，汽缸一般只能采用自然冷却，最多利用冷却器风机的吸风稍加冷却。工艺流程中的压缩机多为水冷，风冷压缩机很少使用。

（2）水冷系统

按照冷却水应用方式，水冷系统可分为"开式"和"闭式"两类。

ⅰ.开式冷却系统又有两种方案：一是冷却水一次性使用，如取用江、河、湖泊等水源，一次性使用城市供水经济上是不划算的，因而甚少应用；二是冷却水循环使用，冷却水吸热升温后被送至冷却塔或冷却水池进行冷却降温，以便循环使用，这需要对水质进行处理并定期补充新水。

ⅱ.闭式冷却系统的冷却水始终置于封闭管道内，吸热升温后的冷却水被送至专门的热交换器释放热量；导热的介质在缺水地区为空气，在有水源但不宜直接使用时（如海水），可用特殊材料水冷换热器。这种冷却方式有些文献也将其与风冷、水冷并列称为混冷式。

级间排气的冷却效果对压缩机的性能影响最大，因而一般要求最冷的水先进中间冷却器。汽缸的冷却通常只能带走摩擦热，使缸壁不致因温度过高而影响润滑油性能，所以要求并不高，甚至压缩湿气体时过度的冷却反而有害（汽缸析液影响润滑并造成液击），因而多是将中冷器流出的水引到汽缸。压缩机排气后冷却的要求一般更低，甚至可有可无，或是顺便行为，所以一般多是令冷却水在冷却汽缸后，最后流经后冷却器。上述做法不是绝对的，还需视不同压缩机系统的具体要求而定，由此可将压缩机水路系统分为图2-77所示的串联式、并联式、混联式三种方案，每种方案在冷却效果、水耗、管路复杂程度方面各有优劣。串联式系统中，冷却水先进入中间冷却器，再顺次流经第Ⅰ、Ⅱ级汽缸，最后流经后冷却器后排出，特点是结构简单，水温升较大，水耗量较少，缺点是发生故障时检查不便，常用于两级压缩机。并联式系统中，冷却水分别通过各冷却部位后回流排出，特点是各部位水量可分别调节，冷却效果好，查找故障方便，但系统管线复杂，水耗量相对于串联式要高一些。混联式系统中，冷却水分别从总水管引入各中间冷却器，然后分别导至相应的各级汽缸，最

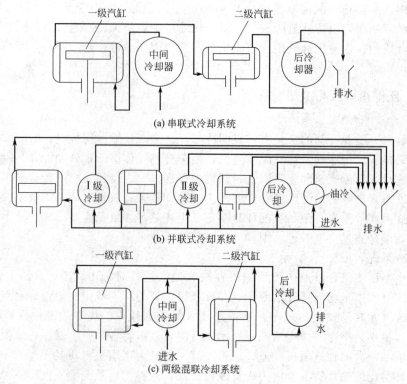

图 2-77 水冷却系统接管方式

后汇入总排水管。该系统兼有并联与串联的优点，主要用于多级压缩机。

2.4.3.2 冷却设备

冷却设备主要是冷却器（换热器）和冷却塔，水泵是应用广泛的离心泵。冷却器的形式有水冷和风冷两种。

水冷冷却器多采用管壳式结构，它主要由换热管束、外壳、用于固定换热管的端板（也称管板）、热膨胀补偿装置以及折流板、封头、法兰等构成。气量小且要求不高时也有采用蛇管结构的，各级冷却器均绕制成螺旋蛇管形，同心地置于同一个水箱中，甚至将缸头部分也套在水箱中心部位，因结构简单紧凑，故也常被使用。此外，水冷冷却器还有元件式（外翅片管组，常见于空气动力压缩机）、套管式（常见于早期的大型工艺流程压缩机）、板式、板翅式、螺旋板式等。对水冷换热器，换热管内的通道称为管程，换热管外即壳体内的通道称为壳程。气体压力低时，气走壳程，水走管程，这样可获得较大的气侧换热面积；气体压力高时，气走管程，水走壳程，这样可获得较高的气侧通道强度。风冷冷却器基本都是翅片管结构，目的在于增大管外侧换热面积，有些是套片式，有些是直接在管外轧制翅片，有些是在光管外再紧密套上一根外翅片管。管内可能是光管，也可能是内螺纹结构。

冷却塔的结构比较简单，图 2-78 是最常见的圆形抽风逆流式冷却塔结构示意图，风机安装在塔顶，水从上向下流动，空气自下向上流动，两者逆流传质传热，冷却水在塔底汇集。塔底一般还建有填料，以增强水的散热效果。冷却塔的结构形式和规格很多，已形成标准化系列产品，选用方便。冷却塔的水会散失，需定期补充，补充的水需软化处理。

2.4.4 气体管路和管系设备

本节所述的气体管路和管系设备是指从压缩机的第一级前（工艺流程中为自进气管截止

阀开始），到压缩机末级排气管的截止阀为止，其中的管道、阀门滤清器、缓冲器、冷却器、液气分离器以及储气罐等设备，组成压缩机的主气体管路。此外，还有一系列辅助气体管路，如通向安全阀和压力表的气体管路，用来调节气量及放空用的气体管路，引接置换气及保护气的管路，工艺流程所需的抽气管路，以及排放油水的排污管路等。

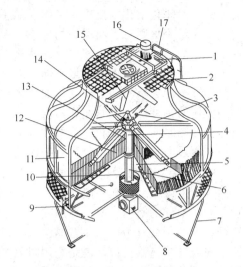

图 2-78　圆形标准冷却塔

1—电动机支架；2—风扇网；3—洒水喉管；4—直管；5—水盆；6—入水管；7—脚柱；8—排水口；9—浮波组合；10—隔水网；11—外壳；12—散热胶片；13—扰流板；14—洒水转头；15—风扇；16—电动机；17—扶梯

2.4.4.1　管路设计

管路设计主要是按照压缩机的要求及安装现场的情况来确定管径，计算管道阻力损失，进行管路布置。进行管路设计时要注意以下方面。

ⅰ. 管道布置尽可能短，管道截面和走向的变化要尽量平缓，以减少管道的阻力损失。

ⅱ. 管道设计要尽力控制管道的振动，以确保设备安全可靠，对于气流脉动引起的管道振动可通过合理设计管系、气腔容积和现场采取消振措施，如设置缓冲器或调整缓冲器的位置、在管道中的特定位置设置孔板等来解决；由于管道结构发生共振而引起的振动，可采取添加支承和改变支承等方式来消除。

ⅲ. 管路的热膨胀要有必要的补偿。

2.4.4.2　缓冲器

活塞压缩机的气流脉动给压缩机装置带来很大危害，因此要把压力脉动限制在一定范围内，减小气流脉动最有效的方法是在靠近压缩机的进气（或排气）口处安装缓冲容器。缓冲器的结构形式，低压时为圆筒形，高压时常制成球形，球形缓冲器的缓冲效果优于圆筒形，也有在缓冲器内加装芯子进一步构成声学滤波器。缓冲器越靠近汽缸安装，缓冲效果越好，所以缓冲器最好不用中间管道而直接配置在汽缸上。

缓冲器进出口位置对缓冲效果影响明显，如图 2-79 所示，方案Ⅰ缓冲效果不明显，方案Ⅱ的缓冲效果可提高 15%～20%，方案Ⅲ比方案Ⅱ的效果提高 2～3 倍。另外，缓冲器平卧安装比竖立安装的效果要好。单作用汽缸缓冲罐的容积可取为汽缸工作容积的 10～15 倍，双作用汽缸缓冲容积可取容积流量相同的单作用汽缸缓冲容积的 1/2.5，相位差为 90°的两个双作用汽缸共用的缓冲罐，容积可取单作用汽缸缓冲容积的 1/6.2。

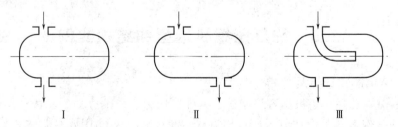

Ⅰ　　　　　Ⅱ　　　　　Ⅲ

图 2-79　缓冲器进出口配置方式

2.4.4.3　液气分离器

压缩机汽缸中排出的气体常含有润滑油，排气经中冷器冷却后还可能有水滴析出，这些油滴和水滴进入下一级汽缸会黏附在气阀上，影响气阀正常工作及寿命；水滴附在缸壁上还会导致润滑恶化；化工流程中气体含油还会使催化剂中毒，合成效率降低；空气压缩机管路中油滴大量聚集则有引起爆炸的危险。因此各级冷却器之后要设置液气分离器，以分离掉气体中携带的油滴和水滴。液气分离器按作用原理分为惯性式、过滤式及吸附式三种。惯性式主要靠液滴和气体分子的质量不同，通过气流转折利用惯性进行分离；过滤式主要依靠液滴和气体分子的大小不同，使气体通过多孔性过滤材料而液滴被阻隔将两者分开；吸附式则是利用液体的黏性使之吸附在容器或某一材料的表面而得以分离。天然气压缩机使用的气液分离器一般同时使用惯性和过滤两种分离手段，先使气体通过惯性手段进行大液滴的初分离，然后利用过滤材料进行精分离，折流装置与滤芯共同安装在一个长圆筒形壳体内。

2.4.4.4 滤清器（机组进口过滤器）

气体进入压缩机前一般要先进行过滤，以防气体中携带的灰尘等固体杂质进入汽缸，增加相对滑动件的磨损。微小型压缩机中，这种进气过滤装置基本被做成标准产品，常称为滤清器；大型压缩机站可以建造滤清室，以增大处理气量。滤清器（机组进口过滤器）的作用原理与液气分离器类似，也是利用阻隔、惯性、吸附等方法分离异物。滤清作用要在气体速度较小的条件下进行，以防阻力损失太大，所以一般滤清元件的通流截面要比相应导管截面大几十倍。被过滤的物质会附在滤清元件上而导致其脏污，因而滤清元件需要定期清洗或更换，以免阻力损失增加太多。

2.4.4.5 安全阀

压缩机每级的排气管路上如无其他压力保护设备时，都需装设安全阀。当压力超过规定值时，安全阀能自动开启放出气体；待气体压力下降到一定值时，安全阀又自动关闭。所以安全阀是一个起自动保护作用的器件。对安全阀的要求是：阀达到极限压力时，应及时且无阻碍地开启，阀在全开位置应稳定、无振荡现象；阀在规定压力下处于开启状态时，放出的工作介质量应等于压缩机的排气量；当压力略低于工作压力时，阀应当关闭；阀应在关闭状态下保证密封。安全阀按排出介质的方式分为开式和闭式两种：开式安全阀是把工作介质直接排向大气且无反压力，这种安全阀用于空气压缩机装置中；闭式安全阀是把工作介质排向封闭系统的管路，用于贵重气体、有毒或有爆炸危险的气体压缩机装置中。

2.4.4.6 消声器

活塞式压缩机噪声包括机械敲击造成的噪声和气流动力造成的噪声。前者以气阀启闭的敲击声最为主要，后者包括进排气阀开启时气体因压差造成的爆破声，以及汽缸间歇进气而激发气体脉动形成的噪声。其次，还有风扇和电机发出的声音等。噪声的控制首先在机器的设计阶段便应注意，使各噪声源发出的声能尽量小；其次采取消声措施。消声措施主要是装设消声器或采用隔声罩。在压缩机进口装设消声器仅能消除进气噪声的一部分；隔声罩则能控制全部噪声，但只能用于中、小型压缩机。

2.5 往复压缩机选型和结构实例

2.5.1 结构形式选择及分析

压缩机的方案选择是指根据容积流量、吸排气压力、压缩介质、具体使用条件等要求，选定压缩机的结构形式、冷却方式、作用方式（单作用、双作用或级差式），有无十字头、级数、列数、级在列中的配置（即排列次序）、各列曲柄错角、汽缸中心线夹角、驱动机类型及传动方式等。压缩机结构形式的选择要考虑诸多因素，例如工艺流程、现场条件、制造方的系列构成、生产条件和加工设备状况、外协状况等。针对某一具体的压缩机，其结构形式的优劣只能说是相对的。

2.5.1.1 结构形式分析

（1）立式压缩机

立式压缩机的主要优点是：主机直立，占地面积小；活塞重量不支承在汽缸上，没有因此而产生的汽缸和填料部位的摩擦和磨损；汽缸润滑油沿圆周分布均匀，因而润滑条件好，省润滑油；活塞与汽缸运行时的同心度易于保持，因而适合做成无油及迷宫压缩机；机身、中体等零部件不承受自重导致的弯曲应力，因而壁厚可减薄，机体简单轻便；未平衡往复惯性力垂直作用于基础，相比于水平方向作用于基础，易被基础承受。

立式压缩机的主要缺点是：大型时高度大，需设置操作平台，操作和维护不方便；管路的布置也比较困难，多级时级间设备占地面积大；多级时曲轴较长，即使将缸径较大的低压级布置在曲轴两端、缸径较小的中高压级布置在中间，也难以大幅缩短曲轴长度，其本身的往复惯性力平衡特性决定了这种压缩机较其他形式压缩机的振动要大。基于上述特点，立式结构目前已基本不被大型压缩机采纳，而主要用于中小型和微型压缩机。用于大型迷宫压缩机，尤其是氧气压缩机、超低温气体无油润滑压缩机等，则是立式结构的优势所在。

（2）卧式压缩机

工艺流程用的卧式压缩机多采用对动式结构，超高压则采用对置式结构。所有汽缸位于曲轴同侧的一般卧式结构在工艺流程中很少采用。卧式压缩机的主要优缺点与立式压缩机恰好相反，中、大型压缩机宜采用卧式。

卧式压缩机的主要优点是：整机高度较低，视野观察方便，易接近性好，操作、管理和维修方便；每列可串联较多的汽缸，从而简化主轴结构；附属设备和管路可方便地置于厂房底层，从而使上层厂房变得简洁，方便主机巡检；附属设备可方便地置于压缩机上方，从而节省整个机组系统的占地面积而便于成橇，方便用户使用。卧式压缩机的主要缺点是占地面积大。

对动式压缩机的主要优点是：动力平衡性特别好，振动小，因而转速可提高，以减小机器尺寸；多列对动结构相对列的作用力能全部或部分地相互抵消，使主轴承只受相对列力矩转化的力，故轴承受力情况改善。对动式压缩机的主要缺点是：对动式的两相对列中，总有一列十字头上作用的侧向力朝上，而在两止点位置时侧向力消失，其重力又向下，因此造成十字头在运行中有敲击，并导致活塞杆随之摆动，从而影响填料的密封性和耐久性；仅两列对动时，总切向力曲线很不均匀，需要较大的飞轮；多曲拐的大型对动压缩机，曲轴需设多个中间支承，产生静不定问题，容易引起主轴承或主轴颈磨损，同时机身制造困难。对动式压缩机以中大型工艺流程压缩机为主要应用场合，微小型和其他场合则基本不用。

对置式压缩机有两大类：一类是汽缸分置于曲轴两侧、相对列连杆位于相同或不同曲拐上，不同曲拐的曲柄错角不等于180°的结构；这种压缩机的总列数多为奇数，以寻求总的转矩平衡、惯性力尽量平衡为目标；此种对置式压缩机并不独立存在，而是由对称平衡型压缩机所派生并和它共同构成同一个系列。另一类如图2-80所示，偶数列汽缸分置于曲轴两侧，两对置列的汽缸中心线重合，对置列活塞连接在整体框架式十字头上，由单一连杆驱动，这种压缩机基本上仅用于超高压目的。采用整体框架式十字头的对置式压缩机，可使相对列的气体力抵消掉一部分，从而减少曲轴、连杆的负荷；此外，两列均无向上的侧向力，故运转时比较平稳，这种压缩机连杆大小头轴承的润滑情况较好；但这种结构往复质量很大，转速不高。

（3）角度式压缩机

角度式压缩机的主要优点是：结构紧

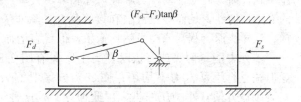

图 2-80 框架式十字头对置结构受力状况

凑，机组的体积小，占地面积少；每个曲拐上装有两根以上的连杆，使曲轴结构简单，长度较短，并可能采用滚动轴承而提高机械效率；各列汽缸彼此相距较远，气阀有充裕的安装空间，可增加气阀通流面积而减小流动损失；汽缸间的夹角空间可安装中冷器等附属设备，使整机结构紧凑，并缩短气体管路而减小流动损失。角度式压缩机的主要缺点是大型时高度大，往复运动件容易产生偏磨，多于一个曲拐时，连杆的安装困难，星形结构的润滑问题较难解决。因此，角度式压缩机主要用于中小型和微型。

动力用空气压缩机多采用角度式结构，主要是基于其结构紧凑和动力平衡性好、总切向力均匀的优点；L形用作其中较大的排气量，管道布置较V形方便，但水平列汽缸磨损较大。制冷压缩机多采用V形、W形、扇形等角度式结构，排量大时也采用双重结构。

2.5.1.2 有无十字头问题

无十字头压缩机的特点是结构简单而紧凑，但只能是单作用或级差式，与相同排量的有十字头双作用压缩机相比，汽缸直径大且靠活塞环密封气体，因而泄漏周长及泄漏量大。无十字头压缩机的筒形活塞承受侧向力，故活塞与汽缸间的摩擦和磨损较大，机械效率也较低。除非机身传动部分也不采用油润滑，否则无十字头压缩机不能实现气体的无油压缩。故此，无十字头压缩机多用于小功率场合，尤其是要求轻便的移动式。

有十字头压缩机可以弥补无十字头压缩机的缺点，却又带来结构复杂及汽缸中心线方向的尺寸增加、机器质量增加等问题。双作用有十字头压缩机需要用填料密封，增加了易损件。气体无油压缩、大中型及高压压缩机只能使用有十字头结构。

2.5.1.3 列数和级在列中的配置

为了获得较好的动力平衡性，除微小型压缩机外，各种形式压缩机的列数均以等于或多于两列为宜。但是列数过多将导致压缩机结构复杂，列数需视机型系列化的情况、气量大小、压力高低等来决定。通常最大活塞力为2～22t时取2～4列；大于22t时取3～8列；小于2t时多采用无十字头结构，一般2～4列，而在冷冻压缩机中目前也有多达16列的。

级和列没有明确的关系，多级或单级压缩机都可以是多列，也可以是单列，但级和列会相互影响，级在列中的配置应注意以下问题。

ⅰ. 活塞力的均衡性。即各列活塞力要均衡，有十字头时希望往返行程中的活塞力也能均衡，这样曲轴、连杆的强度利用比较充分。

ⅱ. 密封性。使相邻容积的压力差较小，减少活塞环处的泄漏；在填料侧配置较低的压力级，以利于填料密封。

ⅲ. 曲柄错角合理排列。尽量使各列惯性力和惯性力矩相互抵消，以获得较好的动力平衡性；力求总切向力曲线均匀，使所需飞轮矩小；争取使级间气体管道中的气流脉动相互削弱，减小管道振动。

ⅳ. 制造和装配方便。

在多列压缩机中，通常每列仅配置1～2级，个别的达3级或更多。每列配置一个级，在无十字头压缩机中只能做成单作用式；而有十字头式压缩机，在低、中压时大都做成双作用式，这样往返行程活塞力均衡，且泄漏较少。高压或超高压时，即使有十字头，往往也做成单作用式，因为此时活塞杆与缸径尺寸相差不大，一般双作用结构并不能很好改善活塞往返行程的受力均匀性，反而导致汽缸和接管复杂；除非采用图2-81所示的贯穿活塞杆双作用汽缸结构，这样往返行程活塞力虽然均衡了，但要多增加一道活塞杆密封装置，增加了泄漏量。

一列中配置两级或三级时，无十字头有图2-82所示的几种方案，其中图（a）方案泄漏少但往返行程活塞力不均衡；图（b）方案泄漏较大，但活塞力均衡，且气阀布置空间大，安装维修方便，小型压缩机常用此种方案，这种结构低压级汽缸润滑较为困难；图（c）方案结构紧凑，占用空间少，是微小型高压压缩机常用的方案。有十字头结构有图2-83所示的

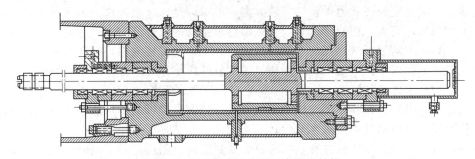

图 2-81　具有贯穿活塞杆的高压级结构

几种方案，其中图(a) 方案的较低压力级为双作用，可使缸径小，泄漏少，较高压力级为单作用，造成往返行程活塞力不均衡；图(b)方案的两个级均为单作用，中间设置平衡腔，使往返行程活塞力比较均衡，并使填料密封较低的压力，这是大型压缩机常采用的结构，缺点是汽缸轴线方向的尺寸较大，列的往复质量较大；图(c) 方案的两个级都是双作用，但结构复杂，轴向长度较大，已很少采用；图(d) 方案是倒级差，主要用于高压级，使用平衡腔是为了减少泄漏和改善密封；图(e)方案为三级串联倒级差，适用于大型压缩机。

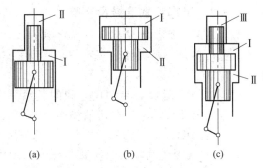

图 2-82　无十字头结构的级差式方案

通常一列中最多布置三级，只有在少数大型卧式压缩机中才采用一列配置更多级的方案。

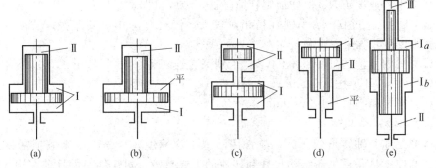

图 2-83　有十字头结构的级差式方案

2.5.1.4　方案选取的一般原则

压缩机方案设计要综合考虑各种因素，如压缩氧气时就应根据氧气易爆炸、易和其他元素发生反应的特点，着重考虑压缩机的密封性，且应保证气体不与油接触；对于小型压缩机，轻便是首要考虑的因素，并要结构简单和易于维修，而经济性由于机器本身功率小而要求不严格；对于大型或工艺用压缩机，因其动力消耗大，故运行经济性及可靠性非常重要，即便结构复杂些、成本高一些都是允许的，同时要兼顾维修方便；对移动式压缩机，因为没有基础及工作环境不固定，因此要求动力平衡性好且结构轻便。

占地面积也是方案选择时要考虑的问题。对占地面积有限制的场合应以立式或角度式为主，如船用压缩机受船舱工作场地限制很少采用卧式，对高度有限制的场合却只能用卧式。动力平衡性及活塞力的均衡性在选择方案时也应顾及，移动式压缩机没有固定基础，故要选择动力平衡性好的方案；小型固定式压缩机因惯性力的绝对值小，故对动力平衡性要求稍低；高转速压缩机应选择动力平衡性好的方案，但对微型压缩机来说，因运动质量不大，故不平衡力的幅值也不大，即使转速高，仍然以追求结构简单轻便为主；活塞力均衡可使运动机构轻便，切向力均匀可减轻飞轮重量，这均有利于提高机械效率，这在大中型压缩机方案选择时应考虑，但对小型压缩机则不严格。压缩机的操作和运行条件也是方案选择中要考虑的问题，小型压缩机往往没有专人操作，运行条件和维护状况也较差；而大中型压缩机一般都有专人操作、维护和保养。压缩机的驱动方式也是方案选择中不可忽视的条件，如通过联轴器连接原动机或原动机本身对主轴旋转不均匀度有要求，就要尽可能选择总切向力曲线均匀的方案；若采用摩托压缩机方案，则转速会受到发动机制约；若采用同轴悬挂电机，则可能无需另外设置飞轮。压缩机方案选择往往还要考虑生产厂家的压缩机传统形式及制造条件、水平、经验等。

2.5.2 结构参数选择及影响

2.5.2.1 活塞行程与一级缸径比

活塞行程与一级缸径比 $\psi = s/D_1$，是压缩机的一个重要结构参数，其值对压缩机的影响主要表现如下。

① 表征了压缩机外形和尺寸间的关系　在转速和汽缸工作容积一定时，ψ 小者机器汽缸轴线方向尺寸短，缸径（机器横向尺寸）大，故活塞力也大，相应的，连杆、曲轴等运动机构尺寸也可能大。

② 影响气阀在汽缸上的安装面积　一定汽缸工作容积时，在限定范围的活塞平均速度下，ψ 大则汽缸细长，汽缸端面或侧面可供安装气阀的面积减小，可能会造成气阀安装面积不够；ψ 过小则可能因汽缸太短而造成安装汽缸接管的位置紧张。

③ 影响相对余隙和重量　一般高转速压缩机取较小的 ψ 值，这能使机器的相对余隙增加；一定活塞平均速度下，ψ 值增加则转速降低，导致机器重量增加。

④ 影响机器工作过程　ψ 小则缸径相对较大，汽缸冷却相对要差些；若活塞平均速度一定，ψ 小则转速可增加，泄漏量相对减小。

现代压缩机的 ψ 值约处于 0.3～0.6，个别高转速机器 ψ 值小至 0.26，以下建议值可供参考：低速压缩机 100～500r/min，$\psi = 0.5$～0.95；中速压缩机 500～1000r/min，$\psi = 0.45$～0.75；高速压缩机＞1000r/min，$\psi = 0.4$～0.55。

2.5.2.2 活塞平均速度

活塞速度是随曲轴转角变化的，故常用活塞平均速度 $v_m = ns/30$ 来表征活塞运动的快慢。活塞平均速度是联系机器结构尺寸和转速的重要参数，对压缩机的性能有很大影响。

① 对压缩机耐久性的影响　活塞、活塞环、填料、十字头滑履，当活塞平均速度高时，单位时间内受摩擦的距离便长，故磨损增大；汽缸镜面、活塞杆、十字头滑道、各轴颈和轴承的磨损则取决于单位时间内受摩擦的次数，即转速。

② 对气阀的影响　根据式(2-77)，吸排气过程流经气阀的气体被当作不可压缩流体处理，因而阀隙流速与活塞平均速度成正比，v_m 值高还要维持不要过高的阀隙马赫数，则需要增大气阀通流面积，否则就会增加压力损失；另一方面，一定排量时，v_m 值高则使活塞面积 A_p 减小，即缸径减小；在更小的汽缸上获得更大的气阀布置面积往往较困难，若增加汽缸至气阀的通道长度而获得更大的气阀布置空间，则导致余隙容积增加，这种矛盾在大型低压汽缸的进气阀布置中往往表现得比较突出。

因此，活塞平均速度必须加以限制，下述值可供参考：

ⅰ. 采用环状阀及网状阀的中大型压缩机，$v_m = 3.5$～4.5m/s，大型压缩机取上限值；

ⅱ. 采用直流阀的压缩机，$v_m = 5$～6m/s；

ⅲ．微型压缩机由于行程的绝对值小，一般情况下，$v_m = 1 \sim 2.5\,\text{m/s}$；

ⅳ．迷宫压缩机为了减少泄漏量，$v_m = 4 \sim 5\,\text{m/s}$；

ⅴ．非金属密封环压缩机考虑到活塞环的寿命，$v_m < 3.5 \sim 4\,\text{m/s}$；

ⅵ．超高压压缩机为了保证摩擦副的耐久性，$v_m < 2.5\,\text{m/s}$；

ⅶ．乙炔压缩机考虑安全防爆，$v_m \approx 1\,\text{m/s}$；

ⅷ．摩托压缩机为适应内燃机工作的要求，有时可高达 $v_m \approx 7\,\text{m/s}$。

2.5.2.3 转速

压缩机的转速不仅决定了压缩机的几何尺寸、重量、制造的难易、机器的成本，而且还影响摩擦功、磨损、工作过程及动力特性，还会影响驱动机的经济性及成本。其影响主要表现在以下方面。

ⅰ．转速表征惯性力的大小，存在残余惯性力和存在残余惯性力矩的机器转速增加会导致振动加剧；若惯性力增加并超过最大气体力时，可能会招致压缩机零部件的强度不足。

ⅱ．形式相同的压缩机，如果容积流量一定，转速越高，则机器的重量和尺寸越小，但也受制于活塞平均速度和惯性力的增大。

ⅲ．转速还反映了汽缸、活塞杆、十字头滑道、轴承、曲柄销、活塞销、十字头销等部分的磨损情况，当作用在这些部位上力的大小一定时，随转速增加，其单位时间内被摩擦的次数增加，故磨损加快。

ⅳ．对已有机器提高转速，机械效率不会有太大变化；对新设计的机器选用较高转速，无论活塞平均速度如何，机械效率总是较低的。

ⅴ．转速对气阀工作也有较大影响。转速提高则单位时间内阀片撞击次数增加，气阀寿命缩短；在已有机器上提高转速会破坏气阀正常运动规律；新设计机器选用较高的转速会使整机尺寸减小，相应气阀安装空间减小，可能导致阀隙马赫数高或汽缸相对余隙大。

压缩机设计时，根据确定的结构方案、容积流量及第一级的容积效率，再参考类似的机型选取合适的 v_m 及 ψ，便可求得转速 n。当然，在有经验的情况下，也可根据经验数据先确定压缩机转速。

2.5.3 压缩机的驱动机选择

活塞压缩机驱动机的选择要根据能源供应情况、使用场合、使用要求、总的经济效果等来决定，常用的有电动机、内燃机和汽轮机三种。

2.5.3.1 电动机

电动机价格便宜，且结构简单、操作方便、运行可靠、基本无需维护，所以凡是有电能的地方基本都使用电动机驱动压缩机。交流异步电动机的功率因数小于1，故电网要供给一部分无功功率，转速越低功率因数越小，无功功率越大。所以转速低的大功率压缩机不适合使用交流异步电动机，这种电动机多用于 150kW 以下场合，但有些场所受供电条件限制，也使用达 450kW 的 380V 交流异步电动机。同步电动机功率因数可以是1，甚至小于0，可改善电网供电，适用于大型压缩机，且电机效率较高，工厂也无需支付无功功率补偿费。但同步电机结构比较复杂，价格较异步电机贵。

电动机驱动时，少数功率较小的场合用带传动，虽然这样可以选取价格便宜且尺寸小的高转速电机，但却要求压缩机设置专门的飞轮作为带轮，增添带成本和占地面积；并且由于带的传动损失使压缩机的总效率降低。多数电机驱动的压缩机采用直接传动，两者主轴采用弹性或刚性联轴器连接。电机功率不大时，也有将电机转子直接套在压缩机曲轴一端上的，电机定子则借助于外壳法兰端悬挂在压缩机曲轴箱上，这种安装方式避免了联轴器的对中问题，且电机转子质量也能起飞轮的作用。通过联轴器驱动压缩机时，电动机可以是标准形式，但对于大型压缩机也采用专门结构的电动机。

2.5.3.2 内燃机

在没有电能的地方或移动式压缩机，可用内燃机驱动，内燃机按所用的燃料不同分为柴油机、汽油机及煤气机三种。中小型移动式压缩机通常用柴油机驱动，相对于汽油机讲，柴油机燃料价格便宜、热效率高，故一般不用汽油机；煤气机主要用在有天然气等可燃气体的场合，增压的天然气内燃机有很高的热效率（达40％以上），所以用来驱动中大型压缩机有很高的运行经济性。虽然内燃机价格昂贵，但用天然气时能源消耗的费用便宜，高的投资成本费可由低的运行费所补偿。

内燃机驱动压缩机，可以是通用形式的内燃机通过离合器驱动压缩机；也可以是内燃机和压缩机的连杆共同装于一个曲轴上的组合形式。两种方式各有优、缺点，前者内燃机具有通用性，价格相对便宜，但占地面积较大，一般用于驱动中、小型压缩机；后者因机器是专门设计的，故结构紧凑，大都用于中、大型压缩机，并且特称为摩托压缩机。

2.5.3.3 汽轮机

在化工厂等工艺流程本身需要使用蒸汽的场合，利用现成的蒸汽通过汽轮机膨胀做功而驱动压缩机，具有很高的运行经济性。汽轮机属高转速机器，需通过减速机构才能驱动压缩机，只应用于大型压缩机。有一种活塞与透平压缩机串连机组方案，即第一级压缩由与汽轮机轴相连的离心式压缩机完成，然后汽轮机通过齿轮减速器驱动活塞压缩机完成高压级的压缩，这种串联机组的方案可以减小活塞式压缩机的尺寸和重量。

2.5.4 压缩机典型结构实例

容积式压缩机的种类和用途很多，因而结构特点也千差万别，本节介绍一些典型的压缩机结构实例，以便对往复压缩机有较全面的了解。

2.5.4.1 高压氮氢气压缩机

图 2-84 是合成氨用氮、氢混合气对称平衡式压缩机，该机器为 MH 形结构，其右边四

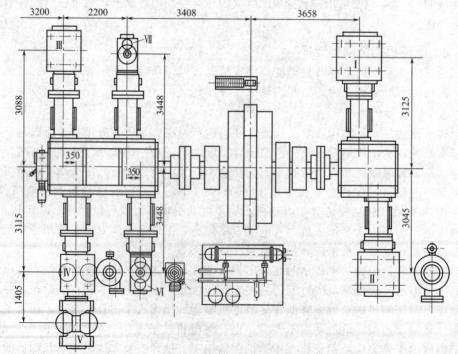

图 2-84 六列、七级氮氢气压缩机

列组成 M 形结构，它能将气体从常压压缩至 32MPa。四、五级汽缸为级差式，六、七级为单作用式。机器有六个曲拐，相对列曲柄错角为 180°，三个相对列之间的曲柄夹角为 60°，这样，当各列往复质量相等时，不仅一阶、二阶往复惯性力、回转惯性力能完全平衡，而且往复惯性力矩和回转惯性力矩也完全平衡，所以其平衡性能十分完美。

2.5.4.2 对置式超高压压缩机

图 2-85 为对置式超高压压缩机及其汽缸的剖面图。它的用途是将进口压力 20～30MPa 的乙烯气体经过两级压缩达到 250～300MPa 后再进行聚合。对置的两缸均为单作用式，其相对列的活塞杆固接于一个框架式十字头上，由一个曲拐通过连杆来驱动。超高压压缩机的汽缸由若干层圆筒组成，在压力交变区尽量避免径向开孔，活塞为柱塞式，并用填料密封。为防止十字头往返运动引起柱塞跳动，机器上设有辅助导向滑道。气阀为组合式，气体从径向进入，轴向排出。此种机器转速比较低，约为 125～150r/min。为了得到较好的平衡性能，一般做成四列至六列。

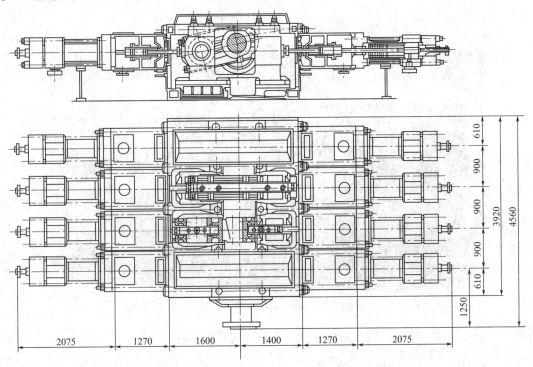

图 2-85 对置式超高压压缩机

2.5.4.3 汽缸自然冷却的天然气压缩机

图 2-86 是对称平衡型 3 级天然气压缩机，汽缸自然冷却。一级为双作用，二、三级为正级差。行程 110mm，各级缸径 155mm/110mm/45mm。吸气压力 0.3～0.85MPa(G)，排气 25MPa(G)。压缩机可以 980r/min 或 1470r/min 的转速运行，相应轴功率分别为 72～152kW 和 109～222kW。该压缩机的设计思想是谋求高可靠性和高的结构紧凑性，封闭式机身承压 2.4MPa(G)，以回收填料漏气。汽缸实行少油润滑；运动部件从十字头滑道端反向注油。

2.5.4.4 燃气摩托橇装天然气压缩机组

中、小型压缩机组常将主机和所有附属设备都集成安装到一个公共底座上，因而主机现场安装和调试工作简化，也便于运输和管理，这称为橇装结构；有些橇装压缩机还带有消声防雨罩，则压缩机组可露天放置，节省了建筑成本，图 2-87 是一台由发动机驱动的天然气压缩机组成套系统，主、从动机直连，压缩机采用双重 V 形结构，水冷冷却器置于 V 形结

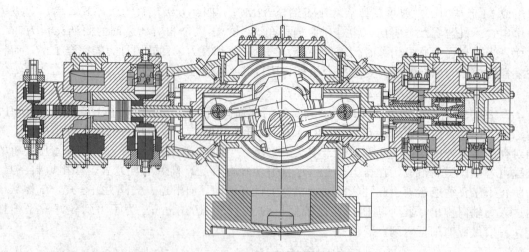

图 2-86　C211-316 型天然气压缩机结构

图 2-87　天然气发动机驱动的成套橇装天然气压缩机组

构的空档部位，整机连同控制柜组装成橇，结构极为紧凑。

2.5.4.5　立式迷宫压缩机

图 2-88 是立式迷宫压缩机，汽缸、活塞和填料密封圈上带有迷宫槽，中体内有导向套可保证活塞杆的运动。该压缩机无需带液润滑，也不会因活塞环与汽缸相对运动而产生粉尘磨屑，保证了被压缩介质的纯度，可用于食品行业。汽缸部分彻底无油，适合于压缩氧气等不允许接触油的介质，以及低温下压缩天然气等介质。

2.5.4.6　隔膜压缩机

图 2-89 所示为两级隔膜压缩机，容积流量为 $10m^3/h$，排气压力 25.1MPa。这种压缩机中，汽缸的职能由一个膜腔完成，膜腔由具有穹形型面的盖板和弹性膜片组成，膜片周边被紧固在盖板与支板（或机体）之间。当膜片上下挠曲变形时，膜腔的容积随之变化，实现气体压缩。气体不与任何润滑剂接触，故纯净度很高，特别适用于某些贵重、有毒、腐蚀性强、易爆气体压缩。膜片压缩机转速较低，加之压缩过程冷却较好，余隙容积也很小，所以单级能实现的压比很大，高达 10～15。隔膜压缩机擅长提供高压，但由于膜片的变形量有限，处理的气体量一般较小，单机容积流量不超过 $100m^3/h$。膜片

材料有金属和非金属两种，前者用于气量大和压力高的场合，后者用于气量小和压力低的场合。金属膜片多由液压缸中的液压油驱动，而非金属膜片一般直接夹持在菌形连杆小头上，由连杆直接驱动。

2.5.4.7 制冷用往复压缩机

图 2-90 为开启式氨制冷活塞压缩机，机身与汽缸制成一体，工作腔由缸套形成。缸套上部端面即为进气阀座，进气阀升程限制器即为排气阀的安装座，排气阀压罩由四个强力弹簧压紧。如果缸内产生冷凝液且体积超过汽缸余隙容积时，由排气阀充当的缸盖便会推开强力弹簧而升起，使缸内液体及时排出而防止液击。进气从左边进入机身，分别通过缸套法兰上的钻孔与阀片进入各工作腔；排气进入缸头后，自右边接管排出。缸头上面还有一个压盖，其空间与进气腔相通，以减少缸头所受的压力差。压缩机为双重扇形 8 缸结构，润滑油泵为沉浸式，由主轴通过链轮与链条驱动。压缩机由伸出机身的主轴颈通过联轴器与电机相连进行驱动。压缩机机身为承压结构，环境在 30℃ 时，其内压力约为 1.4MPa。压缩机的标准工况为蒸发温度 -15℃（压力 0.2365MPa），冷凝温度 35℃（压力 1.3525MPa）。

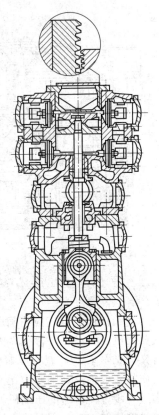

图 2-88 立式迷宫压缩机

2.5.5 选型计算实例

2.5.5.1 选型分析

例如某一工厂需要一台动力用空气压缩机，要求其排气量 $10m^3/min$，绝对排气压力 0.9MPa。请选择合适的压缩机。

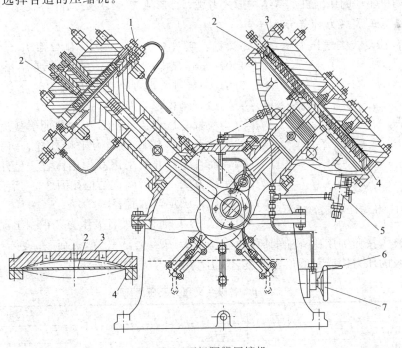

图 2-89 两级隔膜压缩机

1—放油阀；2—隔膜；3—盖板；4—支板；5—补液阀；6—补油泵；7—供油手轮

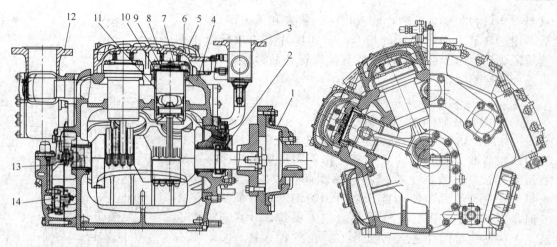

图 2-90 开启式扇形 8 缸氨制冷压缩机
1—联轴器；2—轴端机械密封；3—排气接管；4—机身；5—盖板；6—缸头；7—排气阀；
8—强力弹簧；9—排气阀压罩；10—进气升程限制器兼排气阀承座；11—汽缸套；
12—进气接管；13—油泵驱动链轮；14—齿轮油泵

在选用前，首先应明确压缩介质，而本例中则应当采用动力用空气压缩机，通常动力用空气压缩机已经有产品标准，因此可以先将气量转换成标准工况下的排气量，了解压缩机型号的含义（见附录1），查找压缩机产品目录及标准。并根据冷却情况确定风冷还是水冷，如果空气质量要求很高，则要用无油润滑压缩机。还应根据实际场地的大小、可以实现的驱动方式等来进一步选择合适的压缩机，如果同时有几种符合要求，还应该比较其比功率，比功率小意味着机器比较省功。同时还应该考虑机器的价格。根据附表 2-2 可以看到 10m³/min 的压缩机压力分别有 0.7MPa、1.0MPa、1.25MPa 等。故可以选择排气压力为 0.7MPa 或 1.0MPa 的两级压缩机，如果对空气质量无特殊要求，在室内使用，从价格便宜的角度考虑应选有油润滑、水冷，并由电动机驱动的压缩机。从结构形式考虑，L 形或 V 形是比较好的选择。

2.5.5.2 正常热力计算示例

设计一台往复式空气压缩机，已知数据：吸气压力 0.1MPa，排气压力 0.8MPa，转速 1000r/min，排气量 10m³/min，进气相对湿度 $\varphi = 0.8$，一级进气温度 20℃，二级进气温度 25℃。

（1）结构形式及方案选择

根据总压力比 $\varepsilon = 8$，压缩机的级数取两级比较合适，为了获得较好的动力平衡性能，可选择 V 形结构，而且 I、II 级采用双作用汽缸。另外，压缩机采用水冷方式。最后确定结构如图 2-91 所示。

（2）确定汽缸直径

① 初步确定各级名义压力 根据工况的需要，选择级数为两级，按照等压比分配的原则，$\varepsilon_1 = \varepsilon_2 = \sqrt{8} = 2.828$，但为使第一级有较高的容积系数，第一级的压力比取稍低值，各级名义压力及压力比见表2-6。

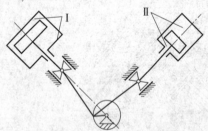

图 2-91 压缩机方案示意图

表 2-6 各级名义压力及压力比

级　　次	I	II
吸气压力 p_s^0/MPa	0.1	0.27
排气压力 p_d^0/MPa	0.27	0.8
压力比 $\varepsilon^0 = p_d^0/p_s^0$	2.7	2.96

② 确定各级容积效率

ⅰ.确定各级容积系数。取各级相对余隙容积和膨胀指数如下。

$$\alpha_1 = 0.15 \quad \alpha_2 = 0.17$$
$$m_1 = 1.20 \quad m_2 = 1.25$$

得 $\lambda_{v1} = 1 - \alpha_1(\varepsilon_1^{\frac{1}{m_1}} - 1) = 1 - 0.15(2.7^{\frac{1}{1.20}} - 1) = 0.807,\ \lambda_{v2} = 0.765$

ⅱ.选取压力系数:

$$\lambda_{p1} = 0.97 \quad \lambda_{p2} = 0.99$$

ⅲ.选取温度系数:

$$\lambda_{t1} = 0.96 \quad \lambda_{t2} = 0.97$$

ⅳ.选取泄漏系数:

$$\lambda_{l1} = 0.971 \quad \lambda_{l2} = 0.973$$

ⅴ.确定容积效率:

$$\eta_V = \lambda_V \lambda_p \lambda_t \lambda_l$$
$$\eta_{V1} = 0.729 \quad \eta_{V2} = 0.715$$

③ 确定析水系数 λ_φ 第一级无水分析出,故 $\lambda_{\varphi1} = 1.0$。而各级进口温度下的饱和蒸汽压 p_{sa} 由文献查得 $p_{sa1} = 2337\text{Pa}$,$p_{sa2} = 3166\text{Pa}$

$$\lambda_{\varphi2} = \frac{p_{s1} - \varphi_1 p_{sa1}}{p_{s2} - \varphi_2 p_{sa2}} \varepsilon_1 = \frac{10^5 - 0.8 \times 2337}{2.7 \times 10^5 - 3166} \times 2.7 = 0.99$$

④ 确定各级行程容积

$$V_{s1} = \frac{q_V}{n\eta_{V1}} = \frac{10}{1000 \times 0.729} = 0.01372\text{m}^3$$

$$V_{s2} = \frac{q_V}{n} \frac{p_{s1}}{p_{s2}} \frac{T_2}{T_1} \frac{\lambda_{\varphi2}}{\eta_{V2}} = \frac{10}{1000} \frac{10^5}{2.7 \times 10^5} \frac{298}{293} \frac{0.99}{0.715} = 0.0053\text{m}^3$$

⑤ 确定各级汽缸直径,行程和实际行程容积 已知转速 $n = 1000\text{r/min}$,取行程 $s = 100\text{mm}$,得活塞平均速度

$$v_m = sn/30 = 3.33\text{m/s}$$

取活塞杆直径 $d = 30\text{mm}$,得

$$D_1 = \sqrt{\frac{2V_{s1}}{\pi s} + \frac{d^2}{2}} = 0.296$$

根据汽缸直径标准,圆整为 $D_1 = 300\text{mm}$,实际行程容积为 $V_{s1} = 0.01406\text{m}^3$。活塞有效面积为 $A'_{p1} = \frac{\pi}{2}D_1^2 - \frac{\pi}{4}d^2 = 0.1406\text{m}^2$。

同理,$D_2 = \sqrt{\frac{2V_{s2}}{\pi s} + \frac{d^2}{2}} = 0.185$,根据汽缸直径标准,圆整为 $D_2 = 190\text{mm}$,实际行程容积为 $V_{s2} = 0.0056\text{m}^3$,活塞有效面积为 $A'_p = \frac{\pi}{2}D_2^2 - \frac{\pi}{4}d^2 = 0.056\text{m}^2$。

考虑到圆整值与计算值之间有差值,这里采用维持压力比不变,调整相对余隙容积的方法,利用下式计算容积系数

$$\lambda'_V = \lambda_V \frac{A_p}{A'_p}$$

计算得新的容积系数为 $\lambda_{V1} = 0.787$ $\lambda_{V2} = 0.724$。

再通过下式计算新的相对余隙

$$\alpha=\frac{1-\lambda_V}{\varepsilon^{\frac{1}{m}}-1}$$

结果为 $\qquad \alpha_1=0.165 \qquad \alpha_2=0.20$

（3）计算活塞力

① 计算实际吸排气压力 各级进、排气相对压力损失取值，各级进、排气压力和实际压力比见表 2-7。

表 2-7 各级进、排气压力和实际压力比

级 次	公称压力/MPa		压力损失		实际压力/MPa		实际压比
	p_s	p_d	δ_s'	δ_d'	p_s'	p_d'	ε'
I	0.1	0.27	0.05	0.08	0.095	0.2916	3.07
II	0.27	0.8	0.035	0.06	0.2606	0.848	3.25

② 活塞力的计算 首先计算盖侧和轴侧活塞工作面积，见表 2-8；止点气体力计算见表 2-9。

表 2-8 盖侧和轴侧活塞工作面积

级次	轴侧/m^2 $A_w=\frac{\pi}{4}(D^2-d^2)$	盖侧/m^2 $A_c=\frac{\pi}{4}D^2$
I	$A_{w1}=0.07$	$A_{c1}=0.0707$
II	$A_{w2}=0.0276$	$A_{c2}=0.0284$

表 2-9 止点气体力计算   kN

列次	内 止 点	外 止 点
I - I	$F_{w1}=p_{d1}'A_{w1}-p_{s1}'A_{c1}=-13.7$	$F_{c1}=-p_{d1}'A_{c1}+p_{s1}'A_{w1}=-13.96$
II - II	$F_{w2}=p_{d2}'A_{w2}-p_{s2}'A_{c2}=-16.00$	$F_{c2}=-p_{d2}'A_{c2}+p_{s2}'A_{w2}=-16.89$

（4）确定各级排气温度

因为排气压力不太高，所以空气可以看作理想气体，等熵指数为 $k=1.4$，由于采用水冷的方式，近似地认为各级压缩指数为

$$n_1=1.35, \quad n_2=1.4$$

取 $T_{s1}=293\text{K}$，$T_{s2}=298\text{K}$，排气温度由式(2-16) $T_d=T_s\varepsilon^{\frac{m-1}{m}}$，可得

$$T_{d1}=392\text{K}, \quad T_{d2}=417.3\text{K}$$

（5）计算轴功率并选配电机

各级指示功率为

$$N_{ij}=\frac{1}{60}n(1-\delta_{sj})\lambda_{Vj}p_{sj}V_{sj}\frac{n_j}{n_j-1}\left\{\left[\varepsilon_j(1+\delta_{0j})\right]^{\frac{n_j-1}{n_j}}-1\right\}$$

$$N_{i1}=22.08\text{kW}$$

$$N_{i2}=24.6\text{kW}$$

总的指示功率为 $\qquad N_i=\sum_{j=1}^{j=6}N_{ij}=46.68\text{kW}$

取机械效率 $\eta_m=0.94$，所以轴功率为

$$N_z=\frac{N_i}{\eta_m}=49.7\text{kW}$$

取电机功率余度 10%，则电动机功率取 55kW。

2.5.5.3 变工况热力计算

已知三列立式双作用水冷三级压缩氧压机，图 2-92 为该机结构示意图。额定容积流量 $q_V = 9.2\text{m}^3/\text{min}$；进气压力 $p_{s1} = 0.1267\text{MPa}$，排气压力 $p_d = 3.1\text{MPa}$，进气温度 $t_{s1} < 30\text{°C}$，转速 $n = 485\text{r/min}$，行程 $s = 180\text{mm}$。缸径：$D_1 = 320\text{mm}$，$D_2 = 185\text{mm}$，$D_3 = 115\text{mm}$。各级相对余隙容积：$\alpha_1 = 0.16$，$\alpha_2 = 0.14$，$\alpha_3 = 0.18$。活塞杆直径 $d = 50\text{mm}$。

复算排气压力 $p_d = 2.1\text{MPa}$ 时，各级排气温度的变化。

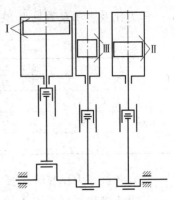

图 2-92　氧气压缩机结构示意图

根据压缩机工作情况，氧气可以看作理想气体，压缩指数取 $n_1 = n_2 = n_3 = 1.4$，膨胀指数 $m_1 = 1.25$，$m_2 = 1.30$，$m_3 = 1.35$。

（1）计算各级行程容积

因为各级汽缸均为双作用汽缸，故其行程容积计算式为

$$V_{sj} = \frac{\pi}{2}\left(D_j^2 - \frac{d^2}{2}\right)s$$

所以，各级行程容积为

$$V_{s1} = \frac{\pi}{2}\left(D_1^2 - \frac{d^2}{2}\right)s = 0.0286\text{m}^3$$

$$V_{s2} = \frac{\pi}{2}\left(D_2^2 - \frac{d^2}{2}\right)s = 0.0093\text{m}^3$$

$$V_{s3} = \frac{\pi}{2}\left(D_3^2 - \frac{d^2}{2}\right)s = 0.0034\text{m}^3$$

（2）确定与容积流量有关的系数

因为本机没有析水和抽气，各级析水系数 $\lambda_{\varphi i} = 1$，抽气系数 $\lambda_{ci} = 1$。考虑到压力比重新分配后，对泄漏系数 λ_l、温度系数 λ_t、压力系数 λ_p 的影响不显著，故认为这几个系数在复算中为常数，见表 2-10。

表 2-10　系数取值

级　　次	压力系数 λ_{pj}	温度系数 λ_{tj}	泄漏系数 λ_{lj}	$\lambda_{0j} = \lambda_{pj}\lambda_{tj}\lambda_{lj}$
I	0.96	0.96	0.98	0.903
II	0.98	0.97	0.92	0.8475
III	1.0	0.972	0.90	0.875

（3）设想容积的计算

设想容积的计算见表 2-11。

表 2-11　设想容积的计算

级　　次	T_{sj}/K	λ_{0j}	$\lambda_{kj} = \dfrac{T_{sj}}{T_{s1}}$	设想容积 V_j^0/m^3
I	303	0.903	1.01	0.02557
II	306	0.8475	1.02	0.007703
III	309	0.875	1.03	0.002889

（4）压力比及容积系数

压力比及容积系数见表 2-12。

表 2-12 压力比及容积系数

级 次	$p_{sj}=p_{s1}\dfrac{V_{s1}^0}{V_{sj}^0}\times\dfrac{\lambda_{V1}}{\lambda_{Vj}}/\text{MPa}$	p_{dj}/MPa	ε_j	λ_{Vj}
I	0.1267	0.4191	3.3	0.744
II	0.4191	1.1214	2.68	0.841
III	1.1214	2.1	1.87	0.893

（5）各级压力比复算

各级压力比复算见表 2-13。

表 2-13 各级压力比复算

次数	级次	$p_{sj}=p_{s1}\dfrac{V_{s1}^0}{V_{sj}^0}\times\dfrac{\lambda_{V1}}{\lambda_{Vj}}/\text{MPa}$	p_{dj}/MPa	ε_j	λ_{vj}	$V_j=\dfrac{p_{sj}}{p_{s1}}V_{sj}^0\lambda_{Vj}/\text{m}^3$	$V_{\min}/V_{\max}$
1	I	0.1267	0.3707	2.926	0.782	0.020	0.9
	II	0.3707	0.9301	2.51	0.856	0.0194	
	III	0.9301	2.1	2.26	0.851	0.018	
2	I	0.1267	0.383	3.02	0.773	0.0198	0.94
	II	0.383	1.03	2.69	0.840	0.0196	
	III	1.03	2.1	2.04	0.875	0.021	
3	I	0.1267	0.386	3.044	0.770	0.0197	0.98
	II	0.386	0.991	2.567	0.851	0.020	
	III	0.991	2.1	2.12	0.866	0.0196	

（6）比较

经过比较第三次复算结果，可认为计算结果很接近，故可将第三次计算结果为最终结果。复算容积流量，得

$$q_V=V_{s1}n\lambda_{p1}\lambda_{V1}\lambda_{t1}\lambda_{l1}=9.65\text{m}^3/\text{min}$$

（7）复算排气温度

取压缩指数 $m=1.4$，则各级排气温度

$$T_{d1}=416.5\text{K}，\ T_{d2}=400.5\text{K}，\ T_{d3}=383\text{K}$$

2.6 回转式压缩机

与往复式压缩机比较，回转式压缩机的主要优点是：结构简单，易损件少，操作容易；运动件的动力平衡性能好，机器转速高，机组尺寸小，重量轻；机器的进气、排气间歇小，压力脉动小。缺点是：许多回转式机器运动件密封比较困难，因此回转压缩机很难达到很高的终了压力；此外，由于泄漏的原因，其热效率一般低于往复式压缩机。回转式压缩机的种类很多，能够用于工艺流程的主要是螺杆压缩机、单螺杆压缩机、滑片压缩机、液环压缩机（真空泵）、罗茨鼓风机。

2.6.1 螺杆压缩机

螺杆压缩机一般都是指双螺杆压缩机，它由一对阳、阴螺杆构成，是回转压缩机中应用

最广泛的一种，在化工、制冷及空气动力工程中，它所占的比重愈来愈大。螺杆压缩机的容积流量范围是 $2 \sim 500 m^3/min$，终了压力一般小于 1.2MPa，个别场合可达 4.5MPa。螺杆压缩机分为干式和湿式两种：所谓干式即工作腔中不喷液，压缩气体不会被污染；湿式指工作腔中喷入润滑油或其他液体借以冷却被压缩气体，改善密封，并可润滑阴、阳转子，实现自身传动。在化工系统中，大都采用干式结构，而空气动力工程与制冷工业领域常采用湿式结构。

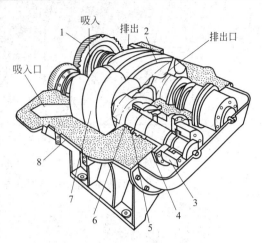

图 2-93　螺杆式压缩机
1—同步齿轮；2—阴转子；3—推力轴承；4—轴承；
5—挡油环；6—轴封；7—阳转子；8—汽缸

2.6.1.1　基本结构和工作过程

图 2-93 是一台典型的干式螺杆式压缩机剖面图，原动机与阳螺杆相连，阳螺杆通过一对同步齿轮，带动阴螺杆按定传动比传动。阴、阳螺杆两端都分别由滑动轴承支承，左端有轴向止推轴承承受轴向载荷。进气孔口在机体左下方，排气孔口在右上方。汽缸由冷却水进行冷却，在转子端面与轴承之间设有密封，防止气体沿转子轴向泄漏。

螺杆压缩机的工作过程如图 2-94 所示。齿间基元容积（即每对齿所形成的工作容积）随着转子旋转而逐渐扩大，并和机器左下方的进气孔口连通，气体通过孔口进入基元容积，进气过程开始 [图 2-94(a)]。转子旋转到一定的角度后，齿间基元容积超过进气孔口位置后，与进气孔口断开，进气过程结束 [图 2-94(b)]。转子转过某一角度后，两个孤立的齿间基元容积由于阳螺杆的凸齿侵入阴螺杆的凹齿，基元容积同时开始缩小，实现气体的压缩过程，直到一对基元容积与排出孔口相连通的瞬间为止 [图 2-94(c)]。基元容积和排气孔口相连通后，排气过程开始 [图 2-94(d)]，排气过程一直延续到两个齿完全啮合，即两个基元容积因两个转子完全啮合而等于零时。

(a) 吸气过程　　　(b) 吸气结束，压缩开始　　　(c) 压缩结束，排气开始　　　(d) 排气过程

图 2-94　螺杆压缩机的工作过程

由此可见，螺杆压缩机不需要设置进、排气阀，而由排气孔口位置来控制气体在工作腔内所能达到的压力。因此，螺杆压缩机的压力比有内压力比和外压力比之分。工作腔内气体压缩终了压力与进气压力之比称为内压力比，排气系统内的压力与进气压力之比称为外压力比。螺杆压缩机的内、外压力比是否相等，取决于压缩机的实际运行工况与设计工况是否一致。内、外压力比相等时，压缩机消耗的指示功最少，如图 2-95(a) 所示。当内外压力比不等时，压缩机耗功会增加，如图 2-95(b)、(c) 的压缩线所示，其中图 2-95(b) 为 $p_{in} < p_d$，称为欠压缩，图 2-95(c) 为 $p_{in} > p_d$，称为过压缩。相比于单纯的多方压缩过程，他们都会增加如图中三角形阴影面积所示的功，这部分多消耗的功称为附加功耗。

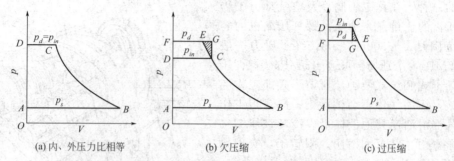

(a) 内、外压力比相等   (b) 欠压缩   (c) 过压缩

图 2-95　螺杆压缩机由于内外压力比不等时的附加功耗

2.6.1.2　特点和应用范围

（1）螺杆压缩机的优点

① 可靠性高　零部件少，没有易损件，因而它运转可靠，寿命长，大修间隔期可达 4 万～8 万小时。

② 操作维护方便　自动化程度高，操作人员不必经过长时间的专业培训，可实现无人值守运转。

③ 动力平衡好　没有不平衡惯性力，机器可平稳地高速工作，可实现无基础运转，特别适合用做移动式压缩机，体积小、重量轻、占地面积小。

④ 适应性强　具有强制输气的特点，容积流量几乎不受排气压力的影响，在宽广的工况范围内能保持较高的效率，在压缩机结构不作任何改变的情况下，适用于多种工质。

⑤ 多相混输　转子齿面间实际上留有间隙，因而能耐液体冲击，可压送含液气体、含粉尘气体、易聚合气体等。

（2）螺杆压缩机的缺点

① 造价高　由于螺杆压缩机的转子齿面是一空间曲面，需利用特制的刀具在价格昂贵的专用设备上进行加工；另外，对螺杆压缩机汽缸的加工精度也有较高的要求。

② 不能用于高压场合　由于受到转子刚度和轴承寿命等方面的限制，螺杆压缩机只能适用于中、低压范围，排气压力一般不能超过 3MPa。

③ 不能用于微型场合　螺杆压缩机依靠间隙密封气体，目前一般只有容积流量大于 0.2m/min 时，螺杆压缩机才具有优越的性能。

（3）主要应用范围及场合

① 喷油螺杆空气压缩机　主要用于空气动力领域，常压吸气，一般在 0.7～1.3MPa（G）排气，少数用于驱动大型风钻的两级压缩机排气压力可达 2.5MPa(G)，螺杆压缩机目前的容积流量范围约为 0.2～100m³/min。采用向工作腔喷油的方式实现其润滑、密封、冷却。喷油螺杆压缩机的动力由阳螺杆输入，阴螺杆直接由阳螺杆驱动。由于油气分离和气体净化技术的发展，也越来越多地被用到对空气品质要求非常高的应用场合，如食品、医药及棉纺企业，占据了许多原本属于无油空气压缩机的市场。

② 喷油螺杆制冷压缩机　均采用工作腔喷油润滑，单级有较大的压力比及宽广的容积流量范围。有开启式、半封闭式和全封闭式三种结构。半封闭和全封闭结构广泛应用于民用住宅和商用楼房的中央空调系统，螺杆制冷压缩机还用于工业制冷、食品冷冻、冷藏，以及各种交通运输工具的制冷装置。螺杆制冷压缩机主要使用 R22、NH_3、134a、410a 等制冷剂。目前螺杆制冷压缩机在标准工况下的制冷量范围为 10～2500kW。

③ 喷油螺杆工艺压缩机　用来压缩各种工艺流程中的气体，如 CO_2、Cl_2、N_2、石油气等。喷油螺杆工艺压缩机的工作压力由工艺流程确定，单级压力比可达 10，排气压力通常

小于 4.5MPa，但最高可达 9MPa，容积流量范围为 1～200m³/min。

④ 干式螺杆压缩机 用来作为空气压缩机或工艺压缩机，压缩过程中没有液体内冷却和润滑，以保证气体纯度。干式螺杆压缩机转速往往很高，对轴承和轴封要求较高，而且排气温度也较高，单级压力比小。目前单级压比一般为 1.5～3.5，容积流量为 3～500m³/nin。干式螺杆压缩机的两转子总是保持一定的微小间隙而不接触，借以实现密封，因而两转子要靠更为精密的同步齿轮传动。

⑤ 喷水螺杆压缩机 为降低干式螺杆压缩机的排气温度，提高单级压比，发展了向压缩腔喷水的无油螺杆压缩机。由于水不具有润滑特性，故这类压缩机中也设有同步齿轮，结构基本与干式无油螺杆压缩机相同。

⑥ 其他螺杆机械 螺杆压缩机可作为油、气、水多相流混输泵使用，也可作为真空泵使用，还可作为膨胀机用于高压气体的动力回收等。

2.6.1.3 螺杆转子型线

（1）型线的衡量指标

螺杆压缩机中，最关键的是一对相互啮合的转子，转子的齿面与转子轴线垂直面的截交线称为转子型线，如图 2-96(a) 所示。转子型线对压缩机的性能有重要影响，对转子型线的衡量指标主要是接触线、泄漏三角形、封闭容积、齿间面积。

① 接触线 螺杆压缩机的阴、阳转子啮合时，两转子齿面相互接触而形成的空间曲线称为接触线，如图 2-96(b) 所示。接触线一侧的气体处于较高压力的压缩和排气过程，另一侧的气体则处于较低压力的吸气过程。如果转子齿面间的接触线不连续，则处在高压力区内的气体将通过接触线中断缺口，向低压区泄漏。

② 泄漏三角形 螺杆压缩机转子接触线的顶点通常不能达到阴、阳转子汽缸孔的交线，在接触线顶点和机壳的转子汽缸孔之间，会形成一个空间曲边三角形，称为泄漏三角形。通过泄漏三角形，气体将从压力较高的齿间容积，泄漏至压力较低的邻近齿间容积。从啮合线顶点的位置，可定性反映泄漏三角形面积的大小。如图 2-96(a) 所示，若啮合线顶点距阴、阳转子齿顶圆的交点 W 较远，则说明泄漏三角形面积较大。

③ 封闭容积 如果在齿间容积开始扩大时，不能立即开始吸气过程，就会产生吸气封闭容积。由于吸气封闭容积的存在，使齿间容积在扩大的初期，其内的气体压力低于吸气口处的气体压力。在齿间容积与吸气孔口连通时，其内的气体压力会突然升高到吸气压力，然后才进行正常的吸气过程。所以，吸气封闭容积的存在，影响了齿间容积的正常充气。吸气封闭容积在转子端面上的投影如图 2-96(a) 所示，从转子型线可定性看出封闭容积大小。

④ 齿间面积 它是齿间容积在转子端面上的投影，如图 2-96(a) 所示，转子型线的齿间面积越大，转子的齿间容积就越大，容积利用率越高，压缩机外形尺寸越紧凑。

（2）型线设计基本原则

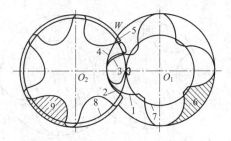

(a) 型线、啮合线、齿间面积、封闭容积、泄漏三角形

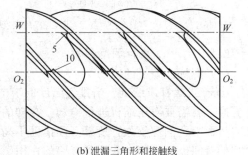

(b) 泄漏三角形和接触线

图 2-96 转子型线及其衡量指标

1—阳转子型线；2—阴转子型线；3—封闭容积；4—啮合线；5—泄漏三角形；6—阳转子齿间面积；7—阳转子节圆；8—阴转子节圆；9—阴转子齿间面积；10—接触线

① 应满足啮合要求　阴、阳转子型线必须是满足啮合定律的共扼型线，即不论在任何位置，经过型线接触点的公法线必须通过节点。

② 应形成长度较短的连续接触线　转子型线的设计应保证能形成连续的接触线；在实际机器中，为保证转子间的相对运动，齿面间总保持有一定间隙，因此理论上的接触线就转化成实际中的间隙带。为了尽可能减少气体通过间隙带的泄漏，要求设法缩短转子间的接触线长度。

③ 应形成较小面积的泄漏三角形　为减少气体通过泄漏三角形的泄漏，型线设计应使转子的泄漏三角形面积尽量小。

④ 应使封闭容积较小　大多数转子型线会形成吸气封闭容积，导致压缩机功耗增加、效率降低、噪声增大，所以吸气封闭容积应尽可能小。

⑤ 应使齿间面积尽量大　较大的齿间面积使泄漏量占的份额相对减少，效率得到提高，压缩机的容积利用率也更高。

另外，从制造、运转角度考虑，还要求转子型线便于加工制造，具有良好的啮合特性，较小的气体动力损失，以及在高温和受力的情况下，具有小的热变形和弯曲变形等。但以上有些因素是相互制约的，如为了减小泄漏三角形，就不可避免地会使型线具有封闭容积和较长的接触线；为了减少流体动力损失，而使型线流线形化，又会增大泄漏三角形等。

（3）基本螺杆转子型线

要满足如上种种要求，螺杆压缩机的转子型线通常由多段曲线首尾相接组成，常用的组成齿曲线主要有点、直线、摆线、圆弧、椭圆及抛物线等。典型的螺杆型线有图 2-97 所示的两类：圆弧型线——纵向密封线最短，无封闭容积，泄漏三角形面积最大；摆线圆弧型线——纵向密封线最长，封闭容积最大，无泄漏三角形。还有许多型线是通过修正这两种基本型线得到的，以专门针对某使用要求改善某一方面的指标。

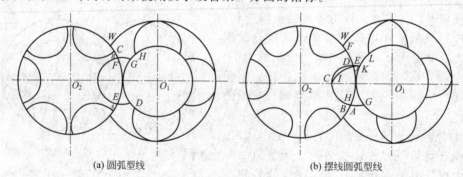

(a) 圆弧型线　　　　　　　　　　(b) 摆线圆弧型线

图 2-97　典型的螺杆压缩机型线

2.6.1.4　冷却和调节问题

（1）螺杆压缩机的冷却

① 干式螺杆压缩机　当排气温度低于 100℃ 时，转子和机壳不需专门冷却；如果排气温度更高，就需要对压缩机进行冷却。冷却的目的并不是降低气体的温度，因为干式螺杆压缩机的齿面啮合间隙较大，所以必须借助于高转速来减小相对泄漏量，这样气体在压缩机中被冷却的时间极短，基本起不到降温的作用。干式螺杆压缩机冷却的根本目的是减小外壳和转子的热变形，保持压缩机的几何尺寸和间隙不变。常用的冷却方式有两种：一是在汽缸周围做　圆冷却套，通入水、油或其他液体进行冷却；二是把转子做成空心的，让冷却油从转子中心流过。缸体不采用冷却套时，排气温度允许达 200℃；缸体采用冷却套时，排气温度可达 240～250℃。

② 喷油螺杆空气压缩机　螺杆空压机压比较大，因而为限制排温将润滑油以雾化状

态喷入工作腔，靠大量微小油滴与空气换热使被压缩介质冷却。这种压缩机的排气温度约在 $100\sim120℃$，排温上限取决于润滑油特性，一般使用高级合成油，矿物油已难满足使用要求。需要指出的是，也不能一味增加喷油量而追求过低的排气温度，因为排温低于 $70℃$ 时，可能导致气体中的水分析出，而使油质恶化。工艺压缩机一般也采用喷油内冷却的方法。

③ 带经济器的制冷压缩机　制冷压缩机的压比太大导致排温过高时，也必须加以限制。解决手段是向工作腔内喷入少量制冷剂液体，靠液态制冷剂的汽化吸收被压缩气体的热量而降低排温。达到用单级压缩机实现大压力比的目的，进而降低制冷的蒸发温度或抬高热泵的冷凝温度。

（2）螺杆压缩机的调节

螺杆压缩机的排气量往往与需求不等，因而需要对气量（容量）进行调节。容量调节的常用方法是在机壳内部高压侧两内圆的交点处设置一个可轴向移动的滑阀 ［图 2-98(a)］，通过改变滑阀的位置 ［图 2-98(b)、(c)］，调整吸气结束时间，进而改变气体吸入量，达到变排量的目的。

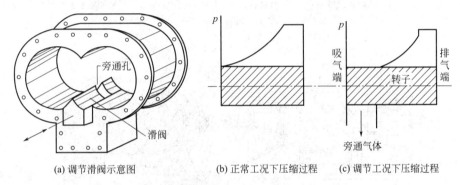

(a) 调节滑阀示意图　　(b) 正常工况下压缩过程　(c) 调节工况下压缩过程

图 2-98　容积流量调节

螺杆压缩机属于有固定内容积比的回转压缩机，当吸入量改变时，排气孔口位置并不会同步变化，因而压缩机能实现的内压力比减小，压缩机排气背压不变时将产生附加功耗，因而希望在容量调节的同时，要同步调节内容积比，以维持其内压力不变。内容积比的调节同样靠滑阀实现，此时，容量调节滑阀上开有径向排气孔口，它随滑阀做轴向移动。这样，一方面压缩机转子的有效工作长度在减小，另一方面径向排气孔口也在减小，以延长内压缩过程时间，加大内压缩比。

有时内容积比需要独立调节，而不是与流量同时调节，这也通过一个滑阀控制排气孔口的开启时间实现。采用前述的调节滑阀结构时，实际上滑阀的上表面充当了螺杆压缩机汽缸的一部分。

2.6.1.5　主机结构实例

图 2-99 是一台无油螺杆工艺压缩机，广泛用于氮肥行业合成氨装置中的半水煤气压送、炼油行业氢提纯装置和火炬气回收装置中的增压吸附等场合。另外，采用螺杆压缩机作为前段级的螺杆-活塞串联机组和螺杆-离心串联机组也得到了快速的发展。与低高压段完全采用活塞压缩机的机组相比，这种复合型压缩机组占用的空间大大减少，而且气阀、活塞环等易损件也大量减少，从而使机组具有更高的可靠性。

图 2-100 是一台干式螺杆工艺压缩机，工作腔完全不带液，两转子由同步齿轮保持传动而齿面不接触。外壳设有冷却水套，以保持壳体形状和尺寸精度。壳体做成上下剖分结构，便于安装。

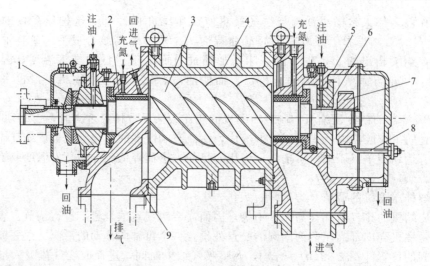

图 2-99　无油螺杆工艺压缩机

1—轴向止推轴承；2—轴封装置；3—转子；4—汽缸体；5—吸气端盖；

6—径向轴承；7—同步齿轮；8—喷油管；9—排气端盖

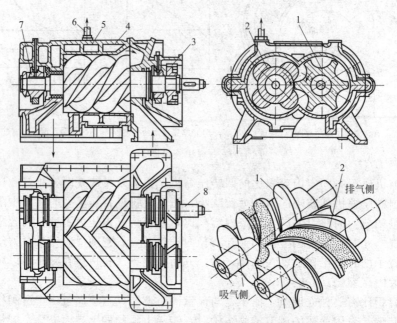

图 2-100　干式螺杆压缩机结构

1—阴螺杆；2—阳螺杆；3—同步斜齿轮；4—汽缸体；5—水套；

6—冷却水出口；7—止推轴承；8—驱动轴

2.6.2　单螺杆压缩机

顾名思义，相比于（双）螺杆压缩机，单螺杆压缩机只有一根螺杆，其螺杆同时与几个星轮啮合。螺杆型面、星轮端面、螺杆两端盖板共同围成若干封闭容积，用于实现气体压缩。

2.6.2.1　基本结构和工作原理

根据螺杆与星轮形状及啮合关系，单螺杆压缩机可分为 PC 型、PP 型、CP 型、CC 型，目前常用的是 CP 型。CP 型单螺杆压缩机的基本结构如图 2-101 所示，它由一个螺杆 4 和两个对称配置的平面星轮 2 组成啮合副，装在机壳 1 内。螺杆螺槽、机壳（汽缸 7）内壁和星轮齿顶面构成封闭的基元容积。运转时，动力传到螺杆轴上，由螺杆带动星轮旋转。气体由进气腔 8 进入螺槽内，经压缩后通过汽缸上的排气口 3 由排气腔 6 排出。

螺杆通常有 6 个螺槽，由两个星轮将它分隔成上、下两个空间，各自实现进气、压缩和排气过程。因此，单螺杆压缩机相当于一台六缸双作用的活塞式压缩机。今以螺杆上一个螺槽为例，说明单螺杆压缩机的工作过程。螺杆螺槽在星轮齿尚未啮入前与进气腔相通，处于进气状态。当螺杆转到一定位置，星轮齿将螺槽封闭时 [图 2-102(a)]，进气过程结束。进气过程结束后，螺杆继续转动，随着星轮齿沿着

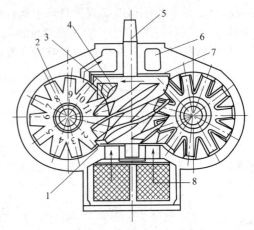

图 2-101 CP 型单螺杆压缩机
1—机壳；2—星轮；3—排气口；4—螺杆；
5—主轴；6—排气腔；7—汽缸；8—进气腔

螺槽推进，封闭的基元容积逐渐减少，实现气体的压缩过程 [图 2-102(b)]。当基元容积与排气孔口连通后，由于螺杆继续旋转，被压缩气体通过排气孔口输送至排气管，直至星轮齿脱离该螺槽为止 [图 2-102(c)]。

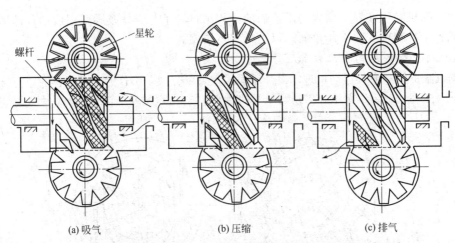

(a) 吸气   (b) 压缩   (c) 排气

图 2-102 单螺杆压缩机的工作过程

2.6.2.2 特点和使用场合

单螺杆压缩机除了具有回转压缩机的结构简单、体积小和无气阀组件等特点外，还具有许多独特的优点，这些优点主要是由于两个星轮在螺杆两侧对称配置所致。

ⅰ. 结构合理，具有理想的力平衡性。螺杆不受任何径向和轴向气体力，且星轮上所受的气体力也很小，只有活塞压缩机或双螺杆压缩机的 1/30 左右，因此轴承要求不高且寿命较长，正因为较小的负荷，所以单螺杆压缩机的排气压力可达 5.6MPa，而双螺杆一般低于 2.8MPa。

ⅱ. 单机容量大，无余隙容积。螺杆的螺槽空间利用充分，因而压缩机结构尺寸更小；排气结束时螺槽深度变为零，因此理论上不存在余隙容积。

ⅲ. 噪声低、振动小。单螺杆压缩机因为优异的力平衡性，所以振动和噪声特别小。

单螺杆压缩机零部件的加工精度要求很高，以至于其应用发展缓慢，国内大规模的商业

化应用只是近十年才得以实现。目前单螺杆压缩机的应用领域主要是空气动力压缩机和制冷压缩机，也逐渐向工艺气压缩领域延伸，其在这两个领域的主要竞争对象都是双螺杆压缩机。单螺杆与双螺杆压缩机的一般特点和性能比较见表 2-14。

表 2-14 单、双螺杆压缩机性能与结构比较

项　　目	单 螺 杆	双 螺 杆
比功率	较低，目前国内好的产品小于 5.4kW/(m³/min)	较高，一般大于 5.5kW/(m³/min)
可靠性与寿命	取决于星轮磨损，目前国内好的产品可达 4 万～6 万小时	取决于轴承寿命，目前精良的轴承寿命可达 2 万～4 万小时，也有公司宣称轴承寿命可达 10 万小时
噪声	较低，一般星轮为非金属，传动声低，泄漏情况较好，噪声低	较高，一般阴、阳螺杆均为金属，传动声较高。泄漏形成噪声
制造	机壳加工较困难，尤其中小批量生产时；星轮加工比较复杂；生产效率不高，成本较高。	壳体与阴、阳转子都较易加工，生产效率很高，成本较低
尺寸与重量	较大	较小
维修	较容易，用户可自行修理，如更换星轮等	较困难，用户难以自行更换轴承

2.6.3　滑片压缩机

滑片压缩机利用在转子槽内自由滑动的滑片，将转子与壳体及端盖围成的月牙形封闭空间分隔成若干容积可变的工作单元，以进行气体压缩。

2.6.3.1　基本结构和工作原理

根据汽缸形状和滑片运动机理，滑片压缩机大致可分成单工作腔、双工作腔、贯穿滑片式三种类型（图 2-103）。以单工作腔滑片压缩机为例，它由汽缸 1、转子 2、滑片 3 等组成。转

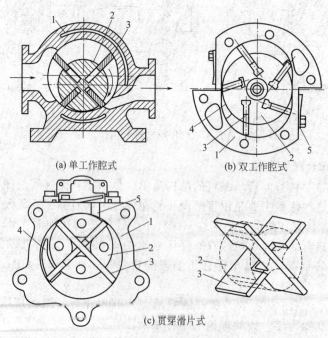

(a) 单工作腔式　　(b) 双工作腔式

(c) 贯穿滑片式

图 2-103　滑片压缩机
1—汽缸；2—转子；3—滑片；4—吸气口；5—排气口（阀）

子与汽缸均呈圆形，两者相切；转子上开有若干纵向凹槽，其中装有能沿径向自由滑动的滑片，转子旋转时，滑片受离心力的作用从槽中甩出，端部贴紧在汽缸内表面，借以形成基元容积。当偏心安装的转子旋转时，进气侧的基元容积不断增大，将气体吸进。当基元容积达最大值时，即与机壳上的进气口脱离。转子继续旋转，基元容积逐渐变小，气体受压缩，到达机壳上的排气口时，将气体排出。转子旋转一周，滑片在槽内往复一次，各基元容积变化一次，完成一次工作。双工作腔的工作原理与单工作腔类似，贯穿滑片式则滑片两端均与缸壁接触。

与其他压缩机相比，滑片压缩机的主要优点是：结构简单，零部件少，加工与装配容易实现，维修方便；由于无偏心旋转的零部件，因此动力平衡性能好，运转平稳、噪声低、振动小，适于高速运转；结构紧凑、体积小、重量轻；多个基元同时工作，因而流量均匀，脉动小；滑片端部磨损后能自动补偿。滑片压缩机机械摩擦损失比较大，机械效率一般在70%左右；加之滑片寿命较短，故滑片压缩机的应用日趋减少。

2.6.3.2 典型用途示例

单工作腔滑片压缩机多用于获取低压空气，可以做成单级或两级，单级终压可达0.4MPa，两级可达 $0.8 \sim 1.0$ MPa，容积流量通常为 $5 \sim 10000 \mathrm{m}^3/\mathrm{h}$，转速通常为 $300 \sim 3000 \mathrm{r/min}$，用于各种粉粒物料的气力输送及其他气体输送系统。双工作腔滑片压缩机主要用于较小的汽车空调，贯穿滑片式可用于较大的车辆空调或粗真空。图 2-104 是国产 C350-49/2.4 型单级滴油式滑片空气压缩机，其容积流量为 $49 \mathrm{m}^3/\mathrm{min}$，排气压力0.24MPa，转速590r/min，主机重量 2651kg，由异步电动机直联驱动；压缩机采用水冷却，在工作腔与机体外壁间设计有冷却水套；滑片为热固性树脂和纤维织物复合成的酚醛石棉层压板，经压制、热处理和机械加工制成；该压缩机用于粉粒体物料输送。

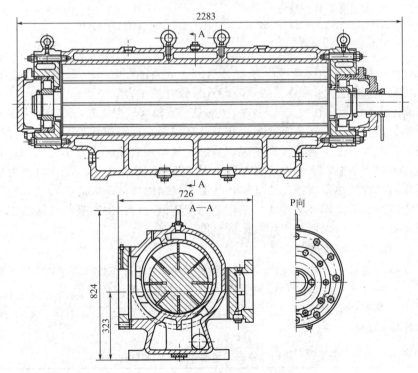

图 2-104 C350-49/2.4 型滑片空气压缩机

2.6.4 液环压缩机（真空泵）

液环压缩机也称液环泵，通常所使用的液体为水，故习称水环泵。液环压缩机单级排气压力一般为 0.2MPa(G)，最大可达 0.4MPa(G)；两级排气压力可达 0.6MPa(G)，特殊设计时可达 2MPa；容积流量最大可达 80m³/nin；转速视叶轮大小，处于 250～3000r/min。液环式结构也可作为真空泵应用，极限真空压力为 3.5kPa；由于其结构简单，无油污染，加之密封性好，因此，在真空方面的应用要多于气体压缩。

2.6.4.1 基本结构和工作原理

液环压缩机的结构如图 2-105 和图 2-106 所示，主要由带叶片的转子-叶轮、壳体与液体组成。机器工作时，转子带动液体旋转并环布于壳体内壁，使叶片与液体共同形成若干工作腔。汽缸可制成图 2-105 所示的圆筒形，转子偏心配置于壳体内，称为单作用式。图 2-106 所示汽缸制成椭圆形，转子置于中心，称为双作用式，其对称两侧均能形成若干工作腔。

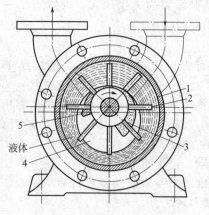

图 2-105 单作用液环压缩机
1—壳体；2—叶轮；3—进气口；
4—工作腔；5—排气口

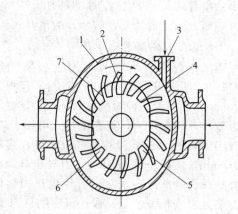

图 2-106 双作用液环压缩机
1—壳体；2—叶轮；3—补液；4,6—进
气口；5,7—排气口

液环式机械的机械效率较高，约为 $\eta_m = 0.98\sim0.99$；等温指示效率也较高，约为 $\eta_{is} = 0.92\sim0.95$，因为压缩介质与液体接触，冷却效果较好；水力效率不高，约为 $\eta_w = 0.5\sim0.7$，即叶轮搅动液体流动的损失较大。液环式机械的总效率较低，主要就是因为水力损失的存在。

液环压缩机的特点是：气体直接与工作液体环接触，压缩过程冷却良好，可接近等温压缩；叶轮与工作腔无摩擦、磨损，宜于处理易燃、易爆或高温时易分解的气体；对气体中含有水分或固体颗粒不敏感；工作腔密封性好；对零件精度要求不高；工作时液力损失大，总效率低；工作液体吸收热量而挥发成气体，并混入被压缩气体，因此排出气体应进行气液分离，并且工作腔内也需不断补充液体；工作腔内液体因液力损失与吸收气体压缩的热量温度要升高，故需不断置换，以保持工作液体的温度。

2.6.4.2 工作液体的选择

对工作液体的要求主要是：与所输气体不发生化学作用；对所输气体溶解度小；标准状态下的沸点高；黏性小；无毒，对金属无腐蚀，无燃烧、爆炸危险；易于获得、价格低廉。对每一种气体，都要全面满足上述要求的液体不易选择。表 2-15 所示为不同气体的工作液体与汽缸和叶轮的材料。

表 2-15 不同气体的工作液体与汽缸和叶轮的材料

气 体 种 类	工 作 液 体	汽缸和叶轮的材料
空气	水	铸铁
CO_2、CO	水	铸铁
O_2、O_3	水	铸铁、铜锡合金

气　体　种　类	工　作　液　体	汽缸和叶轮的材料
H_2、N_2	水	不锈钢
Cl_2（干） Cl_2（湿）	水 98％H_2SO_4	铸铁
HCl（干） HCl（湿）	水 98％H_2SO_4	不锈钢
SO_2、H_2S、CS_2	水	不锈钢
NO、NO_2	水　HNO_3	不锈钢
CH_4、C_2H_6、C_3H_8、C_2H_4、C_3H_6、C_4H_8、C_2H_2	水	铸铁
C_4H_{10}、C_6H_6	水　98％H_2SO_4	不锈钢
NH_3　NH_4NO_3	水　45％H_2SO_4	铸铁
氯乙烯	水	铸铁
C_3H_6O、$C_4H_{10}O$、$C_6H_{10}O$	水	铸铁
CH_2Cl_2	水　石蜡油	铸铁　不锈钢

2.6.4.3　用途和结构实例

图 2-107 为某公司一个系列液环真空泵与压缩机的参数范围，它们可用于处理二氧化碳、氯乙烯、乙烯、乙炔、甲烷、油气回收、氢、乙醛、臭氧、氧、干或湿氯等特殊气体。液环压缩机还可用于输送气、液混合流体，同时对气、液增压，达到气、液混输的目的，这时工作液体即为被输送液体。

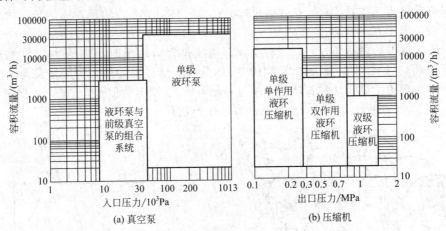

(a) 真空泵　　　　　　　　　(b) 压缩机

图 2-107　液环真空泵/压缩机性能参数范围（50Hz）

图 2-108 是 SZ-1 与 SZ-2 水环泵结构，叶轮 2 为钢叶片铸制于铸铁轮壳内构成；端盖 1 上铸有进气口与进气接管；端盖 4 上铸有排气口与排气接管，端盖与泵体 6 上均钻有补充水的通道，并有水封环 7 与密封填料隔开。

2.6.5　罗茨鼓风机

罗茨鼓风机的使用范围是容积流量 $0.25 \sim 80 m^3/min$，功率 $0.75 \sim 100 kW$，提升压力 $20 \sim 50 kPa$，最高可达 $0.2 MPa$。罗茨式结构还常用于真空泵，由于其抽速大而被称为快速机械真空泵，多作为前级真空泵使用。罗茨鼓风机结构简单，运行平稳、可靠，机械效率

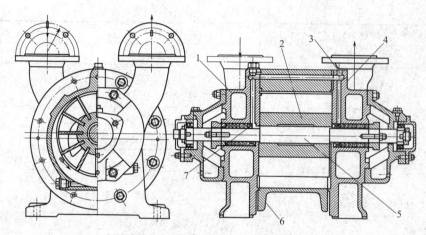

图 2-108　SZ-1 与 SZ-2 水环泵结构

1,4—汽缸端盖；2—叶轮；3—补水孔；5—主轴；6—泵体；7—水封环

高，便于维护和保养；对被输送气体中所含的粉尘、液滴和纤维不敏感；转子工作表面不需润滑，气体不与油接触，所输送气体纯净。罗茨鼓风机由美国人罗特（Root）兄弟发明，故用罗茨（Roots）命名，这是目前国内压缩机中唯一保留以人名称呼的机器。

2.6.5.1　工作原理

罗茨鼓风机的基本组成部分如图 2-109 所示，长圆形的机壳内平行安装着一对形状相同、相互啮合的转子，两转子间及转子与机壳间均留有一定的间隙以避免安装误差及热变形引起各部件接触。两转子由传动比为 1 的一对齿轮带动，作彼此同步反向旋转。转子按图示方向旋转时，气体逐渐被吸入并封闭在 V_0 空间内，进而被排到高压侧，主轴每回转一周，两叶鼓风机共排出气体量 $4V_0$，三叶鼓风机共排出气体量 $6V_0$。转子连续旋转，被输送气体便按图中箭头所示方向流动。

罗茨鼓风机没有内压缩过程，当转子顶部越过排气口边缘时，V_0 便与排气侧连通，高压气体反冲到空间 V_0 中，使腔内气体压力突然升高，继而反冲气体与工作腔内的气体一起被排出机外。理论上讲，这种机器的压缩过程是瞬间完成的，即等容压缩，故如图 2-110 所示，其 p-V 图是一矩形，而不同于常见的多方压缩过程。

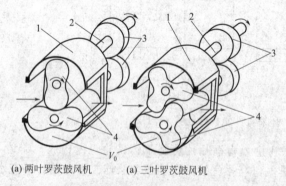

(a) 两叶罗茨鼓风机　　(a) 三叶罗茨鼓风机

图 2-109　罗茨鼓风机的结构原理

1—泵体；2—主轴；3—同步齿轮；4—转子

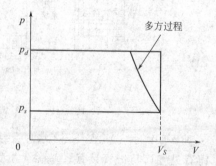

图 2-110　罗茨鼓风机 p-V 图

罗茨鼓风机的转子叶数（又称叶轮头数）多为 2 叶或 3 叶，4 叶及 4 叶以上则很少见。转子型面沿长度方向大多为直叶，这可简化加工；型面沿长度方向扭转的叶片在三叶中有采用，具有进排气流动均匀、可实现内压缩、噪声及气流脉动小等优点，但加工较复杂，故扭

转叶片较少采用。

2.6.5.2 结构形式及型线

(1) 结构形式

按转子轴线相对于机座的位置,罗茨鼓风机可分为竖直轴和水平轴两种。前者的转子轴线垂直于底座平面,这种结构的装配间隙容易控制,各种容量的鼓风机都有采用。后者的转子轴线平行于底座平面,按两转子轴线的相对位置,其又可分为图 2-111 所示的立式和卧式两种。立式的两转子轴线在同一竖直平面内,进、排气口位置对称,装配和连接都比较方便,但重心较高,高速运转时稳定性差,多用于流量小于 $40m^3/min$ 的小型鼓风机。卧式的两转子轴线在同一水平面内,进、排气口分别在机体上、下部,位置可互换,实际使用中多将出风口设在下部,这样可利用下部压力较高的气体在一定程度上抵消转子和轴的重量,减小轴承力以减轻磨损。排气口可从两个方向接出,根据需要可任选一端接排气管道,另一端堵死或接旁通阀。这种结构重心低,高速运转时稳定性好,多用于流量大于 $40m^3/min$ 的中、大型鼓风机。

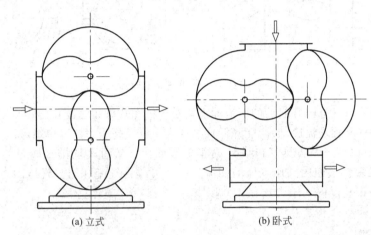

(a) 立式   (b) 卧式

图 2-111 水平轴罗茨鼓风机结构形式

(2) 转子型线

罗茨鼓风机的两转子型线互为共轭曲线,对型线的选择要求面积利用系数尽可能大;转子具有良好的几何对称性,运转平稳、噪声低、互换性好;齿型有足够的刚度;容易制造和获得较高的精度等。考虑这些因素,实际常用的基本型线有圆弧型、圆弧-渐开线型、摆线型三种形式,有时也采用这三种曲线的组合型线,以获得一定的特殊性能,如用于真空泵时要求型线具有较好的气密性。罗茨鼓风机的两转子及转子与机壳间均留有一定的装配间隙,以避免实际工作中热变形引起各部件接触。

(3) 孔口形式

按进排气孔口形状,罗茨鼓风机可分为图 2-112 所示的普通型、预进气型、异形排气口型三种。

① 普通型 不设计内压缩过程,排气口为矩形,边缘平行于主轴轴线,工作特点是:当转子顶部越过排气口边缘,即排气缝隙开启的瞬间,高压气体从排气口回流到输气容积中,迅速实现升压;气流脉动与气体动力噪声较大,一般介于往复压缩机与螺杆压缩机之间;排气温度较高,通常控制在 140℃ 以内;单级压力比大约在 2.0 以下,双级的可达 3.0 左右,容积流量通常在 $500m^3/min$ 以下,最大可达 $1400m^3/min$。

② 预进气型 在汽缸上开设一定的回流通道,将高压气体在压缩机排气缝隙开启之前逐渐导入压缩腔,使其内压力在排气缝隙开启时尽量接近排气压力,工作特点是:可实现气体的

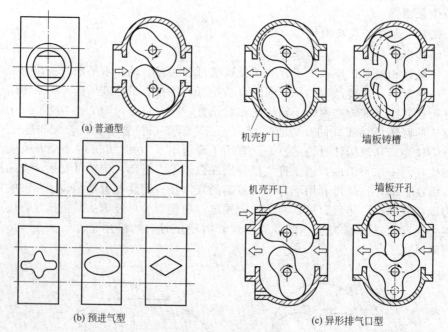

图 2-112　罗茨鼓风机的孔口形式

平缓压缩；可消除排气缝隙开启后的回流冲击；对于机壳开口和墙板开孔的回流形式，导入的气体温度较低时（又称逆流冷却），能降低排气温度，可提高压力比（单级可达 2.6 左右）。

③ 异形排气口型　是将排气口设计成非矩形形状，从而实现排气缝隙的逐渐开启，工作特点是：可延缓排气腔内高压气体的回流过程；可改善气流脉动与气体动力噪声特性；流量通常在 40m³/min 以内，压力比在 1.6 以下。

2.6.5.3　典型结构及使用选型

（1）结构实例

罗茨鼓风机的典型结构如图 2-113 所示，这是一个水平轴卧式机型，润滑油储于机壳底

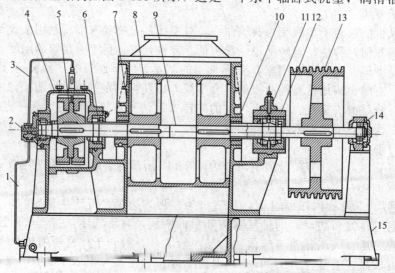

图 2-113　LG42-3500 型罗茨鼓风机构造

1—进油管；2—油泵；3—出油管；4—齿轮箱；5—齿轮；6—支撑轴承箱；7—机壳；8—转子；
9—主轴；10—轴封；11—注油器；12—轴承；13—带轮；14—底座；15—辅助轴承

部油箱内，经油泵泵送到同步齿轮、轴承等需要润滑的部位。齿轮喷油润滑，主轴采用带传动，紧靠转子两端的部位设有轴封。

（2）使用选型

生产中，罗茨鼓风机的选型应遵循如下原则。

ⅰ. 根据生产工艺条件所需风压和风量，选择不同性能规格的鼓风机。

ⅱ. 根据输送介质的腐蚀情况，选择不同材质的零件。

ⅲ. 根据工作地点的具体情况决定冷却方式，有水的地方可选择水冷式鼓风机，无水的地方应选择风冷式鼓风机。

ⅳ. 当生产工艺过程中所需的风量与鼓风机性能参数不符合时，可适当提高或降低鼓风机转速，使鼓风机的输风量适当提高或降低，但要注意不能偏离鼓风机的性能曲线太远，转速提高太多，会缩短鼓风机的使用寿命，甚至会发生机器损坏的危险；转速过低，容积效率会大幅度减小。

思 考 题

1. 往复压缩机的理论循环与实际循环的差异是什么？

2. 写出容积系数 λ_v 的表达式，并解释各字母的意义。

3. 比较飞溅润滑与压力润滑的优缺点。

4. 多级压缩的好处是什么？

5. 分析活塞环的密封原理。

6. 动力空气用压缩机常采用切断进气的调节方法，以两级压缩机为例，分析一级切断进气对机器排气温度、压力比等的影响。

7. 分析压缩机在高海拔地区运行气量的变化规律并解释其原因。

8. 一台压缩机的设计转速为 200r/min，如果将转速提高到 400r/min，试分析气阀工作情况。

9. 画出螺杆压缩机过压缩和压缩不足的指示图，并分析其对压缩机性能的影响。

练 习 题

1. 一台二氧化碳压缩机，进气压力为 0.1MPa，排气压力为 22MPa，压缩级数为 5 级。若各级进、排气相对压力损失均为 $\delta_s=0.08$，$\delta_d=0.03$，试计算各级的实际压力比。已知名义压力比按等压比分配。

2. 设计一台往复式天然气压缩机，结构见图 2-114。已知数据：吸气压力 0.3MPa（G），排气压力 25MPa（G），行程 95mm，转速 980r/min，排气量 1.5m³/min，并要求一级汽缸直径 175mm，活塞杆直径 $d=35$mm。一级进气温度为 25℃，若用户要求排气压力为 31MPa（G），则各级压力如何变化？

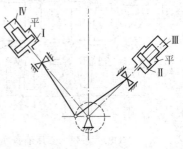

图 2-114 习题 2 图

参 考 文 献

[1] 郁永章. 活塞压缩机. 北京：机械工业出版社，1982.

[2] 林梅. 活塞式压缩机原理. 北京：机械工业出版社，1987.

[3] 余国琮. 化工机器. 天津：天津大学出版社，1987.

[4] 姜培正. 流体机械. 北京：化学工业出版社，1989.

[5] 高慎琴等. 化工机器. 北京：化学工业出版社，1992.

[6] 郁永章. 容积式压缩机技术手册. 北京：机械工业出版社，2000.

3 离心压缩机

速度式压缩机通常借助作高速旋转的叶轮，使气体获得很高的速度，然后让气体急剧降速，使气体的动能转变为压力能。

速度式压缩机按气体在叶轮内的流动方向不同，可分为离心式和轴流式两种。前者，气体自轴向进入叶轮，在叶轮中获得速度后沿径向排出；而后者，气体自轴向进入叶轮后，沿轴向排出。速度式压缩机每级的压比很小，通常需有许多级串联起来，气体在前一级压缩后，再被送入下一级中，逐级增压，直至达到所需压力。

3.1 离心压缩机的典型结构与工作原理

3.1.1 离心压缩机的典型结构与特点

3.1.1.1 离心压缩机的典型结构

离心式压缩机按照零部件的运动方式可以概括为转子及定子两大部分组成。转子包括转轴，固定在轴上的叶轮、轴套、平衡盘、推力盘及联轴器等零部件。定子是压缩机的固定元件，由扩压器、弯道、回流器、蜗壳及机壳组成，也称固定部件。在转子与定子之间需要密封气体之处还设有密封元件。离心压缩机的典型结构之一如图 3-1 所示，它是由沈阳鼓风机厂生产的中低压水平剖分式 MCL 系列离心压缩机典型结构的实物部分剖视图。该系列压缩机可输送空气及无腐蚀性的各种工业气体，可用于化肥、乙烯、炼油等化工装置及冶金、制氧、制药、长距离气体增压输送等装置。

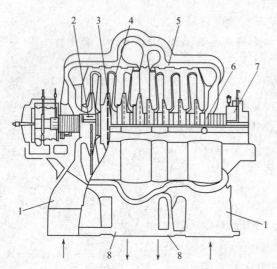

图 3-1　MCL 型系列离心压缩机实物部分剖视图
1—吸入室；2—轴；3—叶轮；4—固定部件；5—机壳；6—轴端密封；7—轴承；8—排气蜗室

汽轮机（或电动机）带动压缩机主轴叶轮转动，在离心力作用下，气体被甩到叶轮后面的扩压器中去。而在叶轮中间形成稀薄地带，前面的气体从吸入室 1 进入叶轮，由于叶轮不断旋转，气体能连续不断地被甩出去，从而保持了压缩机中气体的连续流动。气体因离心作用增加了压力，还可以很大的速度离开叶轮，气体经扩压器逐渐降低了速度，动能转变为静压能，进一步增加了压力。如果一个工作叶轮得到的压力还不够，可通过使多级叶轮串联起来工作的办法来达到对出口压力的要求。级间的串联通过弯道、回流器来实现。

由叶轮和固定部件构成一级，级是压缩机实现气体压力升高的基本单元。由于逐级压缩使气体温度升高，造成再压缩多耗功，为了减少耗功，气体经四级压缩为第一段，随后由排气蜗室 8 排出，经另外设置的中间冷却器降温后再重新引入第二段的第五级叶轮。该机器经两段八级压缩后的高压气体由另一个排气蜗室 8 排出。

3.1.1.2 级的典型结构

级是离心压缩机使气体增压的基本单元，如图 3-2 所示，级分三种形式即首级、中间级和末级。图 3-2(a) 为中间级，它由叶轮 1、扩压器 2、弯道 3、回流器 4 组成。图 3-2(b) 为首级，它由吸气管和中间级组成。图 3-2(c) 为末级，它由叶轮 1、扩压器 2、排气蜗室 5 组成。其中除叶轮随轴旋转外，扩压器、弯道、回流器及排气蜗室等均属固定部件。

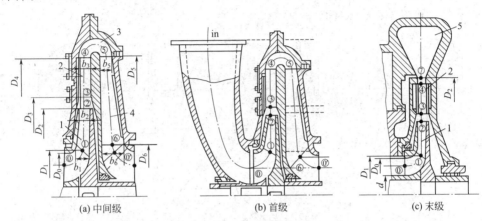

(a) 中间级　　　　　　　　(b) 首级　　　　　　　　(c) 末级

图 3-2　离心压缩机级及其特征截面

1—叶轮；2—扩压器；3—弯道；4—回流器；5—排气蜗室

为简化研究，通常只着重分析与计算级中几个特征截面上的气流参数。这些特征截面在图 3-2 中分别表示为：in—吸气管进口截面，也即首级进口截面或整个压缩机的进口截面；⓪—叶轮进口截面，也即中间级和末级进口截面；①—叶轮叶道进口截面；②—叶轮出口截面；③—扩压器进口截面；④—扩压器出口截面，也即弯道进口截面；⑤—弯道出口截面，也即回流器进口截面；⑥—回流器出口截面；⓪'—本级出口截面，也即下一级的进口截面；⑦—排气蜗室进口截面。

3.1.1.3 离心叶轮的典型结构

叶轮是外界（原动机）传递给气体能量的部件，也是使气体增压的主要部件，因而叶轮是整个压缩机最重要的部件。

(1) 叶轮内流体的运动及其速度三角形

叶轮旋转时，流体一方面和叶轮一起作旋转运动，同时又在叶轮流道中沿叶片向外流动。因此，流体在叶轮内的运动是一种复合运动，它可以分解为牵连运动和相对运动。所谓牵连运动是指当叶轮旋转时，流体微团在叶轮作用下沿着圆周方向的运动。如图 3-3 所示。这时可以把流体微团看成好像是固定在叶轮上随叶轮一起旋转的刚体，其速度称为牵连速度，用 u 表示。显然它的方向与圆周的切线方向一致，大小与所在的圆周半径和转速有关。所谓相对运动，是指流体微团在叶轮流道内相对于叶片的运动，其速度称为相对速度，用 w 表示。显然它的方向就是质点所在处叶片的切线方向，大小与流量及流道形状有关。牵连运动和相对运动的合成运动称为绝对运动，它是流体相对于机壳等固定件的运动，其速度称为绝对速度，用 c 表示。由这三种速度矢量组成的矢量图称为速度三角形或速度图，如图 3-3 所示。绝对速度 c 与圆周速度 u 之间的夹角用 α 表示，称进口角；相对速度与圆周速度反方向的夹角用 β 表示，称为出口角；叶片切线与圆周速度反方向的夹角，称为叶片安装角，用

β_A 表示。流体沿叶片型线运动时，出口角 β 等于安装角 β_A。

（2）离心叶轮的结构

叶轮结构形式可以按照叶片弯曲形式和叶片出口角来区分，如图 3-3 所示。图 3-3（a）简称后弯型叶轮，叶片弯曲方向与叶轮旋转方向相反，叶片出口角 $\beta_{2A} < 90°$，压缩机多采用这种叶轮，它的级效率高，稳定工作范围宽。图 3-3（b）简称径向型叶轮，其叶片出口角 $\beta_{2A} = 90°$，图 3-3（b）中的叶片为径向直叶片，也属于这种类型。图 3-3（c）简称前弯型叶轮，叶片弯曲方向与叶轮旋转方向相同，$\beta_{2A} > 90°$，由于气流在这种叶道中流程短、转弯大，其级效率较低，稳定工作范围较窄，故它仅用于一部分通风机中。径向型叶轮的级性能介于图 3-3（a）和图 3-3（c）之间。

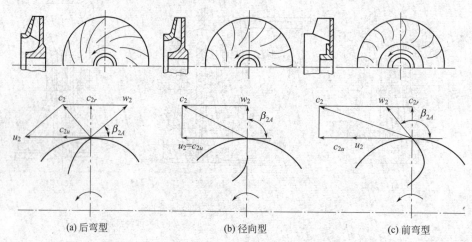

(a) 后弯型　　　　　　　　(b) 径向型　　　　　　　　(c) 前弯型

图 3-3　三种叶片弯曲形式的叶轮及其出口速度三角形（设 $\beta_2 = \beta_{2A}$）

离心叶轮还可以按照结构分为闭式叶轮、半开式叶轮和双面进气叶轮，如图 3-4 所示。最常见的是闭式叶轮，由轮盖、叶片和轮盘组成，它的漏气量小、性能好、效率高，但因轮盖影响叶轮强度，使叶轮的圆周速度 $u_2 = \dfrac{\pi D_2 n}{60}$ 受到限制，通常 $u_2 \leqslant 300 \sim 320\text{m/s}$。半开式叶轮不设轮盖，一侧敞开，仅有叶片和轮盘，适宜于承受离心惯性力，因而对叶轮强度有利，使叶轮圆周速度可以较高。钢制半开式叶轮圆周速度 u_2 目前可达 $450 \sim 550\text{m/s}$，单级压力比可达 6.5。半开式叶轮效率较低。双面进气叶轮两套轮盖、两套叶片，共用一个轮盘，适应大流量，且叶轮轴向力本身得到平衡。

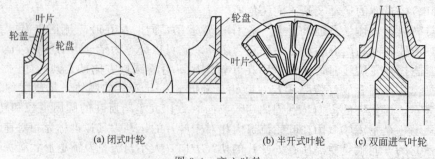

(a) 闭式叶轮　　　　　　　　(b) 半开式叶轮　　　　　(c) 双面进气叶轮

图 3-4　离心叶轮

3.1.1.4　扩压器的典型结构

扩压器是定子部件中最重要的一个部件。扩压器的功能主要是使从叶轮出来的具有较大动能的气流减速，把气体的动能有效地转化为压力能。扩压器通常是由两个和叶轮轴相垂直的平行壁面组成。扩压器内环形通道截面是逐渐扩大的，当气体流过时，速度逐渐降低，压力逐渐升高。如果在两平行壁面之间不装叶片，称为无叶扩压器，如图3-5(a)所示。其结构简单，级变工况的效率高，稳定工作范围宽。图3-5(b)为叶片扩压器，其内设置叶片，由于叶片的导向作用，气体流出扩压器的路程短，D_4不需太大，且设计工况效率高，但结构复杂，变工况的效率较低，稳定工作范围较窄。通常较多采用的是无叶扩压器。

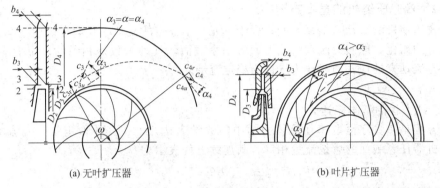

(a) 无叶扩压器 (b) 叶片扩压器

图 3-5 扩压器及其内部流动

另外，弯道和回流器使气流转向以引导气流无预旋地进入下一级。通常它们不再起降速升压的作用。吸入室是将管道中的流体吸入，并沿环形面积均匀地进入叶轮。而排气蜗壳主要作用是把扩压器后面或叶轮后面的气体汇集起来，并把它们引出压缩机，流向输送管道或气体冷却器，此外，在汇集气体过程中，大多数情况下，由于蜗壳外径逐渐增大和流通面积的逐渐增大，也起到了一定的降速扩压作用。

离心压缩机的零部件较多，限于篇幅不能一一介绍。重要的零部件还会在后面加以讨论。

3.1.1.5 离心压缩机的特点

将离心压缩机和活塞压缩机相比较，离心压缩机具有以下特点。

（1）优点

① 流量大 由于活塞压缩机仅能间断地进气、排气，汽缸容积小，活塞往复运动的速度不能太快，因而排气量受到很大限制。而气体流经离心压缩机是连续的，其流通截面积较大，且因叶轮转速很高，故气流速度很高，因而流量很大（有的离心压缩机进气量可达$6000m^3/min$以上）。

② 转速高 活塞压缩机的活塞、连杆和曲轴等运动部件，必须实现旋转与往复运动的变换，惯性力较大，活塞和进、排气阀时动时停，有的运动件与静止件直接接触产生摩擦，因而提高转速受到很多限制；而离心压缩机转子只作旋转运动，几乎无不平衡质量，转动惯量较小，运动件与静止件保持一定的间隙，因而转速可以提高。一般离心压缩机的转速为$5000\sim20000r/min$，由于转速高，适用工业汽轮机直接驱动，既可简化设备，又能利用化工厂的热量，可大大减少外供能源，还便于实现压缩机的变转速调节。

③ 结构紧凑 机组重量与占地面积比用同一流量的活塞压缩机小得多。

④ 运转可靠，维修费用低 活塞压缩机由于活塞环、进、排气阀易磨损等原因，常需停机检修；而离心压缩机运转平稳，一般可连续1～3年不需停机检修，亦可不用备机，故运转可靠，维修简单，操作费用低。

（2）缺点

ⅰ.单级压力比不高，高压力比所需的级数比活塞式的多。所以目前排气压力在70MPa以上的，只能使用活塞压缩机。

ⅱ.由于转速高，流通截面积较大，故不能适用于太小的流量。

ⅲ. 离心压缩机作为一种高速旋转机器，对材料、制造与装配均有较高的要求，因而造价较高。

由于离心压缩机的优点显著，特别适合于大流量，且多级、多缸串联后最大工作压力可达到70MPa，故现代的大型化肥、乙烯、炼油、冶金、制氧、制药等生产装置中大都采用了离心压缩机。

3.1.2 离心压缩机的基本方程

离心式压缩机的流动是很复杂的，属于三元、不稳定的流动。我们在讲述基本方程时一般采用如下的简化，即假设流动沿流道的每一个截面，气动参数是相同的，用平均值表示，即按照一元流动来处理，同时认为气体为稳定流动。

3.1.2.1 连续方程

（1）连续方程的基本表达式

连续方程是质量守恒定律在流体力学中的数学表达式，在气体作定常一元流动的情况下，流经机器任意截面的质量流量相等，其连续方程表示为

$$q_m = \rho_i q_{Vi} = \rho_{in} q_{Vin} = \rho_2 q_{V2} = \rho_2 c_{2r} f_2 = \text{const} \tag{3-1}$$

式中　q_m——质量流量，kg/s；

　　　q_V——容积流量，m³/s；

　　　ρ——气流密度，kg/m³；

　　　f——截面面积，m²；

　　　c——垂直该截面的法向流速，m/s。

所谓一元流动是指气流参数（如速度、压力等）仅沿主流方向有变化，而垂直于主流方向的截面上无变化。由该式可以看出，随着气体在压缩过程中压力不断提高，其密度也在不断增大，因而容积流量沿机器不断减小。

（2）连续方程在叶轮出口的表达式

为了反映流量与叶轮几何尺寸及气流速度的相互关系，常应用连续方程在叶轮出口处的表达式为

$$q_m = \rho_2 q_{V2} = \rho_2 \frac{b_2}{D_2} \varphi_{2r} \frac{\tau_2}{\pi} \left(\frac{60}{n}\right)^2 u_2^3 \tag{3-2}$$

式中　D_2——叶轮外径，m；

　　　b_2——叶轮出口处的轴向宽度，m；

　　　$\dfrac{b_2}{D_2}$——叶轮出口的相对宽度，$\dfrac{b_2}{D_2}$加大，则使 w_2 减小，这对于扩压是有利的。但是，过大的扩压度会增加流动中的分离损失，从而降低级的效率。相反，如果叶轮出口的相对宽度太小，会使摩擦损失显著增加，同样会使级的效率降低。

　　　通常要求 $0.025 < \dfrac{b_2}{D_2} < 0.065$。

φ_{2r} 为叶轮出口处的流量系数，$\varphi_{2r} = \dfrac{c_{2r}}{u_2}$。$\varphi_{2r}$ 选取要足够大以保证气流在流道内不发生倒流，同时也要保证设计的叶轮有较小的扩压度，以提高级的效率。通常 φ_{2r} 的选取范围，对于径向型叶轮为 0.24~0.40，后弯型叶轮为 0.18~0.32，强后弯型（$\beta_{2A} \leqslant 30°$）叶轮为 0.10~0.20。

$$\tau_2 = \frac{\pi D_2 b_2 - \dfrac{z\delta_2 b_2}{\sin\beta_{2A}} - \dfrac{2z\delta_2\Delta}{\sin\beta_{2A}}}{\pi D_2 b_2} = 1 - \frac{z\delta_2}{\pi D_2 \sin\beta_{2A}} \tag{3-3}$$

式中　τ_2——叶轮出口的通流系数（或堵塞系数）；

　　　z——叶片数；

　　　δ_2——叶片厚度，m；

　　　Δ——铆接叶轮中连接盘、盖的叶片折边厚度，m，如图 3-6 所示，无折边的铣制、焊接叶轮，$\Delta=0$。

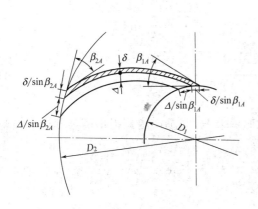

图 3-6　叶片厚度与折边

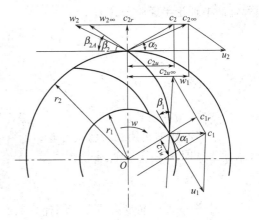

图 3-7　叶轮叶片进出口速度三角形

式(3-2) 表明，$\dfrac{b_2}{D_2}$ 与 φ_{2r} 互为反比，$\dfrac{b_2}{D_2}$ 取大，则 φ_{2r} 取小，反之亦然。对于多级压缩机，同在一根轴上的各个叶轮中的容积流量或 $\dfrac{b_2}{D_2}$ 等都要受到相同的质量流量和同一转速 n 的制约，故该式常用来校核各级叶轮选取 $\dfrac{b_2}{D_2}$ 的合理性。

3.1.2.2　欧拉方程

欧拉方程是用来计算原动机通过轴和叶轮将机械能转换给流体的能量，故它是叶轮机械的基本方程。当 1kg 流体作一元定常流动流经恒速旋转的叶轮时，由流体力学的动量矩定理可方便地导出适用于离心叶轮的欧拉方程为

$$H_{th}=c_{2u}u_2-c_{1u}u_1 \tag{3-4}$$

亦可表示为
$$H_{th}=\frac{u_2^2-u_1^2}{2}+\frac{c_2^2-c_1^2}{2}+\frac{w_1^2-w_2^2}{2} \tag{3-5}$$

式中　H_{th}——每千克流体所接受的能量，称为理论能量头，kJ/kg。

流体在叶轮进出口截面上的速度如图 3-7 所示的速度三角形。

该方程的物理意义如下。

ⅰ. 欧拉方程指出的是叶轮与流体之间的能量转换关系，它遵循能量转换与守恒定律。

ⅱ. 只要知道叶轮进出口的流体速度，即可计算出 1kg 流体与叶轮之间机械能转换的大小，而不管叶轮内部的流动情况。

ⅲ. 该方程适用于任何气体或液体，既适用于叶轮式的压缩机，也适用于叶轮式的泵。

ⅳ. 推而广之，只需将等式右边各项的进出口符号调换一下，亦适用于叶轮式的原动机，如汽轮机、燃气轮机等，原动机的欧拉方程为

$$H_u=c_{1u}u_1-c_{2u}u_2 \tag{3-6}$$

$$H_u=\frac{u_1^2-u_2^2}{2}+\frac{c_1^2-c_2^2}{2}+\frac{w_2^2-w_1^2}{2} \tag{3-7}$$

式中　H_u——1kg 流体输出的能量，kJ/kg。

通常流体流入压缩机或泵的叶轮进口时并无预旋，即 $c_{1u}=0$，这使计算公式更加简单了。若叶片数无限多，则气流出口角 β_2 与叶片出口角 β_{2A} 一致，如图 3-7 所示。然而对有限叶片数的叶轮，由于其中的流体受哥氏惯性力的作用和流动复杂性的影响，出现轴向涡流等，致使流体并不沿着叶片出口角 β_{2A} 的方向流出，而是略有偏移，如图 3-7 所示，由 $w_{2\infty}$、$c_{2\infty}$ 偏移至 w_2 和 c_2 的现象称为滑移，因此 c_{2u} 就难以确定了。斯陀道拉提出了一个计算 c_{2u} 的半理论半经验公式为

$$c_{2u}=u_2-c_{2r}\cot\beta_{2A}-\Delta c_{2u}=u_2-c_{2r}\cot\beta_{2A}-u_2\frac{\pi}{z}\sin\beta_{2A} \qquad (3\text{-}8)$$

$$\mu=\frac{c_{2u}}{c_{2u\infty}}=1-\frac{u_2\dfrac{\pi}{z}\sin\beta_{2A}}{u_2-c_{2r}\cot\beta_{2A}} \qquad (3\text{-}9)$$

式中　μ——滑移系数。

对于离心压缩机闭式后弯式叶轮，通常理论能量头 H_{th} 按斯陀道拉提出的半理论半经验公式计算，即

$$H_{th}=c_{2u}u_2=\varphi_{2u}u_2^2=\left(1-\varphi_{2r}\cot\beta_{2A}-\frac{\pi}{z}\sin\beta_{2A}\right)u_2^2 \qquad (3\text{-}10)$$

式中　φ_{2u}——理论能量头系数或周速系数。

式(3-10)是离心压缩机计算能量与功率的基本方程式。由该式可知，H_{th} 主要与叶轮圆周速度 u_2^2 有关，还与流量系数 φ_{2r}、叶片出口角 β_{2A} 和叶片数 z 有关。

经验证实对于一般后弯型叶轮，按该式计算与实验结果较为接近，另外还有其他的经验公式，这里不再一一叙述了。应当指出，有限叶片数比无限叶片数的做功能力有所减少，这种减少并不意味着能量的损失。

3.1.2.3　能量方程

能量方程用来计算气流温度（或熔）的增加和速度的变化。根据能量转化与守恒定律，外界对级内气体所做的机械功和输入的能量应转化为级内气体热熔和动能的增加，对级内 1kg 气体而言，其能量方程可表示为

$$H_{th}+q=c_p(T_{0'}-T_0)+\frac{c_{0'}^2-c_0^2}{2}=h_{0'}-h_0+\frac{c_{0'}^2-c_0^2}{2} \qquad (3\text{-}11)$$

通常外界不传递热量，故 $q=0$。

能量方程的物理意义如下。

ⅰ. 能量方程是既含有机械能又含有热能的能量转化与守恒方程，它表示由叶轮所做的机械功，转换为级内气体温度（或熔）的升高和动能的增加。

ⅱ. 该方程对有黏无黏气体都是适用的。因为对有黏气体所引起的能量损失也以热量形式传递给气体，而使气体温度（或熔）升高。

ⅲ. 离心压缩机不从外界吸收热量，而由机壳向外散出的热量与气体的热熔升高相比较是很小的，故可认为气体在机器内作绝热流动，其 $q=0$。

ⅳ. 该方程适用一级，亦适用于多级整机或其中任一通流部件，这由所取的进出口截面而定。例如对于叶轮而言，能量方程表示为

$$H_{th}=c_p(T_2-T_1)+\frac{c_2^2-c_1^2}{2}=h_2-h_1+\frac{c_2^2-c_1^2}{2} \qquad (3\text{-}12)$$

而对于任一静止部件如扩压器而言，当气体流经扩压器时，既没有输入或输出机械功，亦没有输入输出能量，故 $H=0$，$q=0$，所以在静止通道中为绝能流，其能量方程表示为

$$c_pT_3+\frac{c_3^2}{2}=c_pT_4+\frac{c_4^2}{2} \qquad (3\text{-}13)$$

该式表示在静止部件中，由热焓和动能所组成的气体总能量保持不变，若气体温度升高，则速度降低，反之亦然。

3.1.2.4　伯努利方程

应用伯努利方程可将能量转换与动能、压力能的变化联系起来。若流体做定常绝热流动，忽略重力影响，通用的伯努利方程，对级内 1kg 流体而言：

$$H_{th} = \int_0^{0'} \frac{\mathrm{d}p}{\rho} + \frac{c_{0'}^2 - c_0^2}{2} + H_{hyd0-0'} \tag{3-14}$$

式中　$\int_0^{0'} \frac{\mathrm{d}p}{\rho}$ ——级进出口静压能头的增量，kJ/kg；

　　　$H_{hyd0-0'}$ ——级内的流动损失，kJ/kg。

如计及内漏气损失和轮阻损失，上式可表示为：

$$H_{tot} = \int_0^{0'} \frac{\mathrm{d}p}{\rho} + \frac{c_{0'}^2 - c_0^2}{2} + H_{loss0-0'} \tag{3-15}$$

式中　H_{tot} ——级内 1kg 气体获得的总能量头，kJ/kg；

　　　$H_{loss0-0'}$ ——级中总能量损失，kJ/kg。

伯努利方程的物理意义如下。

ⅰ. 通用伯努利方程也是能量转化与守恒的一种表达形式，它建立了机械能与气体压力 p、流速 c 和能量损失之间的相互关系。表示了流体与叶轮之间能量转换与静压能和动能转换的关系。同时由于流体具有黏性，还需克服流动损失或级中的所有损失。

ⅱ. 该方程适用一级，亦适用于多级整机或其中任一通流部件，这由所取的进出口截面而定。如对于叶轮而言，它表示为

$$H_{th} = \int_1^2 \frac{\mathrm{d}p}{\rho} + \frac{c_2^2 - c_1^2}{2} + H_{hy\dim p} \tag{3-16}$$

应用欧拉方程，可以得到

$$\frac{u_2^2 - u_1^2}{2} + \frac{w_1^2 - w_2^2}{2} = \int_1^2 \frac{\mathrm{d}p}{\rho} + H_{hy\dim p} \tag{3-17}$$

上式表明，叶轮中圆周速度的增加和相对速度的减少，一部分使静压能增加，一部分克服叶轮中的流动损失。

而对某一固定部件如扩压器，它表示为

$$\frac{c_3^2 - c_4^2}{2} = \int_3^4 \frac{\mathrm{d}p}{\rho} + H_{hyddif} \tag{3-18}$$

上式表明，扩压器中流体动能的减少用来使流体的静压能增加和克服流动损失。

ⅲ. 对于不可压流体，其密度 ρ 为常数，则 $\int_1^2 \frac{\mathrm{d}p}{\rho} = \frac{p_2 - p_1}{\rho}$ 可直接解出，因而对输送水或其他液体的泵来说，应用伯努利方程计算压力的升高是十分方便的。而对于可压缩流体，尚需获知 $p = f(\rho)$ 的函数关系才能求解静压能头积分，这还要联系热力学的基础知识加以解决。

3.1.2.5　压缩过程与压缩功

在离心压缩机中，气体伴随着流动同时不断地实现着改变热力状态的热力过程。前述的伯努利方程中的静压能头增量 $\int \frac{\mathrm{d}p}{\rho}$ 这一项，即可用式(2-2)除以质量 M 表示。对于多变压缩功而言，则有

$$\int_1^2 \frac{\mathrm{d}p}{\rho} = \frac{W_i}{M} = H_{pol} = \frac{n}{n-1} R T_1 \left[\left(\frac{p_2}{p_1} \right)^{\frac{n-1}{n}} - 1 \right] \tag{3-19}$$

式中，H_{pol} 称为多变压缩有效能量头，kJ/kg，简称为多变能量头。

在离心压缩机中，热力过程的始终点，既可表示为任一通流部件的始终点，亦可表示为级或整个压缩机的始终点。

通常把能量头与 u_2^2 之比称为能量头系数，如多变能量头系数为

$$\psi_{pol}=\frac{H_{pol}}{u_2^2} \text{ 或 } H_{pol}=\psi_{pol}u_2^2 \tag{3-20}$$

由式(3-20) 可知，提高叶轮的圆周速度是提高能量头最有效的方法，所以该式用多变能量头系数的大小，表示叶轮圆周速度用来提高气体压力比的能量利用程度。同理可有等熵能量头系数 $\psi_s=\frac{H_s}{u_2^2}$ 和总能量头系数 $\psi_{tot}=\frac{H_{tot}}{u_2^2}$ 等。

综上所述，将连续方程、欧拉方程、能量方程、伯努利方程、热力过程方程的表达式相关联，就可知流量和流体速度在机器中的变化，而通常无论是级的进出口，还是整个压缩机的进出口，其流速几乎相同，故这部分进出口的动能增量可略而不计。同时还可获知由原动机通过轴和叶轮传递给流体的机械能，而其中一部分有用能量即静压能头的增加，使流体的压力得以提高，而另一部分是损失的能量，它是必须付出的代价。还可获知上述静压能头增量和能量损失两者造成流体温度（或焓）的增加，于是流体在机器内的速度、压力、温度等诸参数的变化规律也就都知道了。

3.1.3　级内的各种能量损失

压缩机级中的能量损失，主要有流动损失、漏气损失和轮阻损失。

3.1.3.1　级内的流动损失

压缩机级内的流动损失又分为以下损失。

（1）摩阻损失

流体的黏性是产生摩擦阻力损失的根本原因。通常把级的通流部件看成依次连续的管道，利用流体力学管道的实验数据，可计算出沿程摩阻损失为

$$H_f=\lambda\frac{l}{d_{hm}}\times\frac{c_m^2}{2} \tag{3-21}$$

式中　　l——沿程长度，m；

$\quad d_{hm}$——平均水力直径，m；

$\quad c_m$——气流平均速度，m/s；

$\quad \lambda$——摩阻系数，$\lambda=f\left(Re,\frac{\Delta}{D}\right)$ 通常级中的 $Re>Re_{cr}$，故在一定的相对粗糙度下，λ 为常数。

由该式可知 $H_f\propto c_m^2$，从而有 $H_f\propto q_V^2$。

（2）分离损失

在减速增压的通道中，近壁边界层容易增厚，甚至形成分离旋涡区和倒流。分离的结果导致流场中形成旋涡区，由于旋涡运动损耗大量有效能量（变成热量耗散）。如图 3-8 所示，从而造成分离损失。而分离损失往往比沿程摩阻损失大得多，且至今没有现成的公式来计算。

减少分离损失的措施是控制通道的当量扩张角 $\theta\leqslant6°\sim8°$，联系到叶轮中的气流密度变化，经验指出应控制进出口的相对速度比

$$\frac{w_1}{w_2}=\frac{\rho_2 f_2}{\rho_1 f_1}\leqslant1.6\sim1.8 \tag{3-22}$$

式中　　f_1，f_2——叶轮叶道进出口的通流面积，m²。

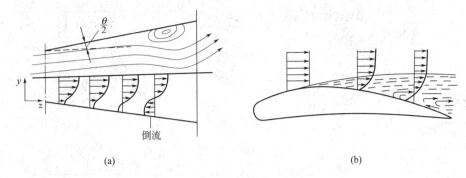

图 3-8 边界层分离示意图

由于叶轮中的气流受离心力的影响，并有能量的不断加入，其边界层的增厚与分离不像固定部件中那样严重，所以叶轮的流动效率往往是较高的。

（3）冲击损失

当流量偏离设计流量时，其叶轮和叶片扩压器的进气冲角 $i=\beta_{1A}-\beta_1\neq0$，$i=\alpha_{3A}-\alpha_3\neq0$，气流对叶片产生冲击，造成冲击损失。尤为严重的是，在叶片进口附近还产生较大的扩张角，造成分离损失，导致能量损失显著增加。

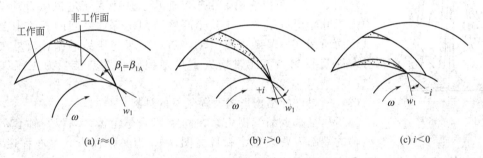

图 3-9 不同冲角下叶轮流道中气流分离情况

应当引起注意的是，用户在调节离心压缩机运行工况时，流量小于设计流量相当于 $i>0$，如图 3-9（b）所示，在叶片非工作面前缘发生分离，并在通道中向叶轮出口逐渐扩散造成很大的分离损失。而流量大于设计流量，相当于冲角 $i<0$，如图 3-9（c）所示，在叶片工作面前缘发生分离，但它不明显扩散。此外，在任何流量下，由于边界层逐渐增厚和轴向涡流造成的滑移影响，在叶片出口附近非工作面上往往有一点分离区。

（4）二次流损失

在旋转叶轮中，由于哥氏力和叶道弯曲而产生的离心力的影响，使叶道中沿周向流速和压力分布不均匀，如图 3-10 和图 3-11 所示。由于叶片工作面的压力高，而非工作面的压力低，叶片边界层中的气流受此压力差的作用，通过盘盖边界层，由叶片工作面窜流至非工作面，于是形成与主流方向垂直的流动，它加剧叶片非工作面的边界层增厚与分离，并使主流也受到影响，从而造成的能量损失称为二次流损失。由此可知，采取适当增加叶片数，减轻叶片负荷，避免气流方向的急剧转弯等措施，可减少二次流损失。

二次流损失也存在于扩压器及其他固定部件中。

（5）尾迹损失

叶片尾缘有一定厚度，气流出叶道后通流面积突然扩大，另外，叶片两侧的边界层在尾缘汇合，造成许多旋涡，主流带动低速尾迹涡流均会造成尾迹损失，采用翼型叶片代替等厚度叶片，或将等厚度叶片出口非工作面削薄等措施可减少尾迹损失。

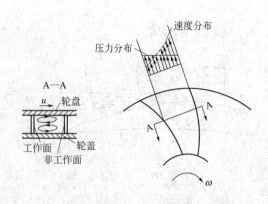

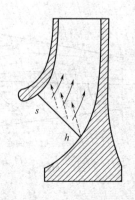

图 3-10 叶轮流道中的二次流　　　　　　　图 3-11 叶轮子午面中的二次流

以上许多流动损失只能从物理现象上定性地说明，至今还很难用公式计算。事实上，这些损失并非单独存在，而往往随着主流混在一起相互作用、相互影响。总的流动损失只能靠具体的实验和经验来确定。

3.1.3.2 漏气损失

（1）产生漏气损失的原因

从图 3-12 中可以看出，由于叶轮出口压力大于进口压力，级出口压力大于叶轮出口压力，在叶轮两侧与固定部件之间的间隙中会产生漏气，而所漏气体又随主流流动，造成膨胀与压缩的循环，每次循环都会有能量损失。该能量损失不可逆地转化为热能，为主流气体所吸收。

（2）密封件的结构形式及漏气量的计算

图 3-12 密封漏气简图

为了尽量减少漏气损失，在固定部件与轮盖、隔板与轴套，以及整机轴的端部需要设置密封件。图 3-13 为各种梳齿式（亦称迷宫式）的密封结构。其工作原理是每经过一个梳齿密封片，等于节流一次，多次的节流减压能有效地减少漏气量。

由连续方程和伯努利方程可知通过齿顶间隙的漏气量，当流速小于声速时，

$$q_{ml} = \alpha \pi Ds \sqrt{\frac{(p_a + p_b)(p_a - p_b)}{Z p_a v_a}} \tag{3-23}$$

当流速达到临界声速时，

$$q_{ml} = \alpha \pi Ds \sqrt{\frac{1}{Z - 1 + \frac{1}{B^2}} \times \frac{p_a}{v_a}} \tag{3-24}$$

式中　α——流量修正系数，一般 $\alpha = 0.67 \sim 0.73$；

　　πDs——齿顶间隙处的通流面积；

　　Z——密封齿数；

　　a，b——密封前、后；

　　B——系数，$B = \sqrt{\frac{2k}{k+1}\left(\frac{2}{k+1}\right)^{\frac{1}{k-1}}}$，如空气 $k = 1.4$，B = 0.684。

（3）轮盖密封的漏气量及漏气损失系数

轮盖密封处的漏气损失使叶轮多消耗机械功，它应包括在叶轮所输出的总功之内，所以它应单独计算出来。而通常隔板与轴套之间的密封漏气损失不单独计算，只是考虑在固定部

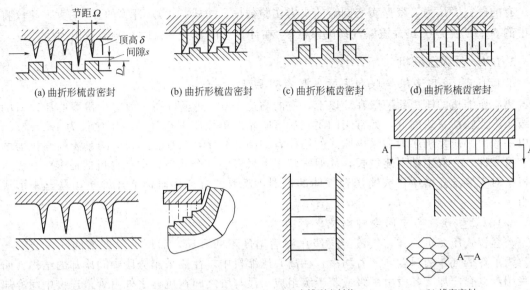

(a) 曲折形梳齿密封　　(b) 曲折形梳齿密封　　(c) 曲折形梳齿密封　　(d) 曲折形梳齿密封

(e) 平滑形梳齿密封　　(f) 阶梯形梳齿密封　　(g) 径向排列密封片　　(h) 蜂窝密封

图 3-13　各种梳齿密封结构简图

件的流动损失之中。

应用式(3-23)并加以化简，可得轮盖密封处的漏气量为

$$q_{ml}=\alpha\pi Ds\rho_m u_2\sqrt{\frac{3}{4Z}\left[1-\left(\frac{D_1}{D_2}\right)^2\right]}\qquad(3-25)$$

若通过叶轮出口流出的流量为 $q_m=\rho_2 c_{2r}\pi D_2 b_2\tau_2$，则可求得轮盖处的漏气损失系数为

$$\beta_l=\frac{q_{ml}}{q_m}=\frac{\alpha\dfrac{D}{D_2}\times\dfrac{s}{D_2}\sqrt{\dfrac{3}{4Z}\left[1-\left(\dfrac{D_1}{D_2}\right)^2\right]}}{\varphi_{2r}\dfrac{b_2}{D_2}\tau_2\dfrac{\rho_2}{\rho_m}}\qquad(3-26)$$

式中，一般取 $\alpha=0.7$；$Z=4\sim6$ 齿；齿顶间隙 $s\approx0.4$mm；$\dfrac{\rho_2}{\rho_m}\approx\sqrt{\dfrac{v_{in}}{v_2}}$。该漏气损失系数 β_l 在计算总能量头 H_{tot} 时，将会被用到。

3.1.3.3　轮阻损失

叶轮旋转时，轮盘、轮盖的外侧和轮缘要与它周围的气体发生摩擦，从而产生轮阻损失。轮阻损失可借助于等厚度圆盘的分析和实验及旋转叶轮的实验进行计算，其轮阻功率损失为

$$N_{df}=K\rho_2\left(\frac{u_2}{100}\right)^3 D_2^2\left(1+\frac{5e}{D_2}\right)\qquad(3-27)$$

式中　K——轮盘阻力系数；

　　　e——轮缘厚度，m。

对于离心叶轮，上式可简化为

$$N_{df}=0.54\rho_2\left(\frac{u_2}{100}\right)^3 D_2^2\qquad(3-28)$$

进而可得轮阻损失系数 β_{df} 为

$$\beta_{df}=\frac{1000N_{df}}{q_m H_{th}}=\frac{1000\times0.54\rho_2\left(\dfrac{u_2}{100}\right)^3 D_2^2}{\rho_2 c_{2r}\pi D_2 b_2\tau_2 u_2 c_{2u}}=\frac{0.172}{1000\varphi_{2r}\varphi_{2u}\tau_2\dfrac{b_2}{D_2}}\qquad(3-29)$$

有的研究者认为，根据实心圆盘的水力实验数据，按式(3-29)计算的 β_{df} 偏大，建议将式中的 0.172 改为 0.11。该漏气损失系数 β_{df} 在计算总能量头 H_{tot} 时，将会被用到。

3.1.4 多级压缩机

3.1.4.1 采用多级串联和多缸串联的必要性

离心压缩机的压力比一般在 3 以上，有的高达 150，甚至更高。前曾指出离心压缩机的单级压力比较活塞式的低，如常用的闭式后弯叶轮的单级压缩空气的级压比仅为 1.2~1.5，所以一般离心压缩机多为多级串联式的结构，如图 3-1 所示。考虑到结构的紧凑性与机器的安全可靠性，一般主轴不能过长，故通常转子上最多装 9 个叶轮，即一台机器最多为 9 级压缩机。对于要求高增压比或输送轻气体的机器，需要两缸或多缸离心压缩机串联起来形成机组。

3.1.4.2 分段与中间冷却以减少耗功

与容积式压缩机一样，气流经逐级压缩后温度不断升高，而压缩温度高的气体要多耗功。为了降低气体的温度，节省功率，在离心压缩机中，往往采用分段中间冷却的结构，而不采用汽缸套冷却。各段由一级或若干级组成，段与段之间在机器之外由管道连接中间冷却器。若段数为 N，则中间冷却器的个数为 $N-1$。进行中间冷却后的压缩机若总能量头为 H，而无中间冷却的同类压缩机总能量头为 H_0，则省功比为

$$\frac{\Delta H}{H_0}=\frac{H_0-H}{H_0}=\frac{\dfrac{k}{k-1}RT_{in}\left[(\varepsilon^{\frac{1}{\sigma}}-1)-N(\varepsilon_i^{\frac{1}{\sigma}}-1)\right]}{\dfrac{k}{k-1}RT_{in}(\varepsilon^{\frac{1}{\sigma}}-1)}=1-\frac{N(\varepsilon_i^{\frac{1}{\sigma}}-1)}{\varepsilon^{\frac{1}{\sigma}}-1} \tag{3-30}$$

式中　ε_i——段压力比，$\varepsilon_i=\left(\dfrac{\varepsilon}{\lambda^{n-1}}\right)^{\frac{1}{n}}$；

　　　λ——中间冷却器的压力损失比，$\lambda=1-\dfrac{\delta_p}{p_{out}}$；

　　　δ_p——中间冷却器和连接管道的阻力压降，MPa；

　　　p_{out}——段出口压力，MPa。

冷却次数增多，实际的压缩过程就愈接近等温过程，节省的功就愈多，但当冷却次数增加到一定数目时，由于冷却器流动损失的增加，就得不到省功的好处，而且段数的增加，会造成结构复杂、体积庞大和制造上的困难，并消耗较多的循环水泵的功率。一般压比在3.5~5 范围内，以采用一次中间冷却为宜；当压比在 5~9 时，以采用 2~3 次中间冷却为宜；当压比为 10~20 时，以采用 3~5 次中间冷却为宜；对于压比 20~35，可采用 4~7 次中间冷却。

分段与中间冷却不能仅考虑省功，还要考虑下列因素。

ⅰ. 被压缩介质的特性属于易燃、易爆（如 H_2、O_2 等），则段出口的温度宜低一些，对于某些化工气体，因在高温下气体会发生分解或化合等反应，或会产生并加速对机器材料的腐蚀，这样的压缩机冷却次数必须多一些。

ⅱ. 用户要求排出的气体温度高，以利于化学反应（由氮、氢化合为氨）或燃烧，则不必采用中间冷却，或尽量减少冷却次数。

ⅲ. 考虑压缩机的具体结构、冷却器的布置、输送冷却水的泵耗功、设备成本与环境条件等综合因素。

ⅳ. 段数确定后，每　段的最佳压力比，可根据总耗功最小的原则来确定。

3.1.4.3 级数与叶轮圆周速度和气体分子量的关系

当压缩机的段数确定后，在选择各段级数时，首先要在保证压缩机安全可靠的前提下，

尽可能提高机组的效率；其次是在材料性能允许和保证较高效率的情况下，尽可能减少压缩机级数，以减小机组尺寸和重量；另外，还要考虑气体介质的特性，分子量大的气体比分子量小的气体所需级数较少。

（1）级数与叶轮圆周速度的关系

为使机器结构紧凑，减少零部件，降低制造成本，在达到所需压力比条件下要求尽可能减少级数。由式（3-10）可知，叶轮对气体做功的大小与圆周速度 u_2 的平方成正比，如能尽量提高 u_2，就可减少级数。但是提高叶轮圆周速度 u_2 却受到以下几种因素的限制。

① 叶轮材料强度的限制 采用优质合金钢的焊接闭式后弯型叶轮，$u_2 < 320\text{m/s}$，一般选取 $u_2 < 300\text{m/s}$。对于压缩有腐蚀性的气体，u_2 还应选取得更小一些。

② 气流马赫数的限制 提高 u_2，气流的 Ma_{w_1} 和 Ma_{c_2} 随之升高，马赫数太高会引起级效率下降、性能曲线变陡、工况范围变窄。

③ 叶轮相对宽度的限制 当流量与转速一定时，提高 u_2 需增加 D_2，这会使 $\dfrac{b_2}{D_2}$ 太小，特别对于后几级，造成效率下降。

由于提高 u_2 受到一些限制，若需要达到较高的压力比，则必须增加级数。

（2）级数与气体分子量的关系

① 气体分子量对马赫数的影响 由于气体常数 $R = \dfrac{8315}{\mu}$，其中 μ 为输送气体的分子量，

而机器马赫数 $Ma_{u_2} = \dfrac{u_2}{a_{in}} = \dfrac{u_2}{\sqrt{RkT_{in}}} = \dfrac{u_2\sqrt{\mu}}{\sqrt{8315kT_{in}}}$，如压缩重气体，因 μ 太大易使 Ma_{u_2} 大，而影响级性能和效率。所以压缩重气体要限制 u_2，以使马赫数不要太高；反之，如压缩轻气体，因 μ 小，u_2 可以适度提高，而不会造成马赫数过高，但要考虑叶轮材料强度的限制。

② 气体分子量对所需压缩功的影响 借助式（3-19）和 $\dfrac{n}{n-1} = \dfrac{k}{k-1}\eta_{pol}$，1kg 流体的多变压缩功又可表示为

$$H_{pol} = \frac{8315}{\mu}T_{in}\frac{k}{k-1}\eta_{pol}(\varepsilon^{\frac{k-1}{k\eta_{pol}}} - 1) \tag{3-31}$$

由该式可知，多变压缩功的大小与气体的分子量和等熵指数有关。特别是 μ 的大小影响更大。若要达到同样的压力比，压缩重气体时，由于 μ 大则 R 小，所需的 H_{pol} 就小，因而级数就少；反之，压缩轻气体时，由于 μ 小则 R 大，所需的 H_{pol} 就大，因而需要的级数也就多。表 3-1 所示为几种气体在相同压力比仅为 $\varepsilon = 2.5$、$T_{in} = 290\text{K}$、$\eta_{pol} = 0.83$ 的情况下，所需的多变压缩功和级数，由该表可以看出其差别是非常之大的。

表 3-1 压缩不同气体时所需压缩功和级数的比较

气 体	分子量 μ	等熵指数 k	密度 $\rho/(\text{kg/m}^3)$	多变压缩功 $H_{pol}/(\text{kJ/kg})$	圆周速度 $u_2/(\text{m/s})$	级数 j
氟利昂-11	136.3	1.10	6.15	16.97	186	1
空气	28.97	1.40	1.293	92.214	280	2
焦炉煤气	11.78	1.36	0.525	215.82	280	5
氦气	4	1.66	0.178	701.42	280	17
氢气	2	1.41	0.090	1319.45	280	32

3.1.5 功率与效率

3.1.5.1 单级总耗功、功率和效率

（1）单级总耗功、总功率

由前述可知，旋转叶轮所消耗的功用于两方面，一是叶轮传递给气体的欧拉功，即气体

所获得的理论能量头；二是叶轮旋转时所产生的漏气损失和轮阻损失。这部分耗功不可逆地转化为气体的热量。故一个叶轮对1kg气体的总耗功为

$$H_{tot} = H_{th} + H_l + H_{df} = (1 + \beta_l + \beta_{df})H_{th} \tag{3-32}$$

流量为 q_m 的总耗功为

$$N_{tot} = q_m H_{tot} = (1 + \beta_l + \beta_{df})q_m H_{th} \tag{3-33}$$

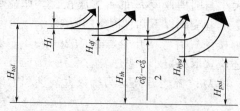

图 3-14　总能量头分配示意图

对于闭式后弯型叶轮而言，一般 $\beta_l + \beta_{df} = 0.02 \sim 0.04$。综上所述，可将几种能量头、损失用一个简图 3-14 联系起来，这样可更为形象地表示其相互关系。

（2）级效率

按照不同的定义，级效率有以下几种。

多变效率 η_{pol} 是级中的气体由 p_0 升高到 $p_{0'}$ 所需的多变压缩功与实际总耗功之比，表示为

$$\eta_{pol} = \frac{H_{pol}}{H_{tot}} = \frac{\dfrac{n}{n-1}RT_0\left[\left(\dfrac{p_{0'}}{p_0}\right)^{\frac{n-1}{n}} - 1\right]}{\dfrac{kR}{k-1}(T_{0'} - T_0) + \dfrac{c_{0'}^2 - c_0^2}{2}} \tag{3-34}$$

通常 $c_{0'} \approx c_0$，因而有

$$\eta_{pol} = \frac{\dfrac{n}{n-1}R(T_{0'} - T_0)}{\dfrac{k}{k-1}R(T_{0'} - T_0)} = \frac{\dfrac{n}{n-1}}{\dfrac{k}{k-1}} \tag{3-35}$$

由该式可以看出，如已知多变效率 η_{pol}，则可算出多变指数 n，反之亦然。

同理等熵效率 η_s 是级中的气体由 p_0 升高到 $p_{0'}$ 所需的等熵压缩功与实际总耗功之比，等温效率 η_t 是级中的气体由 p_0 升高到 $p_{0'}$ 所需的等温压缩功与实际总耗功之比。具有冷却的压缩机中，常采用等温效率来评定机器的好坏，如果实际过程愈接近等温过程，则压缩机的等温效率愈高。

（3）多变能量头系数

$$\psi_{pol} = \frac{H_{pol}}{u_2^2} = \frac{\eta_{pol} H_{tot}}{u_2^2} = (1 + \beta_l + \beta_{df})\varphi_{2u}\eta_{pol} \tag{3-36}$$

式（3-36）表明多变能量头系数与叶轮的周速系数、多变效率、漏气损失系数和轮阻损失系数的相互关系。若要充分利用叶轮的圆周速度，就要尽可能地提高周速系数和级效率。

比较效率的高低，应当注意以下几点。

ⅰ. 与所指的通流部件的进出口有关。它不仅用于级，亦可用于某一部件或整个压缩机。

ⅱ. 与特定的气体压缩热力过程有关，是多变过程还是等熵或等温过程。

ⅲ. 与运行工况点有关，是在设计工况点的最佳效率，还是在变工况点上的效率。通常指的是设计工况点的最佳效率。

只有在以上三点相同的条件下，比较效率的高低才有意义。例如，不能把一级的多变效率与另一级的等温效率来比较高低。

通常使用较多的是级的多变效率，它应由级的性能实验获得，或由与其相似的模型级性能实验获得，亦可从产品性能的资料获得。对于具有闭式后弯型叶轮、无叶扩压器的级多变

效率，通常可由经验选取，如 $0.025 \leqslant \frac{b_2}{D_2} \leqslant 0.065$，可取 $\eta_{pol}=0.70\sim0.80$。小流量的级或末几级如 $\frac{b_2}{D_2}<0.025$，可选取 $\eta_{pol}=0.6\sim0.7$；大流量的级或前几级如 $\frac{b_2}{D_2}>0.065$，可选取 $\eta_{pol}=0.65\sim0.75$；采用三元扭曲叶片的叶轮可选取 $\eta_{pol}=0.78\sim0.85$。

应该指出，在 3.1.2 和 3.1.3 中虽然都提到能量损失，但究竟损失是多少，由于其中的流动损失无法由计算得到，只能靠实验或经验确定，可是仍未给出确定的数值，因而能量损失还不知道。而这里由性能实验或产品性能资料所给出的效率值，间接地回答了能量损失是多少的问题。

3.1.5.2 多级离心压缩机的功率和效率

（1）多级离心压缩机的内功率

多级离心压缩机所需的内功率可表示为各级总功率之和

$$N_i=q_m\sum H_{tot}=q_m\sum_{i=1}^{M}(1+\beta_l+\beta_{df})_i\varphi_{2u_i}u_{2_i}^2 \tag{3-37}$$

（2）多级离心压缩机的效率

多级离心压缩机的效率通常指的是内效率，而内效率是各级效率的平均值。对于带有中间冷却的机器有时还用等温效率

$$\eta_t=\frac{q_m RT_{in}\ln\frac{p_{out}}{p_{in}}}{N_i} \tag{3-38}$$

来考察实际耗功接近于等温过程耗功的程度。

（3）机械损失、机械效率和轴功率

不是在压缩机通流部件内，而在轴承、密封、联轴器以及齿轮箱中所引起的机械摩擦损失，称为机械损失 N_m，原动机所传递给压缩机轴端的功率称为轴功率，它表示为

$$N_z=N_i+N_m=\frac{N_i}{\eta_m} \tag{3-39}$$

式中　η_m——机械效率；

　　　N_z——轴功率，kW。

η_m 一般随内功率的增大而升高，同时也与传动形式有关。对于由齿轮箱传动的压缩机，η_m 选取为

$$N_i>2000\text{kW},\qquad \eta_m\geqslant97\%\sim98\%$$
$$N_i=1000\sim2000\text{kW},\qquad \eta_m=96\%\sim97\%$$
$$N_i<1000\text{kW},\qquad \eta_m\leqslant96\%$$

（4）原动机的输出功率

压缩机的轴功率为选取原动机提供了依据。考虑到以上轴功率的

计算是按设计工况进行的。当运行中流量增大时，往往所需的轴功率有所增加，并考虑到机器的安全耐用，原动机不应在额定功率下长期使用。故选取原动机的额定功率一般为

$$N_e\geqslant1.3N_z \tag{3-40}$$

3.1.6　三元流理论与三元叶轮的应用

实际上，流体在叶轮机械内部的流动为三维流动，以往只是为了简单实用才认为它为一

维流动，但是现代工业对扩大产量、节省能耗的要求越来越高，这要求离心压缩机流量增大、效率提高、单级压力比高、具有较宽的变工况范围。由于流量增大，叶轮出口的相对宽度 $\frac{b_2}{D_2}$ 将超过 0.065，达到 0.1 甚至更大，致使叶轮中的气流参数原来的不均匀性更加显著。这样，再按前述的通流截面上气动参数均相同，仅主流方向上有气流参数变化的一元流动假设进行叶片只弯不扭的常规叶轮设计已经不适用，而必须按三元流动理论设计出叶片既弯又扭的三元叶轮，才能适应气流参数（如速度、压力等）在叶道各个空间点上的不同，并使其既能满足大流量、高的级压力比，又具有高的效率和较宽的变工况范围。因此应用三元流动理论设计三元叶轮是十分必要的。

当前利用三元流动理论进行叶轮机械设计分析的方法主要有三种：吴仲华提出的使用任意非正交曲线坐标与相应的非正交速度分量的叶轮机械三元流动理论，至今仍是当代先进叶轮机械设计分析的理论基础和有力工具，在国内外航空发动机和其他叶轮机械的研制中不断发挥着重要作用；按照黏性湍流流体流动求解 Navier-Stokes 方程，再经过简化模型与简化计算，目前已经开始在叶轮机械设计分析中应用；在计算机上直接求解 Navier-Stokes 方程，但由于计算量过大，目前主要用于理论研究。

按三元流动理论所设计制造出的三元叶轮比常规叶轮更加符合叶道中的实际流动情况，其级的多变效率 η_{pol} 可达 $80\%\sim86\%$，其变工况的工作范围也较宽，因而在离心压缩机产品中已被推广应用。甚至在流量不太大，叶轮不太宽（例如 $\frac{b_2}{D_2}=0.05\sim0.065$）的情况下也被采用了。

3.2　性能、调节与控制

3.2.1　离心压缩机的性能

3.2.1.1　性能曲线、最佳工况点与稳定工作范围

（1）性能曲线

离心式压缩机的性能曲线（亦称特性曲线）是全面反映压缩机性能参数之间变化关系的曲线，它包括转速和进口条件下的压力比（或出口压力）与流量、效率与流量的性能曲线。图 3-15 为级性能曲线，图 3-16 为一台鼓风机、一台压缩机的性能曲线。

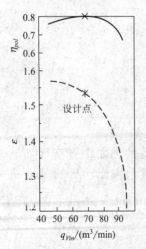

图 3-15　级性能曲线

性能曲线上的某一点即为压缩机的某一运行工作状态（简称工况）。所以该性能曲线也即压缩机的变工况性能曲线。这种曲线一目了然地表达了压缩机的工作特性，使用非常方便。功率与流量的关系可由这两条曲线派生出来，有的列出，有的不列出。

就压力比和流量的性能曲线而言，在一定转速下，流量增大，压缩机的压力比将下降，反之则上升。

图 3-17 表示可变转速的压缩机在各个转速下的性能曲线，其中效率特性以等效率曲线表示。在每个转速下，每条压力比与流量关系曲线的左端点为喘振点。各喘振点连成喘振线，压缩机只能在喘振线的右侧性能曲线上正常工作。

压缩机性能曲线的形状是由机器内部气体的流动规律决定的，由于各工况下的各种能量损失难以准确地计算出来，故压缩机的性能曲线多是由实验得到的。

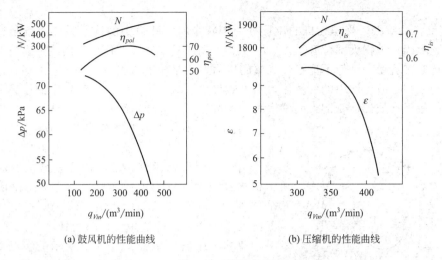

(a) 鼓风机的性能曲线　　(b) 压缩机的性能曲线

图 3-16　性能曲线

（2）最佳工况点

通常将曲线上的效率最高点称为最佳工况点，一般应是该机器设计计算的工况点。如图
3-15 所示，在最佳工况点左右两边的各工况点，其效率均有所降低。从节能的观点出发，要求选用机器时，尽量使机器运行在最佳工况点上或尽量靠近最佳工况点，以减少能量的消耗与浪费。

（3）稳定工作范围

压缩机性能曲线的左侧受到喘振工况的限制，右侧受到堵塞工况的限制，在这两个工况之间的区域称为压缩机的稳定工作范围。压缩机变工况的稳定工作范围越宽越好。

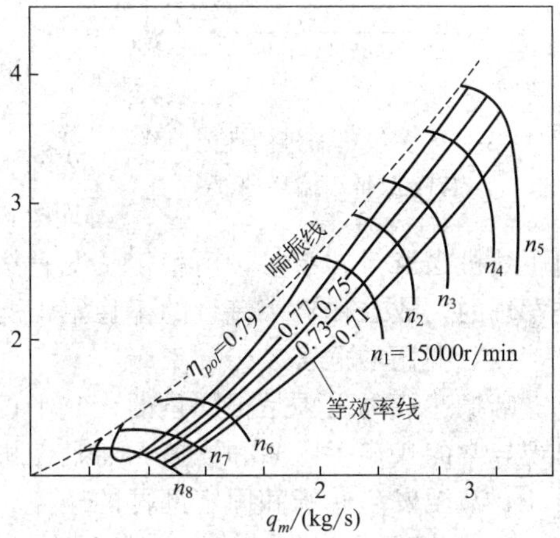

3.2.1.2　压缩机的喘振与堵塞

（1）压缩机喘振的机理

① 旋转脱离　当压缩机流量减少至某一值

图 3-17　压缩机在不同转速下的性能曲线

时，叶道进口正冲角很大，致使叶片非工作面上的气流边界层严重分离，并沿叶道扩张开来，但由于各叶片制造与安装不尽相同，又由于来流的不均匀性，使气流脱离往往在一个或几个叶片上首先发生，如图 3-18 中的 B 叶道所示，造成 B 叶道有效通道大为减小，从而使原来要流过 B 叶道的气流相当多地流向 A 叶道和 C 叶道。随即促使 C 叶道相继严重脱离，而改进了 A 叶道，依次类推，造成脱离区朝叶轮旋转的反向以 ω' 转动。由实验可知 $\omega' < \omega$，故从绝对坐标系观察脱离区与叶轮同向旋转，以上这种现象称为"旋转脱离"。旋转脱离区有时也可能同时在某几个叶道中出现，而形成数个脱离团。叶片扩压器中同样存在旋转脱离，而且旋转脱离往往是首先在叶片扩压器中出现。旋转脱离使气流产生流速、压力等参数的周向脉动，其脉动的幅值小，而频率高。对叶片产生周期性的交变作用力，如该交变作用力的频率与叶片的固有频率相近，有可能造成叶片共振而遭

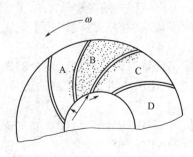

图 3-18　转动叶轮旋转脱离

破坏。

② 压缩机的喘振　当压缩机的流量进一步减小时，叶道中的若干脱离团就会连在一起成为大的脱离团，占据大部分叶道，这时气流受到严重阻塞，致使性能曲线中断与突降。叶轮虽仍旋转对气流做功，但不能提高气体的压力，于是压缩机出口压力显著下降。由于管网具有一定的容积，故管网中的气体压力不可能很快下降，于是会出现管网中的压力反大于压缩机的出口压力，从而使管网中的气体向压缩机倒流，并使压缩机中的气体冲出压缩机的进口，一直到管网中的压力下降至等于压缩机出口的压力，这时倒流停止。气流又在旋转叶轮的作用下正向流动，提高压力，并向管网供气，随之流经压缩机的流量又增大。但当管网中的压力迅速回升，流量又下降时，系统中的气流又产生倒流，如此正流、倒流反复出现，使整个系统发生了周期性的低频大振幅的轴向气流振荡现象，这种现象称为压缩机喘振。图 3-19 所示的喘振工况点 d 是试验测到的众多瞬态黑点形成的（1）～（4）循环曲线上瞬态参数的平均值，瞬态参数中的确存在着正流、倒流交替出现的状态，其周期性脉动的幅值是相当大的。试验指出，管网容积愈大，喘振频率愈低，而振幅愈大，反之亦然。

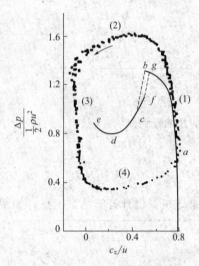

图 3-19　多级压缩机的性能曲线与喘振瞬态循环曲线

以上对压缩机发生喘振的机理分析表明，旋转脱离是喘振的前奏，而喘振是旋转脱离进一步恶化的结果。发生喘振的内在因素是叶道中几乎充满了气流的脱离，而外在条件与管网的容积和管网的特性曲线有关。也有的压缩机当流量减小时，由稳定工况直接突然变成了喘振工况，由于旋转脱离是人们后期研究发现的，故往往对小流量的不稳定工况通称为喘振。

（2）喘振的危害

喘振造成的后果是很严重的，它不仅使压缩机的性能恶化，压力和效率显著降低，机器出现异常的噪声、吼叫和爆声，而且使机器出现强烈的振动，致使压缩机的轴承、密封遭到损坏，甚至发生转子和固定部件的碰撞，造成机器的严重破坏。

（3）防喘振的措施

由于喘振对机器危害严重，应严格防止压缩机进入喘振工况，一旦发生喘振，应立即采取措施消除或停机。防喘振有如下几条措施。

ⅰ. 操作者应具备标注喘振线的压缩机性能曲线，随时了解压缩机工况点处在性能曲线图上的位置。为便于运行安全，可在比喘振线的流量大出 5％～10％的地方加注一条防喘振线，以提醒操作者注意。

ⅱ. 降低运行转速，可使流量减少而不致进入喘振状态，但出口压力随之降低。

ⅲ. 在首级或各级设置导叶转动机构以调节导叶角度，使流量减少时的进气冲角不致太大，从而避免发生喘振。

ⅳ. 在压缩机出口设置旁通管道，如生产中必须减少压缩机的输送流量时，让多余的气体放空，或经降压后仍回进气管。宁肯多消耗流量与功率，也要让压缩机通过足够的流量，以防进入喘振状态。

ⅴ. 在压缩机进口安置温度、流量监视仪表，出口安置压力监视仪表，一旦出现异常或喘振及时报警，最好还能与防喘振控制操作联动或与紧急停车联动。

ⅵ. 运行操作人员应了解压缩机的工作原理，随时注意机器所在的工况位置，熟悉各种监测系统和调节控制系统的操作，尽量使机器不致进入喘振状态。一旦进入喘振应立即加大流量退出喘振或立即停机。停机后，应经开缸检查无隐患，方可再开动机器。

只要备有防喘振措施，特别是操作人员认真负责严格监视，则定能防止喘振的发生，确保机器的安全运行。

（4）压缩机的堵塞工况

当流量不断增大时，气流产生较大的负冲角，使叶片工作面上发生分离，当流量达到最大值时，叶轮做功全变为能量损失，压力不再升高，甚至可能使叶道中的流动变为收敛性质，或者流道最小截面处出现了声速，这时压缩机达到堵塞工况，其气流压力得不到提高，流量也不可能再增大了。故压缩机性能曲线的右边受到堵塞工况的限制。

应当说明，级的性能曲线与压缩机的性能曲线形状基本一样，但由于受逐级气流密度的变化与影响，级数愈多，压缩机的性能曲线愈陡，喘振流量愈大，堵塞流量愈小，其稳定工作范围也就愈窄了。就压缩机的性能好坏而言，其最佳效率愈高，效率曲线愈平坦，稳定工作范围愈宽，压缩机的性能愈好，反之亦然。

3.2.1.3 压缩机与管网联合工作

实际上压缩机总是与管网联合工作的。管网是压缩机前面及后面气体所经过的管道及设备的总称。若管网装在前面，则压缩机就成抽气机或吸气机了。一般管网大都在后面。化工用的压缩机往往前后均有管道和容器设备等。为分析方便，这里一律把管网放在压缩机后面来讨论。

（1）管网特性曲线

气体在管网中流动时，需要足够的压力用来克服沿程阻力和各种局部阻力。每一种管网都有自己的特性曲线，亦称管网阻力曲线。它是指通过管网的气体流量与保证这个流量通过管网所需要的压力之间的关系曲线，即 $p=f(q_V)$ 曲线。管网特性曲线决定于管网本身的结构和用户的要求。它有三种形式，如图3-20所示。图3-20(a)中，管网阻力与流量大小无关，例如压缩机后面仅经过很短的管道即进入容积很大的储气筒或通过一定高度的液体层，此即为忽略沿程阻力，而局部阻力为定值的情况；图3-20(b)中，可用 $p=Aq_V^2$ 表示，大部分管网都属于这种形式，如输气管道、流经塔器、热交换器等；图3-20(c)为上述两种形式的混合，其管网特性曲线表示为 $p=p_r+Aq_V^2$。

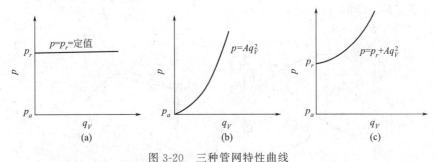

图3-20 三种管网特性曲线

（2）压缩机与管网联合工作

图3-21所示的管网为一带有阀门的排气管道。将压缩机的特性曲线2和在阀门某一开度下的管网阻力曲线1画于同一图上，这时两条曲线交于 M 点，流经压缩机和管网的流量相同 $q_{mM}=q'_{mM}$。压缩机增加的压力 $\Delta p_M=p_{out}-p_a$。管网阻力 $\Delta p'_M=Aq_V^2=A'q_m^2$，$A'=\dfrac{A}{\rho^2}$，假定气体密度不变，则 A' 也为常数。若 $\Delta p_M=\Delta p'_M$，两者平衡，则 M 点即为压缩机和

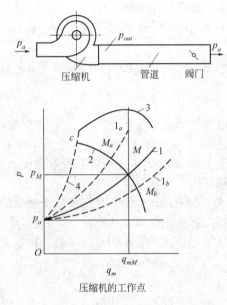

图 3-21 压缩机与管网联合工作

管网联合工作的平衡工作点。若阀门开度减小时流量减小为 q_{mMa}，管网曲线变为 1_a，压缩机工作点沿性能曲线 2 移至 M_a，则两者在交点 M_a 平衡地工作。若阀门开度增大，流量增加，则两者在交点 M_b 平衡地工作。这就是用调节管网中阀门开度的办法来实现压缩机的变工况运行，以适应管网的需要。

应当指出，如压缩机的转速固定，压缩机的工作点仅能沿一条固定的性能曲线移动。压缩机的高效工作范围仅在最高效率点附近，如 M 点附近。如果用户对经常使用的流量和管网阻力的计算有错误，由此所选定的压缩机就不能在高效工作区工作，造成能量浪费。或者太靠近喘振点或堵塞点，造成某一边的工作范围很窄，使变工况调节受到限制。因此，不论对设计者还是用户，正确计算所需流量与管网阻力对压缩机的设计和使用都是十分重要的。

（3）平衡工况的稳定性

上述压缩机与管网联合工作的平衡工况是暂时的还是稳定的，这一问题尚待解决。这里用小扰动法来分析平衡工况的稳定性。实际上在压缩机和管网系统中总存在各种小扰动因素，如进气条件的变化、转速的波动、管网阻力的变化等，它使平衡工况点离开原来的位置。如果小扰动过去后，工况仍回到原来的平衡工况点，则工况是稳定的；否则就是不稳定的。这就需要自动调节来维持在某一工况点下的工作。设压缩机与管网两者的性能曲线交于 A 点，并达到平衡，如图 3-22 所示。若气流参数产生某种小扰动，使流量瞬间有所增加，即由原来的 q_V 增大为 q_{V1}，则压缩机工况点移至 A_1 点，而管网工况点移至 B_1 点。这时压缩机所产生的压力 p_{A1} 小于管网阻力 p_{B1}，由于 $\Delta p = p_{B1} - p_{A1}$ 的作用，系统中的流量将有减少的趋势，致使 q_{V1} 又回到原来的 q_V，即又回复到原来的平衡工况点 A 的位置了。同样若小扰动使流量瞬间内有所减小，使 q_{V2} 小于 q_V，则压缩机所产生的压力 p_{A2} 大于管网阻力 p_{B2}，致使流量又趋回升，两者的工况点也回复到原来的 A 点了。以上这种情况表明，压缩机与管网系统的平衡是稳定的。

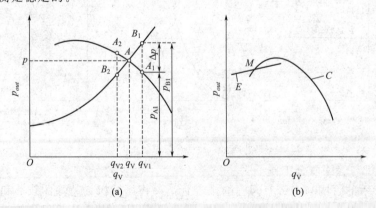

图 3-22 压缩机与管网系统的稳定性

显然，当管网曲线相交于压缩机性能曲线的右分支，其交点处与压缩机的性能曲线相切而具有负斜率时，平衡工况都是稳定的。完整的压缩机性能曲线分为左右两支。当两者相交于左支，且在交点处压缩机的性能曲线所具有的正斜率大于管网曲线的正斜率时，如图3-22(b)所示，则整个系统就不再处于稳定工况了。在这种情况下，如系统发生小扰动后，工况就不再回复到原来的平衡工况点，而将会发生旋转失速或喘振不稳定现象。

综上所述，其稳定工况点的判别式可归结为：

$$\text{稳定} \quad \left(\frac{\mathrm{d}p}{\mathrm{d}q_V}\right)_{comp} < \left(\frac{\mathrm{d}p}{\mathrm{d}q_V}\right)_{pipe}; \quad \text{不稳定} \quad \left(\frac{\mathrm{d}p}{\mathrm{d}q_V}\right)_{comp} > \left(\frac{\mathrm{d}p}{\mathrm{d}q_V}\right)_{pipe} \tag{3-41}$$

通常压缩机的喘振点往往就位于驼峰曲线的顶点，故曲线的左支不再画出。

3.2.1.4　压缩机的串联与并联

压缩机串联工作可增大气流的排出压力，压缩机并联工作可增大气流的输送流量。但在两台压缩机串联或并联工作时，两台压缩机的特性和管网特性在相互匹配中有可能出现不能很好协调工作的情况，例如使总的性能曲线变陡，变工况时某台压缩机实际上没起作用，却白白耗功，或者某台压缩机发生喘振等。

压缩机串联会使其压力比增加，稳定工作区域变窄。如图 3-23(a) 所示，曲线 Ⅰ 为第一台压缩机的性能曲线；Ⅱ 为第二台压缩机的性能曲线。根据质量流量相同，将两者的压比"叠加"后得 Ⅰ＋Ⅱ，为串联后总的性能曲线。

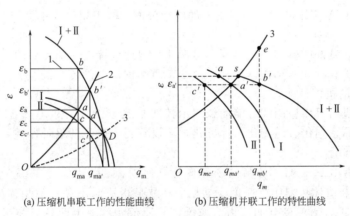

(a) 压缩机串联工作的性能曲线　　(b) 压缩机并联工作的特性曲线

图 3-23　压缩机串、并联工作的特性曲线变化

压缩机串联后的工作效果，要根据管网的特点确定。如果压缩机是与某等压容器联合工作，且两者之间的连接管道甚短，则管网性能曲线接近为一水平线，如图中Ⅰ线。当要求容器内的压比从 ε_a 增大到 ε_b，而流量不变仍为 q_{ma}，此时第一台压缩机的工况不变，流量为 q_{ma}，压比为 ε_a；第二台压缩机的流量也为 q_{ma}，压比为 ε_c。两者串联后总的压比 $\varepsilon_b = \varepsilon_a \varepsilon_c$。如果管网的性能曲线是图中的曲线 2，例如输送气体的装置联合工作，原来的压缩机单独工作时的流量为 q_{ma}，压比为 ε_a。压缩机 Ⅰ 与 Ⅱ 串联后工作点移到 b'，这时的总压比为 $\varepsilon_{b'}$，而流量为 $q_{ma'}$。而压缩机 Ⅰ 的工作点为 a'，流量为 $q_{ma'}$，压比为 $\varepsilon_{a'}$；压缩机 Ⅱ 的工作点为 c'，流量为 $q_{ma'}$。压比为 $\varepsilon_{c'}$。这时串联工作的各台压缩机的工作点不同于其在同一管网单独运行时的工作点。采用串联方法不仅增加了压力，也加大了流量。如果管网阻力降低，例如管网性能曲线到了 3 的位置，这时串联工作将是毫无意义的，因为压缩机串联后的工作点，同压缩机 Ⅰ 单独工作时的工作点是一样的，都在 D 点。这时压缩机 Ⅱ 的压比等于 1，并未起到增压的作用。因此，当两台压缩机串联时，如果管网中阀门开度加大，阻力系数降低，则最好将串联的第二台压缩机停下来，将第一台压缩机出口的气体由旁通阀直接送往用户，不然第二台压缩机非但没有起到增压作用，有时反会产生负压，消耗了第一台压缩机的部分功率。

压缩机串联增加了整个装置的复杂性，因此较少采用。一般在设计时，应考虑到用一台压缩机就能满足用户所需压力。如果这时不是重新设计机器，而是选用已有的压缩机产品时，那么当选用一台压缩机满足不了要求时，也可考虑采用压缩机串联运行的办法。

图 3-23(b) 是管网阻力较大时压缩机并联工作特性曲线。并联总的工况点位于 s，这时第二台的工况点已越过最小流量而进入喘振。原来应通过第二台的气体趋向于通过第一台，使第一台流量增加，出口压力下降，随即由 a 点移至 a' 点，压力比下降为 $\varepsilon_{a'}$。此时因背压下降而第二台又退出喘振，正常供气，总流量为 $q_{mb'} = q_{ma'} + q_{mc'}$。但在 $q_{mb'}$ 时管网的工况点上升至 e，由于管网阻力大于并联出口压力，导致流量又要减少，并联工况点又由 b' 回复到 s。而这时第二台又进入喘振，如此周而复始，处于喘振不稳定状态。为防止喘振，应让第二台停机，只让第一台工作，其流量仅为 $q_{ma'}$。故压缩机并联不宜用于管网阻力较大的系统。所以，若要使压缩机串联或并联工作，需对其匹配作具体的了解与分析，以防使用不当出现问题。

3.2.2　相似理论在离心压缩机中的应用

3.2.2.1　相似理论的应用价值

相似理论在许多流体机械中均有重要的应用价值。应用相似理论进行性能换算可解决下列重要问题。

ⅰ. 按照性能良好的模型级或机器，可简化快速地设计出性能良好的新机器。

ⅱ. 将模化试验（如缩小机器尺寸、改变工质和进口条件等）的结果，换算成在设计条件或使用条件下的机器性能。

ⅲ. 相似的机器可用通用的性能曲线表示其性能。

ⅳ. 可使产品系列化、通用化、标准化，不仅有利于产品的设计制造，也有利于产品的选型使用。

3.2.2.2　离心压缩机流动相似应具备的条件

在流体力学和流体机器中，所谓流动相似，就是指流体流经几何相似的通道或机器时，其任意对应点上同名物理量（如压力、速度等）比值相等。由此就可获得机器的流动性能（如压力比、流量、效率等）相似。

流动相似的条件有模型与实物或两机器之间几何相似、运动相似、动力相似和热力相似。对于离心压缩机而言，经简化分析与公式推导，其流动相似应具备的条件可归结为几何相似、叶轮进口速度三角形相似、特征马赫数相等即 $Ma'_{u_2} = Ma_{u_2}$ 和气体等熵指数相等即 $k' = k$。而符合流动相似的机器，其相似工况的效率相等。即当离心压缩机在不同转速、周围介质的温度和压力变化条件下工作时，如果保持工况的相似，则压缩机的压比和效率不变。

3.2.2.3　符合相似条件的性能换算

（1）符合相似条件的性能换算

当两台机器符合相似条件时，只要知道一台机器的性能参数，则可通过相似换算得到另一台机器的性能参数。换算公式如下：

$$n' = \frac{n}{\lambda_L} = \sqrt{\frac{R'T'_{in}}{RT_{in}}} \tag{3-42}$$

$$q'_{Vin} = \lambda_L^3 \frac{n'}{n} q_{Vin} = \lambda_L^2 \sqrt{\frac{R'T'_{in}}{RT_{in}}} q_{Vin} \tag{3-43}$$

$$\varepsilon' = \varepsilon \tag{3-44}$$

$$\eta'_{pol} = \eta_{pol} \tag{3-45}$$

$$\psi'_{pol} = \psi_{pol} \tag{3-46}$$

$$N' = \lambda_L^2 \sqrt{\frac{R'T'_{in}}{RT_{in}}} \frac{p'_{in}}{p_{in}} N \tag{3-47}$$

（2）近似符合相似条件的性能换算

ⅰ. k 值相等而 Ma 不等的近似性能换算。

ⅱ. $k' \neq k$ 时按压缩机进出口比体积比保持相等的近似性能换算和 $k' \neq k$ 时保持马赫数近似相等的性能换算，由于换算公式相当复杂，这里从略。

3.2.2.4 通用性能曲线

上述一般的性能曲线 $\varepsilon\text{-}q_V$、$\eta\text{-}q_V$、$N\text{-}q_V$，由于受实验介质的气体常数、进口参数、转速等运行条件的限制，使用起来颇为不便。因为一旦介质和进口条件、转速发生变化，则性能曲线也就变了。最好能有一种不随具体运行条件变化的通用性能曲线，使其一台机器的性能实验结果，具有与之相似所有机器的通用特性。

根据相似条件，对于几何相似和工质 k 相等的所有机器，只要保持 φ_1 和 Ma_{u_2} 相等，就保持流动相似，则它们的压力比 ε、能量头系数 ψ 和效率相等。所以可用 φ_1 和 Ma_{u_2} 或用其他的可以推导成 φ_1 和 Ma_{u_2} 的组合参数，和 ε、ψ、η 无因次参数来表示它们的性能曲线，则显然与得到性能曲线的运行条件无关。这种性能曲线就具有通用性，故称为通用性能曲线。例如压缩机的通用性能曲线可用图 3-24 表示。其中 $\dfrac{q_{Vin}}{\sqrt{RT_{in}}} = \text{const}\varphi_1$

Ma_{u_2}，$\dfrac{N}{p_{in}\sqrt{RT_{in}}} = \text{const}\varphi_1 Ma_{u_2}^3$，由于所有相似机器的 φ_1 和 Ma_{u_2} 相等，所以它们的 $\dfrac{q_{Vin}}{\sqrt{RT_{in}}}$、$\dfrac{N}{p_{in}\sqrt{RT_{in}}}$ 也相等。

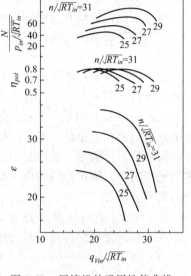

图 3-24　压缩机的通用性能曲线

这种通用性能曲线对于符合相似条件的机器，以及按相似条件组成系列化的所有机器均带来使用上的许多方便，故得到广泛的应用。

3.2.3 压缩机的各种调节方法及其特点

压缩机与管网联合工作时，应尽量运行在最高效率工况点附近。在实际运行中，为满足用户对输送气流的流量或压力增减的需要，就必须设法改变压缩机的运行工况点。实施改变压缩机运行工况点的操作称为调节。

3.2.3.1 压缩机出口节流调节

调节压缩机出口管道中的节流阀门开度是一种最简单的调节方法。它的特点如下。

ⅰ. 不改变压缩机的特性曲线，仅随阀门开度的不同而改变管网阻力特性曲线，从而改变压缩机的工况点，如图 3-25 所示。

ⅱ. 减小阀门开度，可减小流量，反之亦然。

ⅲ. 阀门关小，使管网阻力增大，其压力损失 $\Delta p = Aq_V^2$ 主要消耗在阀门引起的附加局部损失上，因而使整个系统的效率有所下降。且压缩机的性能曲线愈陡，效率下降愈多。

ⅳ. 该方法简单易行，操作方便。

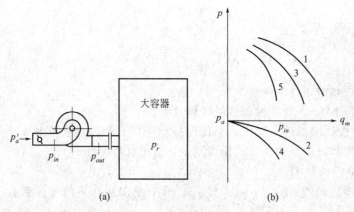

图 3-25 压缩机进气节流

3.2.3.2 压缩机进口节流调节

调节压缩机进口管道中阀门开度是又一种简便且可节省功率的调节方法。如图 3-25 所示，改变进气管道中的阀门开度，可以改变压缩机性能曲线的位置，从而改变输送气流的流量或压力。

由于进气节流可使压缩机进口的压力减小，相应的，进口密度减小，在输送相同质量流量的气体时，因 ρ_{in} 小、q_{Vin} 大而使 H_{th}、β_l、β_{df} 都有所减小，其结果使功率 $N = \rho_{in} q_{Vin} H_{th} (1 + \beta_l + \beta_{df})$ 有所减小，从而节省功率。而压缩机的性能曲线愈陡，节省的功率愈多。进气节流的另一优点是使压缩机的性能曲线向小流量方向移动，因而能在更小流量下稳定地工作，而不致发生喘振。缺点是节流阻力带来一定的压力损失并使排气压力降低。为使压缩机进口流场均匀，要求阀门与压缩机进口之间设有足够长的平直管道。进气节流是一种广泛采用的调节方法。

3.2.3.3 采用可转动的进口导叶调节（又称进气预旋调节）

在叶轮之前设置进口导叶并用专门机构，使各个叶片绕自身的轴转动，从而改变导向叶片的角度，可使叶轮进口气流产生预旋 $c_{1u} \neq 0$。若要使气流预旋与叶轮旋转方向一致，则 $c_{1u} > 0$ 称正预旋，$c_{1u} < 0$ 称负预旋。H_{th} 随正预旋而减小，随负预旋而增大，且与叶轮直径比的平方有关。图 3-26 为转动进口导叶对级性能影响的实验结果，ψ 表示能量头系数，φ 表示流量系数。当负预旋角 θ 增大时，性能曲线向右上方移动，但其效率曲线变化都不大。采用负预旋时，要注意 Ma_{w_1} 不致过大而使效率下降，以及小流量时不致进入喘振。

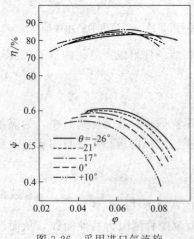

图 3-26 采用进口气流旋绕对级性能的影响

总体来说，进气预旋调节比进口出口节流调节的经济性好，但可转动导叶的机构比较复杂。故在离心压缩机中实际采用得不多，而在轴流压缩机中采用得较多。

3.2.3.4 采用可转动的扩压器叶片调节

具有叶片扩压器的离心压缩机，其性能曲线较陡，且当流量减小时，往往首先在叶片扩压器出现严重分离导致喘振。但如能改变扩压器叶片的进口角 α_{3A} 以适应来流角 α_3，则可避免上述缺点，从而扩大稳定工况的范围。

图 3-27 表明减小叶片角 α_{3A} 使性能曲线向小流量区大幅度平移，使喘振流量大为减小，而同时压力和效率变化很小。这种调节方式能很好地满足流量调节的要求，但改变出口压力的作用很小。这种调节机构相当复杂，因而较少采用。

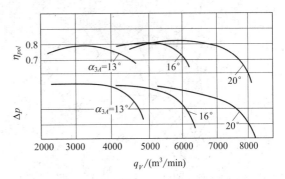

图 3-27 调节扩压器叶片角度时对级性能的影响

3.2.3.5 改变压缩机转速的调节

如原动机可改变转速，则用调节转速的方法可改变压缩机性能曲线的位置，转速减小性能曲线向左下方移动，如图 3-28 所示。图 3-28(a) 为用户要求压力 p_r 不变而流量增大 $q_{ms'}$ 或减小为 $q_{ms''}$，调节转速到 n' 或 n''，使性能曲线移动即可满足要求。图 3-28(b) 为用户要求流量不变而压力升高到 $p_{r'}$ 或降低为 $p_{r''}$，调节转速到 $n_{s'}$ 或 $n_{s''}$ 的情况。

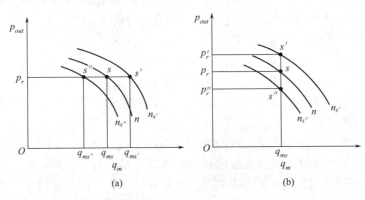

图 3-28 变转速调节

转速调节，其压力和流量的变化都较大，从而可显著扩大稳定工况区，且并不引起其他附加损失，亦不附加其他结构，因而它是一种经济简便的方法。应当指出，切割叶轮外径与减小转速有大体相同的性能曲线变化，它也是在不得已的情况下可以采取的一种方法。

3.2.3.6 三种调节方法的经济性比较及联合采用两种调节

图 3-29 所示为进口节流、进气预旋和改变转速的经济性对比。其中以进口节流为基准，曲线 1 表示进气预旋比进口节流所省的功率。曲线 2 表示改变转速比的进口节流所节省的功率，显然改变转速的经济性最佳。

目前大型离心压缩机大都用汽轮机驱动，它可无级变速，对性能调节十分有利。在设计与使用时特别要考虑到增加转速可能给汽轮机和压缩机带来的性能、强度和振动等问题，而应留有增加转速的余地，以防发生安全事故。

如有可能，亦可同时采用两种调节方法，以取长补短，这样效果更佳。图 3-30 为改变转速与改变扩压器叶片角度联合调节的性能曲线变化情况。图中用分别在两种转速下，改变叶片扩压器开度的方法进行调节，开度愈小，表示叶片角 α_{3A} 愈小。由该图表明，同时采用两种调节方法有十分广阔的稳定工况区域，喘振界线可以向左大幅度地移动。

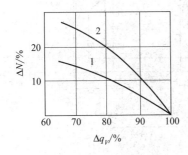

图 3-29 三种调节方法的经济性比较

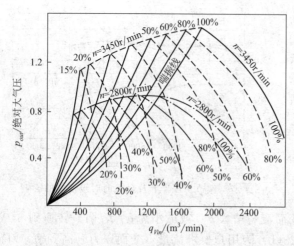

图 3-30　改变转速与改变扩压器叶片角度的性能曲线

3.2.4　附属系统

3.2.4.1　输送气体的管网系统

用户可能要求压缩机的选型者配备必要的管网系统，如进排气管道、阀门、过滤器和消声器等。为此要设计计算出管网系统在设计工况及变工况，不同流量、流速下的管网系统各部件的阻力压降，以便了解管网的阻力特性，并能对压缩机在设计工况下进、出口的压力、温度、流速等参数提出确切的数值。应当指出，如管路过长，阀门等局部阻力部件过多，则选型的压缩机还要为此增加压力比，以克服该段管网的阻力压降，使达到需要压缩气体

的设备时具有所要求的进气压力，特别是当压缩机的压力比不大时，更应注意这一问题。

3.2.4.2　增（减）速设备

当使用电动机驱动压缩机时，由于电动机的转速固定为 1500r/min 或 3000r/min，而要达到压缩机的设计转速，则需要增速，个别需要减速。增（减）速设备多用齿轮变速箱。齿轮变速箱按照增（减）速比和传递的功率来选购，或直接由压缩机制造厂配备。

3.2.4.3　润滑系统

按照压缩机、原动机及齿轮变速箱中的轴承、密封、齿轮等工作的要求，需要由油路系统提供一定流量、压力并保持一定油温的循环润滑油，以起润滑、支撑、密封和吸收热量的作用。图 3-31 是沈阳鼓风机厂提供的一个润滑、密封油路系统。油路系统应按各用油处需要带

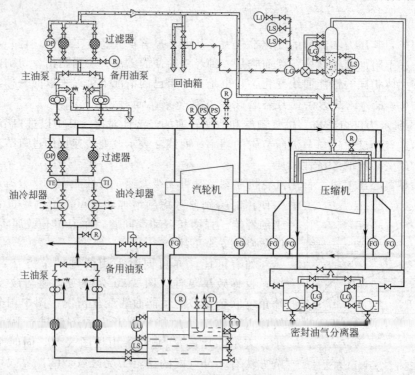

图 3-31　润滑、密封的油路系统

走的热量、油温升及所需的油压，并计入管路的阻力压降来选择能提供所需流量和油压升的油泵以及管径的尺寸和储油箱的体积。另外，还需要过滤器和冷却器，使油保持清洁和一定的油温。

在密封装置中油和气体有掺混，流出后应由油气分离器将其分开，然后把油再注入循环油路之中。

有的工厂专门提供各种型号的油站，油站包括油泵、储油箱、过滤器、冷却器等。现场配上管道即可与机器用油部位接通使用。亦可由压缩机制造厂配套提供。

压缩机在启动前、停车后一段时间内，油路系统均应处于工作状态。为防止突然停电、停车、油泵停止工作，还应设置高位储油箱。必要时可打开阀门，使高处的油靠重力流下去润滑机器，带走热量。

3.2.4.4 冷却系统

离心式压缩机的冷却方式主要有风冷、水冷。需要冷却的主要方面是主电机、压缩后的气体、润滑油。冷却主电机主要为了防止电机过度温升、烧损。通常采用的冷却方式有风冷、水冷。有的大型电机兼而有之。压缩后的气体和润滑油系统冷却均需设置冷却器，常采用水冷方式。水冷系统包括冷却器、阀门、管道等。冷却器是按照一定流量的压缩气体或润滑油，降低一定的温度所需被冷却水带走的热量，与当地的水温，所需的水量和流速等参数，来计算冷却器的换热面积。据此选择合适型号的冷却器，并形成一个水路系统。冷却水需要考虑一次使用还是循环使用，如循环使用还要设置水泵及冷却水塔，用大型风扇为水降温。

3.2.4.5 压缩机检测、安全保护系统

为了保证压缩机的安全稳定运行，必须设置一个完整的检测、安全保护系统。

（1）温度检测、保护系统

温度检测、保护系统主要是观察、控制压缩机各缸、各段间的气体温度、冷却系统温度、润滑系统油温、主电机定子温度以及各轴承温度，当达到一定的规定值就发出声光信号报警和联锁停机。

（2）压力检测、保护系统

压力检测、保护系统是观察、控制压缩机各缸、各段间的气体压力、冷却系统压力、润滑系统油压、当达到一定的规定值就发出声光信号报警和联锁停机。

（3）流量检测、保护系统

流量检测、保护系统是观察、控制压缩机冷却系统水流量，当达到一定的规定值就发出声光信号报警。

（4）机械保护系统

① 轴向位移、检测保护　离心式压缩机产生轴向位移，首先是由于有轴向力的存在。压缩机从机组设计、制造到安装方面都采取了一定的措施平衡轴向力。但是在运行中由于平衡盘等密封件的磨损、间隙的增大、轴向力的增加、推力轴承的负荷加大或润滑油量的不足，油温的变化等原因，使推力瓦块很快磨损，转子发生蹿动，静动件发生摩擦、碰撞、损坏机器。为此压缩机必须设置轴向位移保护系统，监视转子的轴向位置的变化，当转子的轴向位移达到一定规定值时就能发出声光信号报警和联锁停机。

② 机械振动检测、保护　离心压缩机是高速运转的设备，运行中产生振动是不可避免的。但是振动值超出规定范围时的危害很大。对设备来说，引起机组静动件之间摩擦、磨损、疲劳断裂和紧固件的松脱，间接和直接发生事故。对操作人员来说，振动噪声和事故都会危害健康。因此，压缩机必须设置机械振动保护系统，当振动达到一定规定值时，就能发出声光信号报警和联锁停机。

目前，大型机组普遍应用了在线的微机处理技术，可以通过测量的数据进行采集、存储、处理、绘图、分析和诊断，为压缩机的运行维护、科学检修、专业管理提供可靠依据。

③ 防喘振保护系统　离心压缩机的流量减小到一定程度时，会出现喘振现象，对于离心式压缩机有着严重的危害。为此，设置防喘振保护系统。目前大型压缩机组都设有手动和自动控制系统。即可自动和手动打开回流阀或放空阀，确保压缩机不发生喘振现象。

3.2.5　压缩机的控制

自动控制系统用于机器的启动、停车、原动机的变转速、压缩机工况点保持稳定或变工况调节，以使压缩机尽量处于最佳工作状态。它还与各检测系统和在线实时故障诊断系统联锁控制，实现紧急、快速、自动停车，以确保机器的安全。

3.3　安全可靠性

离心压缩机属于高速旋转机械，它不仅涉及部件的强度、刚度等问题，而且还涉及转子动力学、振动学等方面的问题。影响机器安全可靠性的因素甚多，但若其中某一因素发生问题，不仅影响机器的正常运行，致使停车检修，甚至可能造成机器严重的破坏事故。因此，机器的选用者应对影响机器安全可靠运行的一些因素有所了解，遇到问题能够分析解决。由于篇幅所限，本节仅简要讨论涉及机器安全可靠性的几个重要的、典型的问题，即叶轮强度、转子临界转速、转子轴向推力平衡、抑振轴承、轴端密封和机械故障诊断。

3.3.1　叶轮强度

由于离心叶轮高速旋转所产生的离心力及与轴过盈配合所产生的压紧力等，会使叶轮内部产生很大的应力，为保证安全运转，需要进行叶轮强度计算。

闭式叶轮由轮盘、轮盖和叶片构成，从强度观点看，轮盖可视为轮盘的一个特例。而沿周向分散的叶片，可假定为沿周向均匀分布的由特定材料制成的盘形夹层。故叶轮强度计算主要是轮盘应力计算。目前轮盘应力计算有二次法、递推-代入法和有限元法。

应当指出，由于叶轮的重要作用和特殊地位，通常均选用优质的材料、考究的制造工艺和偏于安全的圆周速度 u_2，故叶轮的安全可靠性一般是可以有所保证的。

3.3.2　转子临界转速

若转子旋转的角速度与转子弯曲振动的固有圆周频率相重合，则转子发生强烈的共振导致转子的破坏，转子与此相应的转速称为转子的临界转速，一旦转速远离临界转速，则转子运行平稳、不发生振动。故对设计和操作者来说，使离心压缩机（离心泵等叶轮机械）的工作转速远离临界转速，对确保机器工作的安全具有十分重要的意义。

由分析转子横向弯曲振动可知，转子弯曲振动的临界转速可有 1、2、…、i 阶个，各阶临界转速大致是随 i^2 增大。由于实际的转子工作转速不会太大，所以人们大多关注转子的第 1、2 阶临界转速。为了确保机器运行的安全性，要求工作转速远离第 1、2 阶临界转速，其校核条件是

对于刚性转子 $\qquad\qquad\qquad\qquad\qquad n \leqslant 0.75 n_{c1}$ (3-48)

对于柔性转子 $\qquad\qquad\qquad\quad 1.3 n_{c1} \leqslant n \leqslant 0.7 n_{c2}$ (3-49)

为了防止可能出现的轴承油膜振荡，工作转速应低于 2 倍的第 1 阶临界转速，即

$$n < 2 n_{c1}$$ (3-50)

对于柔性转子，要求机器在启动、运行或停车过程中，尽快越过第 1 阶临界转速，绝不允许在 n_{c1} 附近停留，否则转子将因强烈的振动而遭到破坏。

转子临界转速的计算现今多用普劳尔传递矩阵法。该法计算精度较高，可计算任一阶的临界转速，可计算多轴串联（如压缩机转子和与其相连接的汽轮机转子）的轴系临界转速。

还需指出，对于大型压缩机多缸串联机组，尚需计算轴系扭转振动的临界转速，并尽可

能使机组各缸转子的转速也要偏离各阶扭振临界转速，以使压缩机的运行更为平稳安全。

3.3.3 轴向推力的平衡

3.3.3.1 转子承受的轴向力

流体作用在叶轮上的轴向力由两部分组成，一部分是叶轮两侧的流体压力不相等（轮盖侧压力低，轮盘侧压力高）；一部分是流经叶轮的流体轴向分动量的变化。流体作用在各个叶轮上的轴向力之和就是转子承受的轴向推力。为防止转子轴向移动，要安装止推轴承。如转子轴向力过大，尚需设法把大部分轴向力平衡掉，以保证止推轴承工作的可靠性。

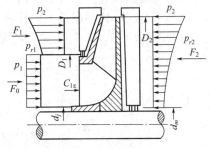

图 3-32 闭式叶轮轴向受力

（1）闭式叶轮轴向推力的计算

图 3-32 为离心压缩机闭式叶轮侧面的受力情况。向右的轴向力由 F_0 和 F_1 组成，其中

$$F_0 = p_1 \frac{\pi}{4}(D_1^2 - d_j^2) + q_m C_{1z} \qquad (3-51)$$

向左的轴向力为 F_2，由此可得叶轮向左的总轴向推力为：

$$F = F_2 - F_1 - F_0 = \frac{\pi}{4}(D_1^2 - d_m^2)p_2 - \frac{\pi\rho u_2^2}{32}\left[(D_1^2 - d_m^2) - \frac{1}{2D_2^2}(D_1^4 - d_m^4)\right]$$
$$- \frac{\pi}{4}(D_1^2 - d_j^2)p_1 - q_m C_{1z} \qquad (3-52)$$

式（3-52）是由假定 $D_1 \sim D_2$ 两侧的 $p_{r1} = p_{r2}$ 得到的。但实际上，如图 3-33 所示，轮盖侧与轮盘侧间隙中的流体流动方向相反，流速不同，因而压力分布也不同。对轮盖侧而言，流体由外径向内径流动，使间隙中的流体圆周速度增加而压力下降。流动损失也较大，又使压力下降。而轮盘情况则相反。这样在式（3-52）的基础上，又产生了一个向左的附加轴向力。但是准确计算这个附加轴向力是很困难的。根据有关的实验资料，归纳出一个计算附加轴向力的公式如下：

$$F' = 0.66\rho_m \left(\frac{u_2}{10}\right)^2 D_2^2 \left[\frac{1}{2} - \left(\frac{D_1}{D_2}\right)^2 + \frac{1}{2}\left(\frac{D_1}{D_2}\right)^4\right] \qquad (3-53)$$

$$\rho_m = \frac{\rho_0 + \rho_0'}{2}$$

式中 ρ_0，ρ_0'——为级的进出口流体密度，kg/m^3。

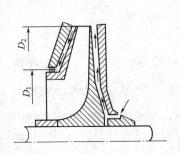

图 3-33 叶轮两侧间隙中流体流动的不同情况

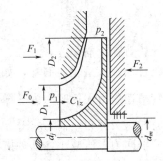

图 3-34 半开式叶轮轴向受力

综合以上各式，作用于一个叶轮由轮盘指向轮盖的轴向推力为

$$F = F_2 - F_1 - F_0 + F' = \frac{\pi}{4}(D_1^2 - d_m^2)p_2 - \frac{\pi\rho u_2^2}{32}\left[(D_1^2 - d_m^2) - \frac{1}{2D_2^2}(D_1^4 - d_m^4)\right]$$

$$-\frac{\pi}{4}(D_1^2-d_j^2)p_1-q_mC_{1z}+0.66\rho_m\left(\frac{u_2}{10}\right)^2 D_2^2\left[\frac{1}{2}-\left(\frac{D_1}{D_2}\right)^2+\frac{1}{2}\left(\frac{D_1}{D_2}\right)^4\right] \tag{3-54}$$

应当指出，式(3-54)对低压压缩机（如1MPa以下）较为准确，但对中压特别是高压压缩机，在流体压力很大时，密度也很大，离心力的影响也就很大。故按式(3-54)计算的轴向力往往与实际不相符合。这时，最好用现场实际测量的方法，确定转子的轴向推力。进而确定平衡轴向力的措施（如确定平衡盘的合理尺寸），以保证止推轴承的工作可靠性。

（2）半开式叶轮轴向推力的计算

图3-34为半开式叶轮的受力情况，其中

$$F_2=\int_{\frac{d_m}{2}}^{\frac{D_2}{2}}p_{r2}2\pi r\mathrm{d}r=\frac{\pi}{4}(D_2^2-d_m^2)p_2-\frac{\pi\rho u_2^2}{32}\left[(D_2^2-d_m^2)-\frac{1}{2D_2^2}(D_2^4-d_m^4)\right] \tag{3-55}$$

假定在$D_1\sim D_2$之间p_{r1}的分布为

$$p_{r1}=p_1+(p_2-p_1)\left(\frac{r-r_1}{r_2-r_1}\right)^2 \tag{3-56}$$

则

$$F_1=\int_{\frac{D_1}{2}}^{\frac{D_2}{2}}p_{r1}2\pi r\mathrm{d}r=\frac{\pi}{4}p_1(D_2^2-D_1^2)+\frac{8\pi(p_2-p_1)}{(D_2-D_1)^2}\left(\frac{D_2^4}{64}-\frac{D_1^4}{196}-\frac{D_2^3D_1}{24}+\frac{D_2^2D_1^2}{32}\right) \tag{3-57}$$

整个叶轮轴向推力为

$$F=F_2-F_1-F_0 \tag{3-58}$$

3.3.3.2 轴向推力的几种平衡措施

（1）叶轮对排

图3-35表示了叶轮的各种排列方式，其中图3-35(a)是叶轮顺排，转子上各叶轮轴向力相加；而图3-35(b)和带有中间冷却的图3-35(c)是叶轮对排，可使转子上各叶轮轴向力互相抵消，总轴向力大大降低。这对高压压缩机更为适用。但转子的轴向尺寸有所增加。

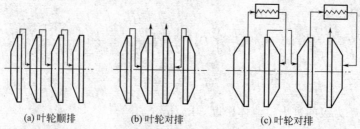

(a)叶轮顺排　　　(b)叶轮对排　　　(c)叶轮对排

图3-35　叶轮排列形式对轴向力的影响

（2）叶轮背面加筋

在轮盘背面加几条径向筋片，如图3-36所示。这相当于增加一个半开式叶轮。间隙中的流体旋转角速度由无筋时约为$\frac{\omega}{2}$增加为ω，从而使离心力增加，压力减小，图3-36中eij线为无筋时的压力分布，而eih线为有筋时的压力分布，可见靠内径处的压力显著下降了，故使叶轮的轴向力有所减小，这种措施对流体密度大的高压压缩机而言减小叶轮轴向力颇为有效。

（3）采用平衡盘

在末级叶轮之后的轴上安装一个平衡盘（亦称平衡活塞），如图3-37所示，并使平衡盘的另一侧与吸气管相通，靠近平衡盘端面安装梳齿密封，这样可使转子上的轴向力大部分被平衡掉。作用在平衡盘上的轴向力为

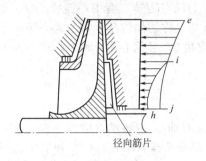

图 3-36 轮盘背面加筋减小轴向力

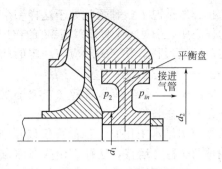

图 3-37 平衡盘

$$F = \frac{\pi}{4}(d_2^2 - d_1^2)(p_2 - p_{in}) \qquad (3-59)$$

式中　p_2——末级叶轮出口压力，MPa；

　　　p_{in}——压缩机吸气管中的压力，MPa；

d_1，d_2——平衡盘工作的内外直径，m，通过配置 d_1 和 d_2 的大小，可控制平衡盘所承受的轴向推力。

在上述三种措施中，采用最多的是平衡盘。

应当指出，转子上必须保留 3000～8000N 的轴向力使其作用在止推轴承上，以防止转子轴向蹿动，否则将使转子遭到破坏。通常应设置转子轴向位移限制器。一旦转子轴向位移超过限定值，则限制器被触发报警，并可立即自动停机。

3.3.4　抑振轴承

3.3.4.1　滑动轴承的基本工作原理

防止离心压缩机的转子因受其重力下沉需要两个径向轴承，防止转子因受轴向推力蹿动需要轴向止推轴承。由于转子的质量较大、转速较高，故在离心压缩机中采用的是滑动轴承。当转子由静止转为以 ω 角速度转动时，如图 3-38 所示，转子轴颈被轴颈和轴承之间收敛间隙中流动着的润滑油动压力托起，从而防止了轴颈和轴承表面的干摩擦与碰撞。产生流油动压力的原因是当轴颈相对于轴承运动时，若从上面大间隙进入的油量大于下面小间隙流出的油量，则收敛油楔中的油因受挤压而使动压力立即增大，从而使流进油的速度减慢，使流出油的速度增加，以此维持流入和流出的油流量相等，方符合流量的连续性。故收敛油膜亦称油楔，之所以能承受一定的外载荷，是由于能产生流体动压力，托起的轴颈被推向一

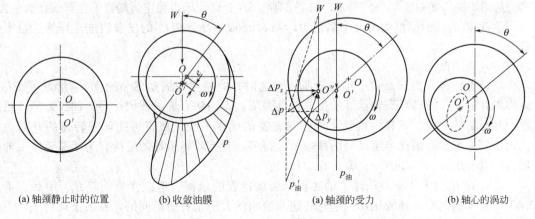

| (a) 轴颈静止时的位置 | (b) 收敛油膜 | (a) 轴颈的受力 | (b) 轴心的涡动 |

图 3-38　径向轴承的楔形间隙　　　　　　　图 3-39　轴颈受力

边,在一般情况下,轴颈就处于这样一个偏心的位置上稳定运转。两中心连线 OO' 的长度 e 称为偏心距,OO' 连线与外载荷 W 的作用线之间的夹角 θ 称为偏位角。每个偏心距 e 都反映一定的油楔形状,并一一对应着一定的载荷 W 和偏位角 θ,且偏心距 e 越大,最小油膜厚度 h_{min} 越小,承载能力就越大。

3.3.4.2 滑动轴承的静态与动态特性

(1)静态特性

当径向轴承工作时,若轴颈仅以角速度 ω 绕自身的轴心 O' 转动,即以不变的偏心距 e 和偏位角 θ 稳定运转,这种工作状态称为静态,人们总是希望轴承在这样一种工作状态下平稳工作。所谓静态性能,一般是指油压、油量、承载能力、摩擦阻力耗功以及轴承温升等,有关这些参数的取值或计算可参见文献 [8、9]。

(2)动态特性

当转子除了绕自身轴线转动外,还受外界的干扰使轴颈可能以速度 $\dot{e} = \dfrac{de}{dt}$ 作径向运动和以角速度 $\dot{\theta} = \dfrac{d\theta}{dt}$ 绕平衡位置涡动,这时轴承的工作状态称为动态。轴承在动态下工作,由角速度 ω 产生的油膜压力,按轴心运动方向起促进或阻滞轴心运动的作用,具有弹簧的性质,而由 $\dot{e}$ 和 $\dot{\theta}$ 所产生的油膜压力的合力,总是和轴心运动的方向相反,起阻滞作用,具有阻尼的性质。油膜压力兼有弹簧和阻尼的性质,称为轴承的油膜刚度阻尼特性,它是指轴承油膜对轴颈产生位移和速度扰动的反应特性。实际上当转子角速度较大时,轴承总是在动态下工作。

3.3.4.3 半速涡动和油膜振荡

(1)半速涡动

当外界的干扰使轴颈中心瞬时偏离平衡位置由 O' 移至 O'',如图 3-39(a)所示,油膜合力 p' 不再和载荷 W 大小相等,方向相反,p' 和 W 形成一个合力 Δp,其分量 Δp_x 推动轴颈趋向返回 O',而分量 Δp_y 推动轴颈绕平衡位置 O' 涡动。

涡动具有以下的特点:涡动角速度约为转子角速度的一半或稍低,故称为半速涡动;涡动与转子的转向相同;涡动一旦产生,就在相当广的转速范围内持续下去,而且始终保持 $\omega_{涡} \leqslant \dfrac{1}{2}\omega$。

轴颈的涡动可能有以下三种情况。

① 收敛的　油膜阻尼力大于推动力,则 O'' 趋向 O' 形成收敛轨迹。

② 稳定的　油膜推动力所做的功与阻尼力吸收的功相等,则 O'' 形成一个包围 O' 近似椭圆形的封闭轨迹,如图 3-39(b)所示,只要 O'' 距 O' 在允许范围内稳定运转则不会形成什么危害。

③ 发散的　油膜推动力大于阻尼力,则 O'' 形成不断远离 O' 的发散轨迹,显然这是十分危险的。

(2)油膜振荡

当转子转速升高到 2 倍于第 1 阶临界转速时,此时半速涡动的角速度 $\omega_{涡}$ 恰好等于第 1 阶临界转速 ω_{c_1},则转子-轴承等发生共振性振荡,人们将它称为油膜振荡。油膜振荡一旦产生,其振荡频率就趋近并保持第 1 阶临界转速的频率不变。而不再随转子转速的升高而变化,油膜振荡的振幅比半速涡动的振幅要大得多,常有毁坏机器的危险。为了避免发生油膜振荡,常要求 $n_{max} < 2n_{c_1}$,此即为式(3-50)。

图 3-40 给出了一个轻载转子油膜涡动发展过程的示例。但应注意,轻载、中载、重载转子发生半速涡动和油膜振荡的起始转速和振幅的大小是有所不同的,有的重载转子,不出现半速涡动,而在转速超过 2 倍于第 1 阶临界转速后的某一更大转速时,直接发生油膜

振荡。

3.3.4.4 防止油膜振荡的方法

油膜振荡与转子和轴承两种因素都有关系。因此，防止油膜振荡应从转子和轴承两方面着手。

ⅰ．提高转子刚度，即提高转子的第 1 阶临界转速，从而可以扩大转子-轴承系统的稳定工作区，使其转子的工作转速 $n < 2n_{c_1}$，这样就可以避免发生油膜振荡。但是对于多级离心压缩机而言，实际应用的多是高速轻载柔性转子，提高转子的刚度往往比较困难。

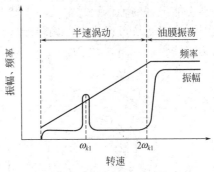

图 3-40　油膜自激涡动发展过程

ⅱ．采用抑振性能良好的轴承，改变轴承的结构或参数，不涉及整个系统的结构和性能，相对来说较易实现。滑动轴承发展出多种形式，其中有的轴承既具有很好的承载能力和润滑性能，又具有良好的抑振性能，能够消除油膜振荡，保持转子平稳运转，但其轴承结构往往比一般轴承复杂。

3.3.4.5 抑振轴承简介

这里简要介绍几种滑动轴承，并加以比较，以供选用参考。

（1）普通的圆柱轴承

这种轴承在低速重载时，轴颈处于较大的偏心下工作，因而是稳定的，可是在高速轻载下处于非常小的偏心下工作，因而很不稳定，油膜振荡一旦发生很难抑制。所以对于高速轻载转子，圆柱轴承很少采用。

（2）椭圆轴承

这种轴承由上下两段圆弧所构成，如图 3-41(a) 所示，由于加工方便，使用较广泛。其特点是上、下两段圆弧都距轴承中心有较大的偏心，并产生两个油楔。其上瓦油楔的油膜压力就会对前述的轴颈失稳起到抑制作用，由于几何的对称性，这种轴承允许轴颈正反转。

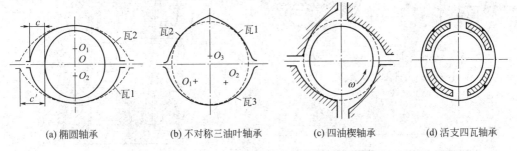

(a) 椭圆轴承　　　(b) 不对称三油叶轴承　　　(c) 四油楔轴承　　　(d) 活支四瓦轴承

图 3-41　抑振性能良好的轴承

（3）多油叶轴承

如图 3-41(b) 所示，这种轴承由几块圆弧形瓦块组成，可以是对称的，也可是不对称的，它与椭圆轴承的性能类似，每段都有较大的偏心，且油楔数更多，因轴颈受多方油楔的作用，故抑振性能优于椭圆轴承。

（4）多油楔轴承

如图 3-41(c) 所示，这种轴承的抑振性能与多油叶轴承类似，但由于油楔的不对称性，故只允许轴颈单向转动。

（5）可倾瓦轴承

如图 3-41(d) 所示，这种轴承由多块可以绕支点偏转的活动瓦块组成。这是目前认为抑振性能最好的轴承。它不仅油楔数多，且当外部载荷发生变化使轴颈中心瞬时离开平衡位置时，由于瓦块可以绕支点偏转能够自动调整到平衡位置，使其不存在维持振荡的因素，因而稳定性很好。图 3-42 为某台离心压缩机所采用的活支五瓦轴承。

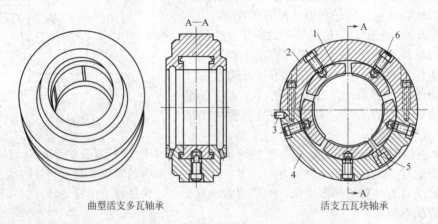

曲型活支多瓦轴承　　　　　　　　　活支五瓦块轴承

图 3-42　可倾瓦轴承-活支五瓦轴承

1—瓦块；2—上轴承套；3—圆柱销；4—下轴承管；5—进油节流圈；6—定位螺钉

（6）垫块式止推轴承

前已指出，转子必须有一定的轴向推力作用于轴向止推块上，以防止转子轴向蹿动。止推轴承的工作原理与径向轴承类似，也是由转子上转动的推力盘与轴承上几块扇型面形成的收敛油楔动压力来平衡转子的轴向推力载荷，如图 3-43 所示。

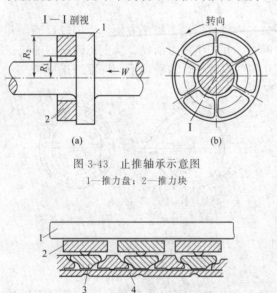

图 3-43　止推轴承示意图

1—推力盘；2—推力块

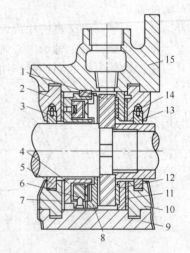

图 3-44　垫块式止推轴承水平结构

1—推力盘；2,10—防护圈；3,14—销钉；4—止推盘；5,13—挡油圈；6—水平垫片；7—定位垫片；8—止推块；9—轴承箱；11—间隙垫片；12—止推轴承环；15—轴承箱盖

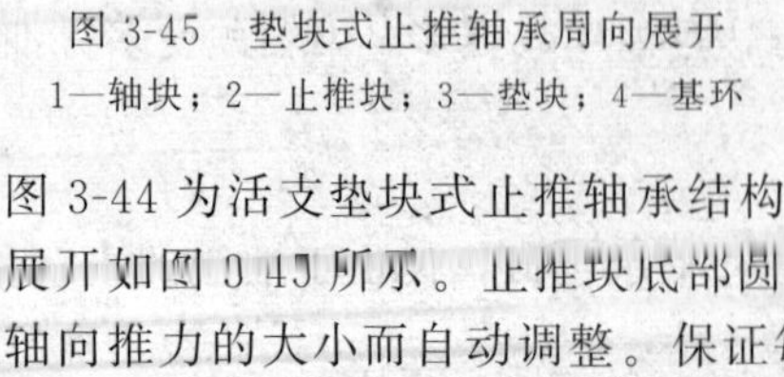

图 3-45　垫块式止推轴承周向展开

1—轴块；2—止推块；3—垫块；4—基环

图 3-44 为活支垫块式止推轴承结构。其轴推力盘左边主推力面采用活支热块式。它的周向展开如图 3-45 所示。止推块底部圆弧面与上水平垫块为线接触，而上下水平垫块之间，可随轴向推力的大小而自动调整。保证每块止推块所承受的载荷相等，其对载荷变化的适应性是很强的，这是一种比较新型的止推轴承，在离心压缩机中已被采用。在轴推力盘右边副推力面处往往也要配置结构简单的止推轴承，以防偶然出现另一方向的轴向推力引起转子蹿动。

3.3.5　轴端密封

为防止轴端特别是与原动机连接端，轴与固定部件之间间隙中的气体向外泄漏，需要专门设置轴端密封。对于高压气体、贵重气体、易燃易爆气体和有毒气体等，更应严防漏气。前述的梳齿密封，有的作为轴端密封使用，但只能用于允许有少量气体泄漏的机器中。而对于严防气体泄漏的情况，梳齿密封只能作为辅助的密封使用。下面着重介绍三种轴端密封严防漏气的典型结构与工作原理供选用参考。

3.3.5.1　机械密封

机械密封如图 3-46 所示，右侧为被封介质（高压侧）p_h，左侧为大气（低压侧）p_a。密封主要由动环

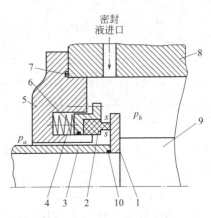

图 3-46　机械密封主要结构示意图
1—动环；2—静环；3—套筒；4—弹簧；
5—端盖；6,7,10—O 形密封环；
8—壳体；9—轴

1、静环 2、弹簧 4、端盖 5 等组成。弹簧将静环端面紧贴在动环上，使其端面间隙减小到零，以达到封严的目的，故机械密封亦称端面接触式密封。为防止静、动端面干摩擦，还要用密封液润滑并带走摩擦产生的热量。动静件形成一对摩擦副。一般动件为硬质材料，如碳化钨硬质合金、不锈钢等，静件相对为软质材料，如石墨、青铜、聚四氟乙烯、工程塑料等。弹簧对接触面的压紧力应适当，偏大磨损加快，偏小易于泄漏。

图 3-47 为用于离心压缩机的机械密封装置，其特点是线速度可达 70m/s，且使用寿命较长。在 30 万吨/年合成氨装置中的一些离心压缩机轴封就采用机械密封。随着材料和技术的发展，这种机械密封适应高压、高温、高速和高寿命的能力也随之增强。有的还发展成为流体动力机械密封。主要是在端面接触处开孔、开槽输入润滑油形成动压油膜，以改善端面的工作状态。机械密封的结构还有单端面或双端面密封，单弹簧或多弹簧结构，平衡型或不平衡型等多种结构形式。

3.3.5.2　液膜密封

液膜密封是在密封间隙中充注带压液体，以阻滞被封介质泄漏。由于它将固体间摩擦转化为液体摩擦，故又称为非接触式密封。由于密封间隙中还设置了可以浮动的环，以尽量减小密封间隙，减小带压液体的用量，故又称为浮动环密封。图 3-48 为液膜浮动环密封的结构示意图，它主要由几个浮动环 1、4，轴套 5，L 形套环和壳体等组成。左侧为高压被封介质，右侧为低压或大气。密封油压大于被封气体压力，其间差值 $\Delta p = 0.05 \sim 0.1$MPa。进油流经浮动环 1、4 与轴套 5 之间的密封间隙，沿图示方向向左、右两侧渗出。浮动环是活动的，当轴转动时，由于存在偏心而产生流体动压力将环浮起。由于它具有自动对正中心的优点，故形成液体

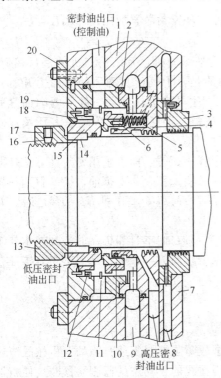

图 3-47　高速机械密封
1—缸盖；2—O 形环；3—迷宫密封；4—密封盒；
5,12—弹簧；6—销；7—缸体；8—缓冲气盒；
9—密封油管；10,15—密封环；11—开口环；
13—防松螺母；14—键；16—尼龙插件；
17—固定螺钉；18—密封套；
19—衬套盖；20—护圈

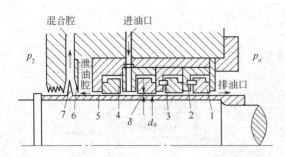

图 3-48 液膜浮动环密封结构示意图

1—大气侧浮动环；2—间隔环；3—防转销钉；4—高

压侧浮动环；5—轴套；6—挡板；7—甩油环

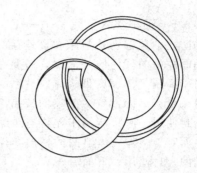

图 3-49 干气密封中开有一圈槽的动环

摩擦状态，且其间的间隙可以做到比轴承间隙还要小得多，因而漏油量也就大大减少。为了防止浮动环转动，需加防转销钉 3。在正常工作情况下，浮动的环与轴不会发生接触摩擦，故运行平稳安全，使用寿命长，并特别适合于大压差、高转速的场合。从两边渗出的油经处理后方可继续使用。

由某一算例指出，若浮动环内径为 $d_0 = 85$mm，该内径与轴套 5 外径之间的间隙为 δ，选取 $\dfrac{\delta}{d_0} = (0.5 \sim 2) \times 10^{-3}$，则 $\delta = 0.0425 \sim 0.17$mm，由此可见其间隙是相当小的。

目前在离心压缩机等高速叶轮机械中，这种液膜浮动环密封装置应用得相当广泛。

3.3.5.3 干气密封

大约在 20 世纪 90 年代初，干气密封开始应用于透平压缩机，其结构与机械密封相似，也是由动静环、弹簧、壳体和 O 形圈等组成。所不同的是，干气密封动环的端面上开有一圈沟槽，如图 3-49 所示，由进入槽内的气体动压效应产生开启力，使动、静环两端面之间产生 $0.0025 \sim 0.0076$mm 的微小间隙，其间的泄漏量甚微。干气密封分单环、多环及双端面等形式，可根据压缩介质和压力等级选定。

干气密封与机械密封、液膜密封最大的不同是采用气体密封，而不采用密封油，这样既节省了密封油系统，并由此节省了占地、维护和能耗，又使工作介质不被油污染。目前在国内应用的干气密封最高压力在 10MPa。由于干气密封结构简单，工作可靠，泄漏量甚微，省去了密封油系统，故日益受到重视与推广应用。

应当指出，由于各种轴承和密封装置结构的复杂性，对它们本身和机器的装配技术要求较高，对机器运行的平稳性、防止过大的振动等要求也是较高的，否则轴承或密封装置往往将首当其冲遭到破坏，这是需要特别留心的。

3.3.6 离心压缩机机械故障诊断

3.3.6.1 机械故障诊断的必要性

所谓故障，是指机器丧失工作效能的程度，但通常故障是能修复或排除的。机械故障产生的原因很多，有的不易被发现，这就需要对机器进行在线的、动态的监测与诊断，使机器在运行中或基本不拆卸的情况下，根据机器运行过程中产生的各种物理的、化学的信号进行采集、存储、处理和分析，及时了解机器的"健康"状况，对已形成或将要形成的故障进行诊断，判定故障的部位、性质与程度及其产生的原因，预测机器未来的技术状况，从而采取消除故障的措施，这就是现代机器故障诊断技术要从事的工作。

长期以来采用的是定期预防性维修制度，即到一定时间不出故障也要停机大修、解体检查，一些部件还不到使用寿命就得更换，造成维修费用很大和停产时间很长等损失。如采用机器故障诊断技术，则可改为预防性维修制度，根据故障诊断结果，确定适时的停机和局部维修，这样就大大延缓停机大修的时间，甚至不必定期停机大修，从而节省了维修费用，增加了持续生产的时间。

3.3.6.2　故障诊断监测系统

机器故障诊断技术所包括的内容比较广泛，诸如机械状态量的识别，零部件使用情况的监测，机器发生振动、磨损、变形等异常情况的故障源判断，机器使用期限的可靠性分析和剩余寿命的预估等都属于这一范畴。

机器故障诊断的过程一般包括如下的主要环节：机器状态参数的检测，即信号采集；信号处理，提取故障特征信息；确定故障发生的部位、类型和程度；对确定的故障作防治处理与监控。如图 3-50 所示。

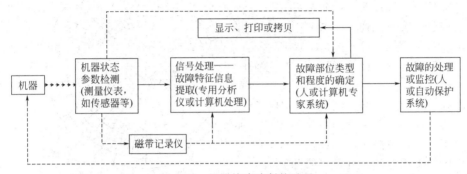

图 3-50　机器故障诊断的过程

故障诊断检测系统有的简单、有的复杂，例如有的只对机器振动的信号进行检测与诊断，有的进行多种信号（如振动、温度、压力等）的检测与诊断。又例如有的采用离线检测，只进行定期、不定期、随机或周期性巡回检测，而对检测的信号往往不在现场实时分析处理做出诊断。在石化、冶金、电力等行业对大型机组和关键设备，现已多采用在线监测诊断系统，进行现场的连续的监测和计算机实时处理与诊断，遇到紧急情况能及时报警、监控或联锁停机。这种在线监测诊断系统有现成的国产或外国的产品（包括硬件和软件）可供用户选购。

3.3.6.3　故障检测技术

可作为机器状态检测和诊断的信息是多种多样的，如振动、声音、变形、应力、裂纹、磨损、腐蚀、温度、压力、流量、转速、转矩、电流和功率等参数。这里仅简要介绍其中几种可能形成故障信息的检测技术。

（1）机器振动检测技术

目前在诊断技术上应用最多的是利用机器的振动信号进行诊断，其原因是振动信号中含有丰富的信息，很多故障能从振动状态异常反映出来，由振动引起的机器损坏比例较高，据统计机械振动故障率达 60% 以上。

① 振动信号的采集　应用各类测振传感器检测机器振动的位移、速度和加速度，并转变为电信号送入分析处理器中。测振传感器的形式有压电式、电容式、电阻式、电磁式、电涡流式等，其中常用的是压电式，因为它灵敏度高、频率范围宽、动态线性范围大、体积小、安装方便，且还可作为测量流体动态压力的压力传感器。被测信号经直接放大可测振动加速度，经一次积分可测振动速度，经两次积分可测振动位移即振幅。电涡流式传感器是非接触式的，在大型离心压缩机、汽轮机上也已获广泛应用。该传感器有的固定在机体上作为永久性的监测元件监测机器的运动状态，如转子的径向振动、轴向位移、轴心轨迹、油膜厚度等。

② 振动信号的数据处理　它是将传感器感受到的受各种激振力作用的复杂电信号加工

(a) 稳定状态　(b) 过渡状态　(c) 失稳状态

图 3-51　轴心轨迹变化

轴心轨迹图　如图 3-51 所示，表示转子轴颈中心在运转中环绕某一中心作涡动。该图亦称李沙茹图，其中图 3-51(c) 已处故障失稳状态。

还有轴颈中心位置图，即每隔一定时间测量记录一次转子轴颈中心相对于轴承中心的距离与方位，如图 3-52 所示。其他还有波德图、极坐标图等。

（2）热红外技术

应用红外热像仪、红外测温仪把不可见的机器表面热分布转变为可见的光图像或数字，以判断热故障。如用它监测旋转机械的轴承温度，可及早排除其中的隐患。

（3）声发射技术

处理，提取与故障有关的特征信息，并从模拟量变化为数字量，然后送入数字运算电路或电子计算机进行信号分析处理，最后获得用于故障分析的数字或图形。

波形图　即振幅随时间变化的图形，从中可检测到振幅、频率、相位和波形形状。如幅值很大且频率与转子转动频率相同或成倍数，则可分析为转子不平衡、不对中、油膜振荡等。

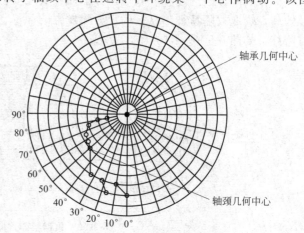

图 3-52　轴颈中心位置变化

声发射是从材料内部相对运动时发出的弹性波，发现机器等局部材料的塑性变形、位错运动、裂纹及其扩展、焊接处的缺陷或流体的泄漏等故障。

（4）噪声分析技术

采集叶片、轴承、密封、齿轮等处发生的含有各种频率成分的噪声，使用精密声级计并经处理分析，可诊断出零部件的故障状态。

（5）润滑油的光谱、铁谱分析技术

机器被磨损的零部件有磨损碎屑掺入润滑油中，应用光谱、铁谱分析测定各种金属元素的含量、磨粒大小和磨粒分布，就可获知零部件的磨损程度，从而判断机器工作是否正常。

3.3.6.4　机械故障诊断方法

机器故障诊断中，除了检测状态参数和信号处理之外，更重要的是根据提取的特征信息进行故障识别与诊断，以确定故障发生的部位、类别和程度，然而这是一项相当复杂与艰巨的工作。现今，故障诊断方法已有多种，如综合比较诊断法、特性变化诊断法、故障树诊断法、模糊诊断法、专家系统诊断法和神经网络诊断法等。其中，专家系统诊断法是一种智能化的计算机诊断系统，能使一般人员像专家一样识别与判断机械故障；而神经网络诊断法是一种由模仿人的大脑神经元网络结构而建立的一种非线性的动力学网络系统，可使专家更为准确地识别与判断机械故障。

应当指出，机械故障诊断是一新兴的边缘学科和应用技术，涉及各方面的知识和经验，它在理论和应用方面发展迅速，为机器设备的安全运行提供了可靠的保证，已引起各工业部门的高度重视并创造了巨大的经济效益和社会效益。然而，对于过程流体机械的故障诊断者来说，还必须深入了解流体机械的工作原理、结构动力学和转子动力学的知识，熟悉机器本身的结构和工作特性，并具有机器运行方面的知识和经验。

3.4 选　　型

本节介绍透平压缩机选型的基本原则、选型分类、选型方法和选型事例，除着重讨论离心压缩机的选型外，还提到轴流压缩机的特点与选型。

3.4.1　选型的基本原则

3.4.1.1　提出产品应达到的技术指标

（1）性能指标

ⅰ. 明确性能参数的定义、数值，并作必要的说明。性能参数主要是指流量、压力比、效率、功率和变工况的适用范围等。

流量是指质量流量 q_m（kg/h）或进口容积流量 q_{Vin}（m³/h）。如指进口容积流量，则需注明进口的气体状态压力 p_{in}（Pa）和温度 T_{in}（K）。如指标准容积流量，则它是指在气体压力为 1 标准大气压、温度为 0℃状态下的容积流量。

压力比是指气体在压缩机出口法兰处的压力与进口法兰处的压力之比。如过程装置中在远离压缩机的进出口管道上或某设备上安装压力表测量压力作为压力比，则应进行进出口两段管网的阻力压降计算，方可确知压缩机的进出口压力。显然，压缩机的进出口压力比要大于由远离压缩机管道上两压力表读出的压力比。

效率应指明效率的定义和要求的数值。功率可指出具体数值，亦可不必提出而用以上参数值计算出来。

提出变工况稳定工作的适用范围，说明其定义，亦可再提出大流量和小流量各占的比例。

ⅱ. 明确经常运行的工况点。选型者应知道离心压缩机是仅按一个工况点的性能参数进行设计与制造的。该工况点通常也是最佳工况点，即最高效率点。随着流量离开这一点而增加或减小的程度越大，其效率下降、能耗增加的程度越大，且越接近于喘振或堵塞不稳定工况。因此，从节能与安全运行的观点出发，都要求选准经常运行工况点的流量与压力比位于最佳工况点上。人们由于担心制造出的机器使用时的最佳工况点与设计制造的最佳工况点可能有偏差，特别是担心压力比和流量达不到性能参数所规定的要求，适当加上一个余量是必要的。通常流量多加 1%～5% 的余量。即

$$q_{Vin计算} = (1.01 \sim 1.05)q_{Vin} \tag{3-60}$$

其中，流量大、压力比小的压缩机选取小的数值；流量小、压力比大的选取大的数值。

进出口的压力升多加 2%～6% 的余量。即

$$\Delta p_{计算} = (1.02 \sim 1.06)\Delta p \tag{3-61}$$

$$\varepsilon_{计算} = \frac{p_{in} + (1.02 \sim 1.06)\Delta p}{p_{in}} \tag{3-62}$$

其中，压力升较大时，选取小的数值；压力升较小时，选取大的数值。

应当指出，机器的使用单位、整个过程生产的设计单位和离心压缩机的设计制造单位往往都要加余量，甚至加的余量比以上提出的还要大，以为这样才有把握。但如果这样层层追加余量，可能会使机器的实际运行工况点远离最佳工况点，造成效率下降，能耗增加，且接近于不稳定工况，要么稍减流量运行就喘振，要么稍加流量运行就堵塞。显然这也是不够妥当的。因此，使用单位选型时，应实事求是地给出经常运行的最佳工况的流量和压力比，并说明该数值是否加了余量，或其中已加了多少余量。显然，这样做是十分必要的。

（2）安全指标

为了压缩机安全、平稳运行，压缩机转子在出厂前，必须进行严格的静、动平衡实验。

静平衡是检查转子重心是否通过旋转轴中心。如果两者重合，它能在任意位置保持平衡；不重合，它会产生旋转，只有在某一位置时才能静止不动。通过静平衡实验，找出不平衡质量，可以在其对称部位刮掉相应的质量，以保持静平衡。经过静平衡试验的转子，在旋转时仍可能产生不平衡。因为每个零件的不平衡质量不是在一个平面内。当转子旋转时，会产生一个力矩，使轴线发生挠曲，从而产生振动，因此，转子还需要做动平衡试验。动平衡试验就是在动平衡机上使转子高速旋转，检查其不平衡情况，并设法消除其不平衡力矩的影响。

安全指标主要包括合理商定主要零部件的材料（机器承受的压力），转子动平衡允许的残留不平衡量，工作转速离开第 1、2 阶转子临界转速的数值，主要零部件的装配尺寸及其间隙值，机器运行的振动值等，其中最主要的是振动值。国际标准组织（ISO）、国际电工委员会（IEC）联合推荐的汽轮机（压缩机、鼓风机）主轴颈允许的双振幅振动值为

$$l \leqslant \sqrt{\frac{12000}{n}} \times 25.4 \mu m \tag{3-63}$$

式中　n——压缩机的转速，r/min。

3.4.1.2　提出产品的经济指标

（1）产品价格

虽然过程生产中所需的离心压缩机台数不算多，但离心压缩机的价格却相当可观，往往占据设备总投资相当大的比例。例如现今一般通用的空气离心压缩机一台价格达一至数百万元，而年产 52 万吨尿素装置中的一套 CO_2 两缸串联离心压缩机组的价格约达 1600 万元，年产 48 万吨乙烯装置中的一套裂解气三缸串联离心压缩机组的价格约达 2400 万元。因此，合理比较各厂商的报价是一件十分重要的工作。但产品的质量（满足使用工况要求的程度、效率、安全可靠性、寿命等）尤为重要，所以不能一味追求廉价，而要产品质量和价格统筹兼顾。

（2）供货时间

离心压缩机多为单台或小批量生产，生产厂商往往没有正合用户需要的机器马上予以供货。合理商定供货时间是必要的，这一方面取决于生产厂商按质按量提供机器所需的时间，显然如果生产厂商的技术储备（如系列模型级的实验数据、设计软件包等）和物质储备（如主轴、叶轮锻件毛坯等）充足，则交货期就可较短；另一方面也取决于使用单位计划开工生产的时间（如厂房建设、设备仪表的到货、生产原料到厂的时间等）。若机器推迟交货，则会影响开工生产；若机器提早交货，而生产单位尚不具备开工生产的条件，则可能白白浪费了机器运行考核验收的时间，而过了保险期后机器开车运行出了问题，提供机器的厂商往往就不再负责了。

（3）使用寿命

一般动设备如汽轮机、内燃机、压缩机等，其使用寿命应有 10～15 年。但由于这种机器价格昂贵，较多的机器超期还继续使用，或者只需更换个别的零部件。然而，现今科技进步快，几年后又可能生产出更好的、更节能的新机器，即使花钱更换机器，也会经济合算。另外，过程生产有了新工艺，产品质量可提高、产量可增加，亦需另换机器，这往往也是可能的。故使用寿命不必要求过长，否则机器的价格就会抬高。

3.4.1.3　选用性能调节方式

由于过程生产所提供的原料品质、成分、数量的改变以及物理过程、化学反应等生产工艺的改变等，往往要求压缩机相应改变进气流量和排气压力，这就需要调节压缩机以改变运行工况点。显然利用出口管道上的阀门开度进行调节，只在等转速下的一条性能曲线上改变工况点是有限的、不经济的。若要获得相当宽的变工况范围，且压缩机仍能在较高效率下工作，则需选用变转速调节、进气导叶调节等方式，相应地要求原动机可变转速或增加进气导叶可调辅助装置等。这在选型时也要予以确定。

3.4.1.4　提出必须配备的设备仪表

前面所述的压缩机附属系统（如冷却器、油站等）、检测系统（如测量压力、温度、流量、转速、振动量等的测量仪器、仪表等）和控制系统（开停车、防喘振、联锁紧急停车、自动调节保持高效运行工况点等）中的设备仪表的合理选型及由谁供货均需相应地确定下来。

3.4.1.5　其他事项

由于压缩机往往是单台或小批量生产，生产厂商可以满足使用单位所提出的各种更为具体的要求。如确定压缩机的转子转向、进排气管的方位、机体的高度等，提供拆装机器的专用工具以及上面所提到的必须配备的设备仪表等也由压缩机制造厂商一同供货等。双方均可充分协商加以确定，这将给使用单位带来很大的方便。

3.4.2　选型分类

透平压缩机的选型可按用户所需的气体流量、压力、气体介质的特点、机器的结构形式等选用合适的机器。

3.4.2.1　按气体流量与压力选型

（1）各类压缩机的流量和压力适用范围

容积式压缩机（活塞式、回转式）适用于小流量，其中活塞式还适用于很高的排气压力，而透平压缩机（离心式、斜流式、轴流式）适用于大流量，其中离心式还适用于较高的排气压力。图 1-4 所示为各类压缩机的进气流量和排气压力的适用范围。这是在压缩机选型中首先应该加以选择的。

随着科技的迅速发展，各类压缩机在其适用边界处都有扩展和交叉，故图 1-4 只是一个初步选型的参考。

（2）按流量选型

这里所指流量的大小，不完全是数量的绝对概念，而是与机器类型和结构的相对几何尺寸有关的相对概念。

ⅰ. 较小流量选用窄叶轮的离心压缩机。如果所需的流量接近于图 1-4 中离心压缩机适用范围左边的边界，则只好选用较窄的叶轮，即 $\frac{b_2}{D_2} \leqslant 0.025$，若为小流量、高压力比的机器，其级数较多，末级叶轮将更窄，有的 $\frac{b_2}{D_2} \leqslant 0.005$，叶轮出口的叶片宽度甚至仅为 $1 \sim 2\mathrm{mm}$，显然这样的叶轮一方面加工制造需采用特殊的工艺（如电火花加工），另一方面级效率将是很低的，甚至 η_{pol} 仅约 60%，如果流量再小，应考虑选用容积式的压缩机了。

ⅱ. 在流量约为 $50 \sim 5 \times 10^3 \mathrm{m}^3/\mathrm{min}$ 范围内，选用离心压缩机较为合适，其叶轮的相对宽度可选在 $0.025 \leqslant \frac{b_2}{D_2} \leqslant 0.065$ 范围内。这种机器的性能良好，效率较高。

ⅲ. 较大流量的压缩机或级，可选用双面进气的叶轮，它不仅适用较大的流量，且作用在叶轮上的轴向推力可自行平衡。

ⅳ. 较大流量的压缩机或级，如 $\frac{b_2}{D_2} \geqslant 0.06$ 可选用具有空间扭曲型叶片的三元叶轮，以改善宽叶轮的性能，使其具有较高的效率，具有三元叶轮的级 η_{pol} 约达 $80\% \sim 86\%$，图 3-53 为沈阳鼓风机厂加工好的三元叶轮。

ⅴ. 若流量更大，约在 $(1 \sim 20) \times 10^3 \mathrm{m}^3/\mathrm{min}$，而排气压

图 3-53　三元叶轮

力不高，约在 1MPa 以下或压力比约在 10 以下，则可选用轴流式压缩机。图 3-54 为苏丹喀士穆炼油厂年产 80 万吨炼油催化装置中的主风机，它是选用陕西鼓风机厂生产的 AV56-14 型轴流压缩机。

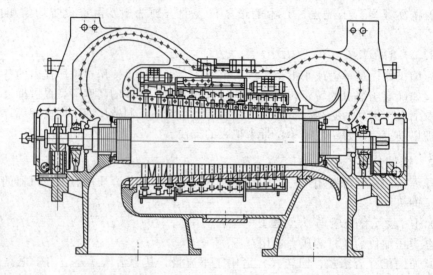

图 3-54　苏丹喀士穆炼油厂 80 万吨/年催化裂化装置用 AV56-14 型轴流式压缩机

（3）按排气压力的大小选型

相对于进口为一个大气压（即进口压力约为 0.1MPa）的空气而言，选用：压缩机，排气压力在 0.2MPa 以上；鼓风机，排气压力在 0.115～0.2MPa；通风机，排气压力在 0.115MPa 以下（表压在 1500mmH$_2$O 以下）。

需要说明的是，鼓风机、通风机大多为离心式，少部分为轴流式，其工作原理、结构形式等与压缩机类同。

3.4.2.2　轴流式压缩机特点

轴流式压缩机的级由旋转的叶轮和静叶导流器组成，如图 3-55 所示。与离心式压缩机一样，旋转的叶轮 A 将外界的机械功传给流体，流体的压力能和速度能增加，而静叶导流器 B 将叶轮流出的动能转化为压力能，并将流体引导至下级叶轮入口，由于流体在级中主要是沿着平行于轴线的方向流动，故称为轴流压缩机。

轴流式与离心式压缩机相比，有如下特点。

（1）轴流压缩机适用于更大的流量

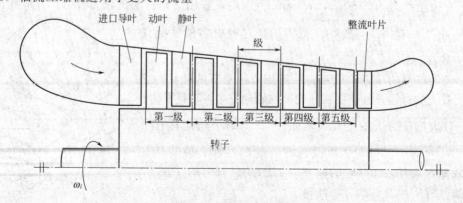

图 3-55　轴流压缩机示意图

如果将轴流式的叶轮外径（即动叶顶部的直径）与离心式的叶轮外径取为相等，则离心叶轮进口的通流面积为 $F=\frac{\pi}{4}(D_0^2-D_d^2)$，见图 3-56(a)。轴流叶轮的进口通流面积为 $F=\frac{\pi}{4}(D_t^2-D_h^2)$，见图 3-56(b)。显然 $F_轴>F_离$。另外轴流叶轮进口的流速也比离心式的大，固定式轴流第一级进口的 $c_z=90\sim120\text{m/s}$，运输式轴流（喷气式飞机发动机主要由轴流压缩机、燃烧室和燃气涡轮三大部分组成）第一级进口的 $c_z=140\sim200\text{m/s}$，而离心式第一级进口的 $c_0=c_z=60\sim90\text{m/s}$。因此容积流量 $q_V=Fc_z$ 轴流式要比离心式的大得多。

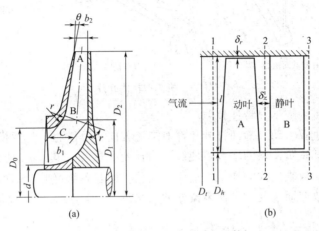

图 3-56　叶轮进口通流面积比较

（2）轴流式的级压力比低

在轴流级中气流方向基本平行于轴线，径向分速 $c_r\approx0$，由于动叶前后的 $u_1\approx u_2$，由欧拉方程可知，理论能量头仅为

$$H_{th}=\frac{c_2^2-c_1^2}{2}+\frac{w_1^2-w_2^2}{2} \tag{3-64}$$

故级中获得的能量比离心式的少。因而有效压缩功小，级压力比低。一个转子上的级数有限，故它不适用于高压力比的场合。

为了提高级压力比，现今军用已有超声速轴流压缩机，不久可望引用到民用工业中来。

（3）轴流压缩机的效率高

气流流经轴流级动静叶栅的流线弯曲小，路程短，如图 3-57 所示，而流经离心级不仅路程长，且流线弯曲厉害。气流进入离心叶轮后马上由轴向转为径向，由弯道进口流经出口气流要转 180°的弯，显然轴流级的流动损失小于离心级。又由于轴流级的动、静叶片是经过理论分析和大量吹风实验研究获得的流线型机翼叶片，且叶片按一定的流型规律沿径向扭曲，如图 3-58 所示，它比离心式的等厚度板形叶片的流动损失小，故多级轴流压缩机在最佳工况点下的效率约达 $\eta_{pol}=90\%$，其效率很高，节能显著。

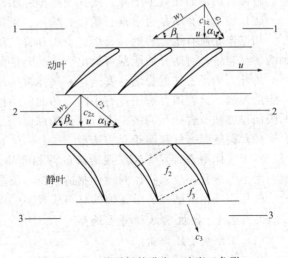

图 3-57　基元级的进出口速度三角形

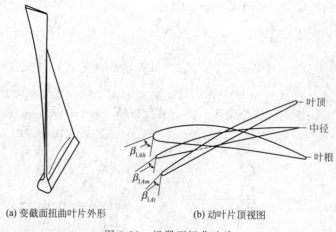

(a) 变截面扭曲叶片外形　　　　　(b) 动叶片顶视图

图 3-58　机翼型扭曲叶片

（4）轴流压缩机的变工况特性较差

由于相当薄的机翼型动、静两排叶片都对来流方向十分敏感，且两排叶片靠得很近，随着流量的减少，内部正负冲角的增大，使级压力比变化剧烈，其 ε-q_V 曲线很陡，η-q_V 曲线左右都下降得厉害。故轴流式的变工况适应性较差。但若各级静叶全部可调，让各个静叶片的角度都随流量的改变而改变，可使来流的冲角接近于 0°，则能具有很好的变工况适应性，且效率均能很高。

综上所述，轴流压缩机适用于流量大、压力比不太高的场合，其效率很高，节能显著。近期也在中国民用工业如发电、冶金、炼油、化工等领域被选用。

3.4.2.3　按工作介质选型

（1）按轻气体与重气体选型

由于提高气体压力比所需的压缩功与气体常数 R 成正比，所以压缩轻气体所需的有效压缩功就大，因而选用的压缩机级数就多，甚至需要选用多缸串联的压缩机机组，为了使结构紧凑，应尽可能选用优质材料以提高叶轮的 u_2，并选用叶片出口角较大、叶片数较多的叶轮，以尽可能提高单级的压力比，从而减少级数。而压缩重气体所需的压缩功就小，则可选用较少的级数，甚至选用单级离心压缩机，但应注意 u_2 的数值不能太大，否则还将受马赫数较大的影响而使效率下降，变工况范围缩小。

（2）按工作介质是否有毒、易燃、易爆、贵重和排气压力是否很高选型

如工作介质有毒、易燃、易爆、贵重和排气压力很高，则选用的机器应具有密封严密的轴端密封装置，对防介质泄漏可提出极小的允许漏量，甚至不允许有丝毫的泄漏。

另外，为了工作的稳定与安全，在气体被压缩不断提高压力的同时，应对温度的提高有一定的限制，这就需要选用带有中间冷却的压缩机。其压缩机如何分段，则需按对温度升高的限制程度和节省能耗的多少进行综合考虑。

（3）按气固、气液两相介质选型

对于气体中含有固体颗粒或液滴的两相介质，用户应提供气体中所含颗粒或液滴的浓度、大小等参数，要求机器的设计制造单位，按两相流理论进行设计，而通流部件特别是叶轮、叶片应选用耐磨损、耐锈蚀的材料或表面喷涂硬质合金等进行特殊的表面处理。

3.4.2.4　按机器结构特点选型

（1）单级离心压缩机

如工作介质分子量大或要求的压力比不高，则应尽量选用结构简单的单级离心压缩机。

为了提高单级离心压缩机的压力比，可选用半开式径向型叶片的叶轮，它的显著特点是强度高，允许的圆周速度大，u_2 可达 550m/s，进入导风轮和叶片扩压器的来流速度有的可达超声速，其压缩空气的压力比可达 $\varepsilon = 6.5$。这种离心压缩机已在小功率燃气轮机和离心增压器中得到广泛应用。又如泸州天然气化工厂中一台由瑞士苏尔寿公司生产的水蒸气单级离心压缩机，其半开式叶轮的外径 $D_2 = 0.6m$，转速 $n = 20000r/min$。它还有进口导叶可调装置以改善变工况的性能。

（2）多级多轴结构

由于多级离心压缩机逐级容积流量不断减小，而一个转子或直线式串联的多个转子上的叶轮转速都相同，则前级和后级叶轮的 $\dfrac{b_2}{D_2}$ 很难满足性能好、效率高的要求，为此可采用多轴结构，使各轴的转速不同来满足各级 $\dfrac{b_2}{D_2}$ 的要求。

（3）多缸串联机组

对于要求高增压比（如尿素装置用的 CO_2 压缩机的增压比可达 150）或输送轻气体因气体常数 R 很大即使增压比不大，但耗功却很大（如氢气压缩机）的机器，需要选用两缸或多缸压缩机串联的机组。如图 3-59 所示是沈阳鼓风机厂制造的用于大庆石化总厂 48 万吨/年乙烯装置的裂解气压缩机实物简图，它是由 DMCL606 低压缸＋2MCL606 中压缸＋ MCL704 高压缸三台压缩机串联成的机组。

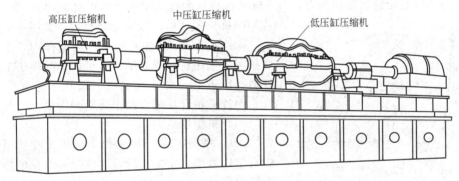

图 3-59　裂解气压缩机三缸串联机组

（4）汽缸结构

① 上、下中分型汽缸　一般多级离心压缩机多选用上、下中分型的汽缸，并将进气管和排气管均与下半缸相连，这样可使拆装方便。

② 竖直剖分型　这种形式多用于叶轮安装于轴端的单级压缩机。也有多级压缩机采用这种形式，或者既采用上、下中分型又采用竖直剖分型的结构。

③ 高压筒形汽缸　图 3-60 是沈阳鼓风机厂生产的 BCL 系列高压筒形离心压缩机。该机的结构特点是外汽缸由锻造厚壁圆筒与端盖构成。因装配需要还有内汽缸，不分段无中间冷却器，轴端有严防漏气的特殊密封。这种高压压缩机往往还与低、中压压缩机串联成机组使用。该系列的机器最高压力可达 70MPa。适用于各种高压精炼装置和石油化工装置，如石油裂解气、甲醇、氨、生产尿素用的 CO_2、高压循环氢及油田注气等。

（5）叶轮结构与排列

ⅰ. 一般多采用闭式叶片后弯式的叶轮，因它的性能好、效率高，其中一般后弯型叶轮的 $\beta_{2A} = 30° \sim 60°$，适用于前几级和中间级，强后弯型叶轮的 $\beta_{2A} \leqslant 30°$，适用于后几级。

ⅱ. 为了提高单级压力比，使结构简单紧凑，可选用半开式径向直叶片的叶轮，其前面加上一个沿径向叶片扭曲的导风轮，以适应气流进入叶轮时沿径向不同的圆周速度 u_1。

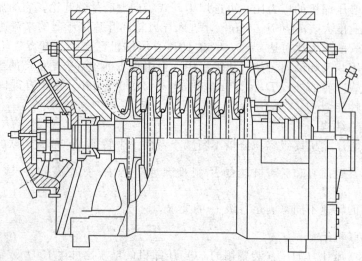

图 3-60　BCL 系列高压筒形压缩机实物部分剖视图

ⅲ. 为适应较大的流量，当前几级 $\dfrac{b_2}{D_2} \geqslant 0.06$ 时，可选用具有叶片扭曲的三元叶轮，以改善性能提高效率。

ⅳ. 为了提高叶轮的做功能力，减少叶片进口区的叶片堵塞，有的叶轮可选用长、短叶片相间排列的结构，以增加叶片数，如图 3-61 所示。

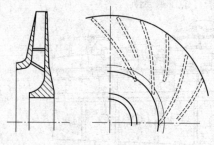

图 3-61　长短叶片叶轮

ⅴ. 多级压缩机的叶轮可以顺向排列，也可以对向排列。选用对向排列结构，可以消除转子上的轴向推力，而不必另加平衡盘。但增加了进气管和排气管，而这正符合选用分段中间冷却的要求。

（6）扩压器结构

ⅰ. 一般多级离心压缩机多选用无叶扩压器，因为它结构简单，变工况的适应性好，但在最佳工况点上的效率低一点。

ⅱ. 有的单级或个别的多级离心压缩机选用有叶扩压器。这种扩压器的外径尺寸小，结构紧凑，最佳工况点的效率高。但变工况的工作范围小，效率低。若再选用扩压器叶片角度可调装置，则变工况的范围亦可很宽，效率仍然较高。

（7）轴流离心混合型压缩机

由于前几级的容积流量大，可选用适合大流量的轴流级，而同一轴上后几级的容积流量小，可选用适合较小流量的离心级，这种混合型的压缩机兼取各自的优点，使性能更好、效率更高。如镇海、宁夏、乌鲁木齐年产 30 万吨合成氨装置中制氮用的空气压缩机都是由德国德马克公司生产的前 8 级轴流后 2 级离心混合型的压缩机。

3.4.2.5　原动机选型

（1）选用高速、变速的工业汽轮机或燃气轮机

为适应透平压缩机的高转速和变工况的要求，应尽量选用具有可变速的高速工业汽轮机或燃气轮机。这种原动机与压缩机直连具有相同的转速，变工况调节方便，效率高，省去了增速齿轮箱和其他变工况的调节装置。在大型冶金、炼油、化工厂中往往都有蒸汽管网系统或储油站，选用工业汽轮机或燃气轮机是较为方便可行的。

（2）选用交流电动机

若选用交流电动机驱动透平压缩机，可从电网输电，且电动机运转维护简单方便，这是有利之处。但交流电动机只有一个固定的转速，不能采取变转速的调节方式改变工况，且转速较低需要增加一个增速齿轮箱，这是不利之处。

（3）选用可变转速的电动机

① 选用直流电动机　采用可控硅整流，变交流电为直流电输给直流电动机，而直流电动机可通过改变电阻等调节方式改变转速。

② 选用变频交流电动机　采用改变励磁等调节方式改变交流电的频率，可使交流电动机改变转速。

以上两种方式或者需要增加设备，或者增加电动机的造价，且现今输出的功率还不太大，故一般较少应用。

3.4.3　选型方法

ⅰ. 用户可根据已知介质、流量、进出口压力、温度等条件和要求直接查找某生产厂家的产品目录来选型。

ⅱ. 用户根据已知条件和要求，进行初步的方案计算，以选择合适的机器、形式、结构和级数等，并与制造厂商商讨选型。

ⅲ. 用户提出已知条件和要求，委托制造厂利用现成的软件（例如美国北方研究工程中心 NREC、中科院、西安交大为沈阳鼓风机厂提供的软件）进行产品优化选型与性能预测，使选型的机器效果最佳。

3.4.4　选型示例

3.4.4.1　通用的空气压缩机选型示例

例1　某炼油厂动力站需要一台离心压缩机，输送空气流量（标准状态）$q_{VN}=10200\text{m}^3/\text{h}$，进口压力 $p_{in}=0.0931\text{MPa}$，进口温度 $t_{in}=30℃$，要求出口压力 $p_{out}=0.848\text{MPa}$，出口温度 $t_{out}=42℃$，交流电动机驱动，试作初步方案计算与选型。

解　由于要求的压力比 $\varepsilon=\dfrac{p_{out}}{p_{in}}=9.1$ 比较大，为了节能，宜选用多级中间冷却型的压缩机。级数约为6级或7级。可采用两级中间冷却，但即使末级前设第二个中间冷却器，末级出口空气的温度也将大于42℃，为此只能在压缩机中采用一个中间冷却器，而在压缩机出口之后设置第二个中间冷却器，使排出的空气冷却至接近于常温的42℃。经查文献，压力比为9，一次中间冷却的省功比为18%。

取流量余量系数为1.02，则该压缩机输送的空气质量流量为

$$q_m=1.02q_{VN}\rho_N=1.02\times\frac{10200}{3600}\times\frac{101355}{287\times273}=3.7385\text{kg/s}$$

取压力升余量系数为1.04，则压缩机进、出口压力比为

$$\varepsilon=\frac{p_{out}}{p_{in}}=\frac{0.0931+1.04\times(0.848-0.0931)}{0.0931}=9.4328$$

前三级为第一段，取相同的参数为 $D_2=450\text{mm}$，$n=12238\text{r/min}$，$u_2=288.35\text{m/s}$，$\beta_{2A}=50^0$，$z=22$ 片，$\delta_2=4\text{mm}$，$\tau_2=1-\dfrac{z\delta_2}{\pi D_2\sin\beta_{2A}}=0.9187$

后三级为第二段，取相同的参数为 $D_2=410\text{mm}$，$n=12238\text{r/min}$，$u_2=262.72\text{m/s}$，$\beta_{2A}=45^0$，$z=22$ 片，$\delta_2=4\text{mm}$，$\tau_2=1-\dfrac{z\delta_2}{\pi D_2\sin\beta_{2A}}=0.8937$

下面逐级参数的计算见表3-2。

根据以上计算，两个冷却器应按进口流量 $q_{V\,I} = 1.62\,\text{m}^3/\text{s}$，冷前温度 $T = 475\text{K}$，冷后温度 $T = 315\text{K}$；$q_{V\,II} = 0.57\,\text{m}^3/\text{s}$，冷前温度 $T = 467.1\text{K}$，冷后温度 $T = 315\text{K}$ 选型与设计。

表 3-2 参数的计算

名称	单位	公式（或选取）	1 级	2 级	3 级	4 级	5 级	6 级	备注
φ_{2r}	—	选取	0.284	0.26	0.24	0.22	0.20	0.18	
H_{th}	kJ/kg	$\left(1-\varphi_{2r}\cot\beta_{2A}\right.$ $\left.-\dfrac{\pi}{Z}\sin\beta_{2A}\right)u_2^2$	54.237	55.911	57.306	46.868	48.248	49.628	
β_{df}/β_l		选取	0.022 /0.01	0.023 /0.013	0.026 /0.015	0.032 /0.018	0.035 /0.02	0.037 /0.023	未校核
H_{tot}	kJ/kg	$(1+\beta_{df}+\beta_l)H_{th}$	55.973	57.924	59.656	49.211	50.902	52.606	
η_{pol}	—	选取	0.78	0.77	0.76	0.77	0.76	0.75	
H_{pol}	kJ/kg	$H_{tot}\eta_{pol}$	43.659	44.602	45.339	37.893	38.685	39.455	
ε	—	$\left(\dfrac{m-1}{m}\times\dfrac{H_{pol}}{RT_0}\right.$ $\left.+1\right)^{\frac{m}{m-1}}$	1.5854	1.4945	1.4256	1.4764	1.4143	1.3665	
$p_{0'}=p_{0+1}$	MPa	$p_0\varepsilon$	0.1476	0.2206	0.3145 0.3082[①]	0.4550	0.6435	0.8793 0.8617[①]	
$T_{0'}=T_{0+1}$	K	$T_0\varepsilon^{\frac{m-1}{m}}$	358.7	416.4	475 315[①]	364	414.7	467.1 315[①]	
q_{v_0}	m³/s	$q_m\dfrac{RT_0}{p_0}$	3.4920	2.6076	2.0254	1.0967	0.8584	0.6915	级进口
$q_{v_{0'}}$	m³/s	$q_m\dfrac{RT_{0'}}{p_{0'}}$			1.6205			0.57	级出口
k_{v_2}	—	选取	1.2	1.18	1.16	1.17	1.155	1.14	未校核
$\dfrac{b_2}{D_2}$	—	$\dfrac{(1+\beta_l)q_{V0}}{k_{v_2}\tau_2\varphi_{2r}u_2^3}\times$ $\left(\dfrac{n}{33.9}\right)^2$	0.0612	0.051	0.0437	0.0349	0.0305	0.0277	
N_i	kW	$q_m\sum\limits_1^6 H_{tot}$	1220						内功率
η_m	—	选取	0.97（压缩机包括齿轮箱的机械效率）						
N_s	kW	N_i/η_m	1258						轴功率
N_d	kW	选取	1600						电动机输出功率

① 为冷却器后进口处。

根据以上方案计算结果，这台离心压缩机可参照沈阳鼓风机厂 MCL 系列型号为 2MCL450 选型（表 3-3）。汽缸为水平中分型，级内和轴端均为梳齿型密封。方案计算中第一级的叶轮 $\dfrac{b_2}{D_2} = 0.0612$ 稍大了一些，如该级选用三元扭曲型叶轮更为合适，这样该级的多变效率还可取得更大，机器功率消耗还可减少。其他具体要求，选型者可与制造厂商商定。

表 3-3 沈阳鼓风机厂离心压缩机部分产品型号参数

型 号	级 数	机壳设计压力/atm	吸入流量/(m³/h)	工作转速/(r/min)
空气压缩机				
MCL450	7	40	4000	8500
2MCL450	7	40	12500	12200
MCL600	7	40	7000	5900
2MCL600	6	15	30000	8500
氨合成气压缩机				
BCL407	7	100	5300	13200
BCL407/A	7	200	2400	13200
BCL306/A	6	200	1250	13200
BCL/B	6	350	1100	13200
2BCL508	8	90	9100	11300
BCL407/A	7	200	1500	10900
2 BCL408/A	8	200	3100	11300

注：1atm=101325Pa。

3.4.4.2 合成氨装置用的高压压缩机选型示例

例 2 某大型化肥厂年产 30 万吨合成氨装置中，需要一台压缩机将合成气增压输送到反应器中合成为氨气。合成气的成分为 $N_2 = 1436$kmol/h，$H_2 = 4428$kmol/h，$CH_4 = 39$kmol/h，$C_2H_4 = 13$kmol/h，$C_3H_6 = 11$kmol/h，$H_2O = 16$kmol/h。进口压力为 $p_{in} = 64.87$atm，进口温度为 $T_{in} = 324$K，要求出口压力为 $p_{out} = 141.8$atm，选用汽轮机驱动，试作该机器的选型。

解 计算混合气体的分子量和气体常数，令 x_i 为单一介质的摩尔分数，M_i 为单一介质的分子量，则混合气体的分子量和气体常数为

$$M = \sum x_i M_i = 8.569$$

$$R = \frac{8314.3}{8.569} = 970.3 \text{J}/(\text{kg} \cdot \text{K})$$

由于该气体的进口压力和出口压力均较高，又含烃类气体，则该气体应按实际气体处理，求得压缩性系数 Z 和容积多变指数 n_v。作为机器的选型，可按经验预估，或选择合适的混合法则，按对比态三参数或四参数法求压缩性系数 Z，按熵平衡法求容积多变指数 n_v，这需编程上机计算，由此得出机器进口处的压缩性参数 $Z_{in} = 1.055$，容积多变指数 $n_v = 1.9586$。总的多变压缩功为

$$H_{pol} = \frac{n_v}{n_v - 1} Z_{in} R T_{in} \left[\left(\frac{p_{out}}{p_{in}} \right)^{\frac{n_v - 1}{n_v}} - 1 \right] = 316 \text{kJ/kg}$$

由于逐级特别是压力更高的后几级叶轮相对宽度 $\frac{b_2}{D_2}$ 较小，故取平均级多变效率 $\eta_{pol} = 0.72$，则整台压缩机的总能量头为

$$H_{tot} = \frac{H_{pol}}{\eta_{pol}} = 439 \text{kJ/kg}$$

考虑到闭式后弯型叶轮所能允许的 u_2 值、通常经验选取的值 φ_{2r}、β_{2A}、Z 等，平均每级所能提供的 H_{tot_i} 取为 55kJ/kg 或 50kJ/kg，则级数 i 为

$$i = \frac{H_{tot}}{H_{tot_i}} = \frac{439}{55} = 7.98 \approx 8$$

或

$$i = \frac{H_{tot}}{H_{tot_i}} = \frac{439}{50} = 8.78 \approx 9$$

进口容积流量 q_{Vin} 为

$$q_{Vin} = \frac{Mq_m}{\rho_{in}} = \frac{Mq_m Z_{in} R T_{in}}{p_{in}} = \frac{8.569 \times 5943 \times 1.055 \times 970.3 \times 324}{64.87 \times 101355} = 2569 \text{m}^3/\text{h}$$

初步分析，该机器具有以下特点。

ⅰ. 因为氢气组分占混合气体的 74.5%，所以该混合气体属于轻气体。虽然所需的压力比 $\varepsilon = 2.186$ 并不大，但因气体常数 R 比空气的大 3.38 倍，故所需的多变压缩功就很大，这是导致级数为 8 或 9 级的主要原因，另外压缩性系数 Z 使 H_{pol} 增加了 5.5%，而 n_v 使 H_{pol} 减小了 3.8%，它们对 H_{pol} 影响不太大，且相互抵消了一部分。

ⅱ. 该压缩机的进口容积流量仅为 2569m³/h，比例 1 空气压缩机的 10200 m³/h 小约 4 倍，故属于小流量的离心压缩机，其特点为逐级叶轮更加变窄，叶轮直径 D_2 较小，而转速较高，流量系数 φ_{2r} 较小，β_{2A} 较小，$\frac{b_2}{D_2}$ 较小，因而多变效率较低，这也是导致级数较多的原因。

ⅲ. 由于机器内的气体压力大，最高达 141.8 标准大气压，为了安全，应选用合金钢锻造筒形和端盖结构的汽缸，该介质多为可燃气体，压力又大，故轴端应选用浮环式密封或机械密封，严防气体泄漏。

ⅳ. 由于排出气体送往反应器，那里的气体在高压高温下合成为氨气，故该压缩机不必采用中间冷却措施。

根据以上计算和特点分析，这台高压压缩机可参照沈阳鼓风机厂 BCL 系列，型号为 BCL407/A 和 2BCL408/A，见表 3-3，它与图 3-59 大体相同，其他具体要求，选型者可与制造厂商商定。

3.4.4.3　炼油厂催化裂化装置用的大流量、低压力比压缩机选型示例

例 3　某年产 120 万吨炼油厂催化裂化装置中需要一台主风机，要求输送风量（标准状态）为 $200 \times 10^3 \text{m}^3/\text{h}$，进口压力为 $p_{in} = 0.0986 \text{MPa}$，温度 $t_{in} = 20℃$，要求出口压力 $p_{out} = 0.305 \text{MPa}$，电动机驱动，要求具有较宽的变工况范围，试作该机的选型。

解　$$q_{Vin} = q_{VN} \frac{p_N T_{in}}{p_{in} T_N} = \frac{200000}{3600} \times \frac{0.101355 \times 293}{0.0986 \times 273} = 61.29 \text{m}^3/\text{s}$$

取 $n = 5608 \text{r/min}$，$u_2 = 280 \text{m/s}$，$\varphi_{2r} = 0.32$，$\tau_2 = 0.908$，$k_{v_2} = 1.12$

则 $\frac{b_2}{D_2} = \frac{q_{Vin}}{k_{v_2} \tau_2 \varphi_{2r} u_2^3} \left(\frac{n}{33.9}\right)^2 = \frac{61.29}{1.12 \times 0.908 \times 0.32 \times 280^3} \times \left(\frac{5608}{33.9}\right)^2 = 0.235$，由于 $\frac{b_2}{D_2} = 0.235 \gg 0.065$，显然选用离心压缩机已不太可能，而必须选用适合大流量的轴流压缩机。该机要求压力比 $\varepsilon = \frac{p_{out}}{p_{in}} = \frac{0.305}{0.0986} = 3.093$，由于轴流式单级压力比小，若取各级的平均压力比 $\varepsilon_{i_{cp}} = 1.135$，则需要的级数为

$$i = \frac{\ln\varepsilon}{\ln\varepsilon_{i_{cp}}} = 8.92 \approx 9$$

根据以上要求和初算结果，可参照表 3-4 中陕西鼓风机厂型号为 AV63-9 轴流压缩机选型，该型号的机器进、出口压力比为 2.7～3.2，流量（标准状况）为 $(156～215) \times 10^3 \text{m}^3/\text{h}$，9 级，由于该型号的机器全静叶可调，能适应较宽的变工况范围，故能满足需要。

表 3-4　部分 AV 型系列轴流压缩机（全静叶可调）

产品型号	输送介质	级数	进出口压力比	吸入流量(标准状况)/($10^3 m^3$/h)	功率/10^3kW	转速/(r/min)
AV40	空气	$\frac{9}{18}$	$\frac{2.7\sim3.2}{6.5\sim7.2}$	$70\sim85$	$\frac{34\sim40}{63\sim80}$	8833
AV56	空气	$\frac{9}{18}$	$\frac{2.7\sim3.2}{6.5\sim7.2}$	$135\sim165$	$\frac{62\sim80}{130\sim160}$	6309
AV63	空气	$\frac{9}{18}$	$\frac{2.7\sim3.2}{6.5\sim7.2}$	$156\sim215$	$\frac{80\sim100}{160\sim200}$	5608
AV100	空气	$\frac{9}{18}$	$\frac{2.7\sim3.2}{6.5\sim7.2}$	$425\sim550$	$210\sim270$	3533

思　考　题

1. 何谓离心压缩机的级？它由哪些部分组成？各部件有何作用？
2. 离心压缩机与活塞压缩机相比，它有何特点？
3. 何谓连续方程？试写出叶轮出口的连续方程表达式，并说明式中 $\frac{b_2}{D_2}$ 和 φ_{2r} 的数值应在何范围之内？
4. 何谓欧拉方程？试写出它的理论表达式与实用表达式，并说明该方程的物理意义。
5. 何谓能量方程？试写出级的能量方程表达式，并说明能量方程的物理意义。
6. 何谓伯努利方程？试写出叶轮的伯努利方程表达式，并说明该式的物理意义。
7. 试说明级内有哪些流动损失？流量大于或小于设计流量时冲角有何变化？由此会产生什么损失？若冲角的绝对值相等，谁的损失更大？为什么？
8. 多级压缩机为何要采用分段与中间冷却？
9. 试分析说明级数与圆周速度和气体分子量的关系。
10. 示意画出级的总能量头与有效能量头和能量损失的分配关系。
11. 何谓级的多变效率？比较效率的高低应注意哪几点？
12. 若已知级的多变压缩功和总耗功，尚需具备什么条件可求出级的能量损失和级内的流动损失？
13. 何谓离心压缩机的内功率、轴功率？试写出其表达式，如何据此选取原动机的输出功率？
14. 如何计算确定实际气体的压缩性系数 Z？
15. 简述混合气体的几种混合法则及其作用。
16. 示意画出离心压缩机的性能曲线，并标注出最佳工况点和稳定工况范围。
17. 简述旋转脱离与喘振现象，说明两者之间有什么关系？说明喘振的危害，为防喘振可采取哪些措施？
18. 试简要比较各种调节方法的优缺点。
19. 离心压缩机的流动相似应具备哪些条件？相似理论有何用处？
20. 离心压缩机有哪些附属系统？它们分别起什么作用？它们由哪些部分组成？
21. 何谓转子的临界转速？采用什么方法计算？工作转速如何校核？
22. 转子的轴向推力是如何产生的？采取什么措施平衡轴向推力？为防止转子轴向窜动，对轴向推力及轴承有什么要求？
23. 何谓滑动轴承的动态特性？何谓油膜振荡？哪几种滑动轴承具有抑振特性？
24. 轴端密封有哪几种？试简述它们的密封原理和特点。
25. 试简述选型的基本原则，为何要确定经常运行的工况点？

26. 选型分类有哪几种？为何按流量选型？为何按结构分类？
27. 试简要分析比较轴流式与离心式压缩机的性能特点。
28. 试简述三种选型的方法。

练 习 题

1. 已知丙烯 C_3H_6 的 $R=197.57J/(kg \cdot K)$，$k=\dfrac{c_p}{c_v}=1.1548$，首级进口压力 0.12MPa，温度 $-41.7℃$，若选取 $u_2=235.6m/s$，$\varphi_{2r}=0.31$，$\beta_{2A}=50^0$，$Z=24$，$\beta_l+\beta_{df}=0.04$，$\eta_{pol}=0.76$，试求首级的压力比 ε 和级出口压力 p_{out}。

2. 已知某压缩机的第四级进口容积流量 $q_{V_0}=1.543m^3/s$，该级 $D_2=0.65m$，$u_2=170m/s$，$\beta_{2A}=30^0$，$\delta_2=4mm$，$\varphi_{2r}=0.134$，$\rho_2/\rho_0=1.094$，$Z=22$ 片，试计算该级叶轮出口相对宽度 $\dfrac{b_2}{D_2}$。该值是否符合要求？

3. 已知某化工厂空气压缩机流量（标准状况）为 27000m^3/h，进口条件压力 $p_{in}=0.0952MPa$，温度 $t_{in}=28℃$，要求出口压力 $p_{out}=0.303MPa$，通过初步方案计算，应选用一台几级离心压缩机？其各级的 u_2、D_2、$\dfrac{b_2}{D_2}$、ε 参数选多少合适？应选输出功率为多少的电动机？

4. 已知某石化公司需要一台氢气压缩机，流量（标准状况）为 28200m^3/h，进口压力 $p_{in}=16.1MPa$，温度 $t_{in}=54℃$，要求出口压力 $p_{out}=18.66MPa$，应选用一台几级离心压缩机？该离心压缩机应采用什么样的结构？有何特殊要求？

5. 某炼油厂催化裂化装置需要一台主风机，流量（标准状况）为 $140\times10^3 m^3/h$，进口压力 0.0988MPa，温度 25℃，要求出口压力 0.297MPa，应选一台什么型号的压缩机？

参 考 文 献

[1] 熊欲均. 机械工程手册. 第2版：12卷. 第1篇. 北京：机械工业出版社，1997.
[2] 徐忠主编. 离心式压缩机原理. 修订本. 北京：机械工业出版社，1991.
[3] 姜培正主编. 流体机械. 北京：化学工业出版社，1991.
[4] 姜培正编著. 叶轮机械. 西安：西安交通大学出版社，1991.
[5] 高慎琴主编. 化工机器. 西安：化学工业出版社，1992.
[6] 王尚锦编著. 离心压缩机三元流动理论及应用. 西安：西安交通大学出版社，1991.
[7] 刘士学，方先清主编. 透平压缩机强度与振动. 北京：机械工业出版社，1997.
[8] 欧风编著. 合理润滑技术手册. 北京：石油工业出版社，1993.
[9] 成大光等编. 机械设计手册：第2卷. 北京：化学工业出版社，1993.
[10] 毛希澜主编. 换热器设计. 上海：上海科学技术出版社，1988.
[11] 黄文虎，夏松波，刘瑞岩等编著. 设备故障与诊断原理、技术及应用. 北京：科学出版社，1996.
[12] 佟德纯，李华彪编著. 振动监测与诊断. 上海：上海科学技术文献出版社，1997.
[13] 李超俊，余文龙编著. 轴流压缩原理与气动设计. 北京：机械工业出版社，1987.
[14] Fluid machinery：performance，analysis and design. Terry Wright. Boca Raton, Fla.：CRC Press，1999.
[15] Centrifugal compressor design and performance. David Japikse. Wilder，Vt.：Concepts ETI，1996.
[16] Compressor surge and rotating stall：modelling and control. Jam Tommy Gravdahl and Olav England, London：Springer，1999.

4　泵

4.1　泵的分类及用途

4.1.1　泵的分类

泵是把机械能转换成液体的能量，用来增压输送液体的机械。

泵的种类很多，其分类方法也很多，根据泵的工作原理和结构形式，可把泵简单分为如下几类。

$$
泵\begin{cases}
叶片式泵（透平式泵）\begin{cases}离心泵\\轴流泵\\混流泵\\旋涡泵\end{cases}\\
容积式泵\begin{cases}往复泵：活塞泵，柱塞泵，隔膜泵\\回转泵：齿轮泵，螺杆泵，滑片泵\end{cases}\\
其他类型泵：喷射泵，水锤泵，真空泵
\end{cases}
$$

在特殊情况下，泵的能量转换是在流体之间进行的，如把流体 A 的能量传递给流体 B，使流体 B 的能量增加，两者混合流出，例如喷射泵；还有把一股液流中的能量集中到部分液流之中，使部分液流的能量增加，例如水锤泵。泵输送的介质亦可能是气液、固液两相介质，或气固液多相介质，而真空泵实际上是形成负压环境的抽气机。

另外，泵也常按其形成的流体压力分为低压、中压和高压泵三类，常将低于 2MPa 的称低压泵，压力在 $2\sim6$MPa 的称中压泵，高于 6MPa 的称高压泵。

4.1.2　泵的用途

泵属于通用机械，在国民经济各部门中用来输送液体的泵种类繁多，用途很广，如水利工程、农田灌溉、化工、石油、采矿、造船、城市给排水和环境工程等。另外，泵在火箭燃料供给等高科技领域也得到应用。为了满足各种工作的不同需要，就要求有不同形式的泵。应当着重指出，化工生产用泵不仅数量大、种类多，而且因其输送的介质往往具有腐蚀性，或其工作条件要求高压、高温等，对泵有一些特殊的要求，这些泵往往比一般的水泵复杂一些。

在各种泵中，尤以离心泵应用最为广泛，因为它的流量、扬程及性能范围均较大，并具有结构简单、体积小、重量轻、操作平稳、维修方便等优点，所以本章以离心泵为主，着重讨论离心泵的工作原理、汽蚀、性能、调节和选型应用等，对其他的泵仅作简要的概述。

4.2　离心泵的典型结构与工作原理

4.2.1　离心泵的典型结构、分类及命名方式

4.2.1.1　离心泵的典型结构

如图 4-1 所示，离心泵的主要部件有吸入室、叶轮、蜗壳和轴，它们的作用简述如下。

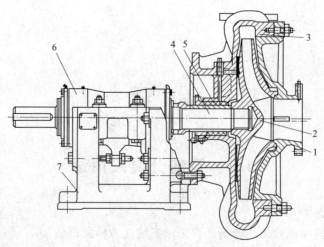

图 4-1　离心泵基本构件
1—吸入室（泵盖）；2—叶轮；3—蜗壳（泵体）；4—轴；
5—填料密封；6—轴承箱；7—托架

① 吸入室　离心泵吸入管法兰至叶轮进口前的空间过流部分称为吸入室。它把液体从吸入管吸入叶轮。要求液体流过吸入室的流动损失较小，液体流入叶轮时速度分布均匀。

② 叶轮　旋转叶轮吸入液体转换能量，使液体获得压力能和动能。要求叶轮在流动损失最小的情况下使液体获得较多的能量。叶轮形式有封闭式、半开式和开式三种。封闭式叶轮有单吸式及双吸式两种。封闭式叶轮由前盖板、后盖板、叶片及轮毂组成。在前后盖板之间装有叶片形成流道，液体由叶轮中心进入、沿叶片间流道向轮缘排出。给水泵、工业水泵等均采用封闭式叶轮。半开式叶轮只有后盖板，而开式叶轮前后盖板均没有。半开式和开式叶轮适合于输送含杂质的液体，如灰渣泵、泥浆泵。双吸式叶轮具有平衡轴向力和改善汽蚀性能的优点。水泵叶片都采用后弯式，叶片数目在 6～12 片，叶片形式有圆柱形和扭曲形。

③ 蜗壳　蜗壳亦称压出室，位于叶轮之后，它把从叶轮流出的液体收集起来以便送入排出管。由于流出叶轮的液体速度往往较大，为减少后面的管路损失，要求液体在蜗壳中减速增压，同时尽量减少流动损失。压出室按结构分为螺旋形压出室、环形压出室和导叶式压出室。螺旋形压出室不仅起收集液体的作用，同时在螺旋形的扩散管中将部分液体动能转换成压能。螺旋形压出室具有制造方便、效率高的特点。它适用于单级单吸、单级双吸离心泵以及多级水平、中开式离心泵。环形压出室在节段式多级泵的出水段上采用。环形压出室的流道断面面积是相等的，所以各处流速就不相等。因此，不论在设计工况还是非设计工况时总有冲击损失，故效率低于螺旋形压出室。

④ 轴　轴是传递转矩的主要部件。轴径按强度、刚度及临界转速确定。中小型泵多采用水平轴，叶轮间距离用轴套定位。近代大型泵则采用阶梯轴，不等孔径的叶轮用热套法装在轴上，并利用渐开线花键代替过去的短键。此种方法，叶轮与轴之间没有间隙，不致使轴间窜水和冲刷，但拆装困难。

离心泵的主要部件还有轴向推力平衡装置和密封装置等。

4.2.1.2　离心泵的分类

离心泵的类型很多，可按使用目的、介质种类、结构形式等进行分类。这里主要介绍按结构形式作的分类。

（1）按流体吸入叶轮的方式分类

ⅰ. 单吸式泵, 如图 4-1 所示。

ⅱ. 双吸式泵, 液体由两侧进入叶轮, 其流量较单吸式增加一倍, 轴上承受的轴向推力基本平衡。

（2）按级数分类

ⅰ. 单级泵, 如图 4-1 所示。

ⅱ. 多级泵, 如图 4-2 所示, 共 8 级, 轴上装有 8 个叶轮, 扬程较高。泵体采用双层结构, 外壳用以保证高压下的强度和密封, 内壳由垂直分段的导轮和前盖板组成。末级后装有平衡盘。第 1 级前装有诱导轮以提高吸入性能。为防止泵体在高温下热胀变形, 还要通水冷却。

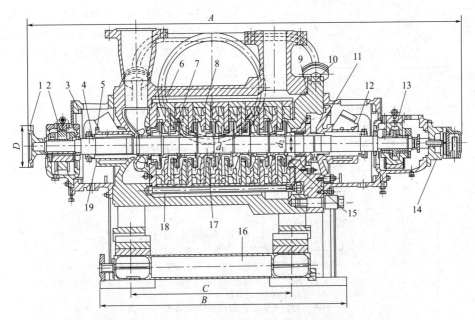

图 4-2　节段式多级高压热油泵

1—联轴器; 2—前径向轴承; 3—填料箱的带法兰冷却室; 4—泵轴; 5—前填料;
6—泵外壳; 7—叶轮; 8—导轮; 9—圆垫片; 10—排出端盖; 11—后填料箱体;
12—后填料函; 13—止推轴承; 14—润滑油泵; 15—排油入轴向力平衡系统;
16—泵支架; 17—转子; 18—泵内壳; 19—前填料函

（3）按泵体形式分类

ⅰ. 蜗壳泵, 壳体呈螺旋形状。它又有单蜗壳和双蜗壳之分。

ⅱ. 筒形泵, 泵的外壳为筒形, 能承受高压, 如图 4-2 所示。

还有按主轴安放情况分为卧式泵、立式泵、斜式泵的。

此外还有其他结构形式, 如图 4-3 所示为一种高速部分流泵的结构。高速部分流泵由驱动机、增速器和泵体三部分组成。其立式结构的应用较广泛, 功率为 7.5～132kW; 当驱动功率超过 160kW 时, 采用卧式结构。泵体和增速器都是封闭式结构, 可在露天使用。高速泵的过流部分由吸入管、叶轮和扩压管组成。叶轮是全开式的, 没有前后盖板, 叶片是放射的直叶片, 带诱导轮的叶轮具有较好的抗汽蚀性能; 叶轮悬臂装在泵轴上, 泵轴与增速器高速轴直连; 泵体内的压水室为环形, 空间很小, 在压水室周围布置 1～2 个锥形扩压管, 扩压管进口设有喷嘴, 喷嘴的尺寸对泵的性能有较大影响。因叶轮为开式的, 在运转中几乎不产生轴向力, 故没设轴向平衡装置; 叶轮与泵壳间隙较大, 一般为 2～3mm, 在泵壳与叶轮之间不需密封环。轴封装置采用静弹簧式的机械密封, 泵内有旋风分离器, 用以输送少量液

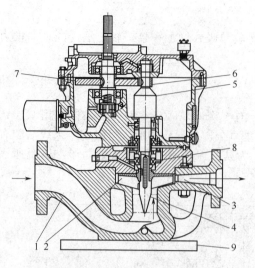

图 4-3　高速部分流泵的结构

1—泵壳（吸入室）；2—叶轮；3—扩压管；
4—诱导轮；5—高速轴；6—从动齿轮；
7—主动齿轮；8—机械密封；9—底座

体经过净化后引入机械密封，进行润滑和冷却。该泵的高速是通过增速器实现的，故增速器是高速泵的关键部件之一。开式叶轮在泵体内高速旋转，可近似地认为液体与叶轮的旋转速度相等，故高速泵的理论扬程要比一般的离心泵高，在高速泵中，只有扩压管处有部分液体输出，其余的液体仍在泵体内高速旋转，故称高速部分流泵。该泵的转速高达 25000r/min，单级扬程高达 1760m，适用于高扬程、小流量场合；因叶轮与壳体的间隙较大，故还可用来输送含固体微粒及高黏度的液体；这种泵在大型合成氨和尿素装置中用来输送甲铵、液氨等。

4.2.1.3　离心泵的命名方式

目前，中国对于泵的命名方式尚未有统一的规定。但在国内大多数泵产品已逐渐采用汉语拼音字母来代表泵的名称。离心泵产品除了有一基本形式代表泵的名称外，还有一系列补充数字表示该泵的性能参数或结构特点，其组成方式如下：

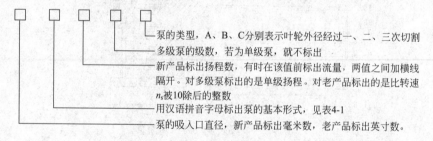

└─ 泵的类型，A、B、C分别表示叶轮外径经过一、二、三次切割
└─ 多级泵的级数，若为单级泵，就不标出
└─ 新产品标出扬程数，有时在该值前标出流量，两值之间加横线隔开。对多级泵标出的是单级扬程。对老产品标出的是比转速 n_s 被10除后的整数
└─ 用汉语拼音字母标出泵的基本形式，见表4-1
└─ 泵的吸入口直径，新产品标出毫米数，老产品标出英寸数。

表 4-1　泵的基本形式及其特征

形式代号	泵的形式及其特征	形式代号	泵的形式及其特征
IS	单级单吸离心泵	YG	管路泵
S	单级双吸离心泵	IH	单级单吸耐腐蚀离心泵
D	分段式多级离心泵	FY	液下泵
DS	分段式多级离心泵首级为双吸叶轮	JC	长轴离心深井泵
KD	中开式多级离心泵	QJ	井用潜水泵
KDS	中开式多级离心泵首级为双吸叶轮	NQ	农用潜水电泵
DL	立式多级筒形离心泵	PS	砂泵
YG	卧式圆筒形双壳体多级离心泵	PH	灰渣泵
DG	分段式多级锅炉给水泵	NDL	低扬程立式泥浆泵
NB	卧式凝结水泵	NDJF	低扬程卧式耐腐蚀衬胶泥浆泵
NL	立式凝结水泵	ND	高扬程卧式泥浆泵
Y	油泵	WGF	高扬程卧式耐腐蚀污水泵
YT	筒式油泵	WDL	低扬程立式污水泵

泵的型号示例如下。

150S50A　S表示单级双吸离心泵，吸入口直径为150mm，设计工况点扬程为50m，叶轮经第一次切割。其流量范围为102～12500m³/h，扬程范围为9～140m，转速有1450r/min和2900r/min两种，功率为40～1150kW；主要用来输送清水。被输送液体的最高温度一般不超过80℃。

150D30×5　D表示多级分段式离心泵。吸入口直径为150mm，单级叶轮扬程为30m，叶轮级数为5级。在D型泵中，吸入口径为4.9～12.25cm范围内均采用高转速（2950r/min）；吸入口径为14.7～19.6cm，采用低转速（1450r/min）。

200QJ80-55/5　QJ表示井用潜水泵，适用最小井径为200mm，流量为80m³/h，总扬程为55m，级数为5级。

IS80-65-160　要注意，IS单级单吸清水离心泵的命名方式与上述有所不同。它是由基本形式代号、吸入口直径（mm）、压出口直径（mm）和叶轮名义直径来表示。如该例中吸入口直径为80mm，压出口直径为65mm，叶轮直径为160mm。

4.2.2　离心泵的工作原理及基本方程

4.2.2.1　离心泵的性能参数

泵的主要性能参数有流量、能头（扬程）、功率、效率、转速，还有表示汽蚀性能的参数，即汽蚀余量或吸上真空高度。这些参数反映了泵的整体性能。

（1）流量

流量是泵在单位时间内输送出去的液体量。用 q_V 表示体积流量，m³/s；用 q_m 表示质量流量，kg/s。其换算关系为

$$q_m = \rho q_V \tag{4-1}$$

式中，ρ 为液体的密度，常温清水 $\rho = 1000 kg/m^3$。泵流量的大小可通过安装在排出管上的流量计测得。

（2）扬程

扬程是单位重量液体从泵进口（泵进口法兰）处到泵出口（泵出口法兰）处能量的增值，也就是1N液体通过泵获得的有效能量。其单位是 $\frac{N \cdot m}{N} = m$，即泵抽送液体的液柱高度。扬程亦称有效能量头。根据定义，泵的扬程可写为

$$H = E_{out} - E_{in} \tag{4-2}$$

式中　E_{out}——泵出口处单位重量液体的能量，m；

　　　E_{in}——泵进口处单位重量液体的能量，m。E为单位液体的总机械能，它由压力能、动能和位能三部分组成，即

$$E = \frac{p}{g\rho} + \frac{c^2}{2g} + Z \quad m \tag{4-3}$$

式中　g——重力加速度，m/s²；

　　　Z——液体所在位置至任选的水平基准面之间的距离，m。

　　因此　　　　$$H = \frac{p_{out} - p_{in}}{g\rho} + \frac{c_{out}^2 - c_{in}^2}{2} + (Z_{out} - Z_{in}) \quad m \tag{4-4}$$

由式(4-4)可知，由于泵进出口截面上的动能差和高度差均不大，而液体的密度为常数，所以扬程主要体现的是液体压力的提高。

（3）转速

转速是泵轴单位时间的转数，用 n 表示，单位是 r/min。

（4）汽蚀余量

汽蚀余量又叫净正吸头 NPSH，单位是 m，是表示汽蚀性能的主要参数。

（5）功率和效率

泵的功率可分为原动机功率、轴功率和有效功率。泵的功率通常指原动机传到泵轴上的轴功率，用 N 表示，单位是 W 或 kW。泵的有效功率用 N_e 表示，它是单位时间内从泵中输送出去的液体在泵中获得的有效能量。

$$N_e = \frac{g\rho q_V H}{1000} \tag{4-5}$$

泵在运转时可能发生超负荷，所配电动机的功率应比泵的轴功率大。在机电产品样本中所列出的泵的轴功率，除非特殊说明，均系指输送清水时的数值。

泵的效率为有效功率和轴功率之比，即

$$\eta = \frac{N_e}{N} \tag{4-6}$$

泵的效率反映了泵中能量损失的程度。

泵中的损失一般可分为三种：即容积损失（泵在运转过程中，流量泄漏所造成的能量损失）；水力损失（亦称流动损失，流体流过叶轮、泵壳时，由于流速大小和方向要改变，且发生冲击，而产生的能量损失）；机械损失（泵在运转时，在轴承、轴封装置等机械部件接触处由于机械摩擦而消耗部分能量）。

泵排出的实际流量与理论排出流量的比值称为容积效率，表示为

$$\eta_V = \frac{\rho g q_{V_t} H_t - \rho g q H_t}{\rho g q_{V_t} H_t} = \frac{q_V}{q_{V_t}} \tag{4-7}$$

式中 q_{V_t}，q_V ——泵的理论流量和实际流量，m^3/s；

$\qquad q$ ——泄漏量，$m^3 s$；

$\qquad H_t$ ——泵的理论扬程，m。

泵的实际压头与泵理论上所能提供的压头的比值称为水力效率，表示为

$$\eta_{hyd} = \frac{\rho g q_V H}{\rho g q_V H_t} = \frac{H}{H_t} \tag{4-8}$$

理论功率与轴功率之比称为机械效率，表示为

$$\eta_m = \frac{N - N_m}{N} = \frac{\rho g q_{V_t} H_t}{N} \tag{4-9}$$

所以泵的总效率为

$$\eta = \frac{N_e}{N} = \frac{\rho g q_V H}{N} = \frac{q_V}{q_{V_t}} \times \frac{H}{H_t} \times \frac{\rho g q_{V_t} H_t}{N} = \eta_V \eta_{hyd} \eta_m \tag{4-10}$$

一般离心泵的各种效率参考值见表 4-2。

表 4-2   不同类型泵的效率参考值

项　目	η_V	η_{hyd}	η_m
大流量泵	0.95～0.98	0.90～0.95	0.95～0.98
小流量低压泵	0.90～0.95	0.85～0.90	0.90～0.95
小流量高压泵	0.85～0.90	0.80～0.85	0.85～0.90

4.2.2.2　离心泵的工作原理及基本方程

（1）离心泵的工作原理

图 4-4 为离心泵的一般装置示意图。离心泵在启动之前，应关闭出口阀门，泵内应灌满液体，此过程称为灌泵。工作时启动原动机使叶轮旋转，叶轮中的叶片驱使液体一起旋转从

而产生离心力，使液体沿叶片流道甩向叶轮出口，经蜗壳送入打开出口阀门的排出管。液体从叶轮中获得机械能使压力能和动能增加，依靠此能量使液体到达工作地点。

在液体不断被甩向叶轮出口的同时，叶轮入口处就形成了低压。在吸液罐和叶轮入口中心线处的液体之间就产生了压差，吸液罐中的液体在这个压差作用下，便不断地经吸入管路及泵的吸入室进入叶轮之中，从而使离心泵连续地工作。

（2）离心泵的基本方程

众所周知，液体可作为不可压缩的流体，在流动过程中不考虑密度的变化。液体流经泵时通常也不考虑温度的变化。讨论液体在泵中的流动一般使用三个基本方程，即连续方程、欧拉方程和伯努利方程。

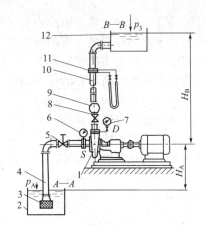

图 4-4　离心泵的一般装置示意图
1—泵；2—吸液罐；3—底阀；4—吸入管路；
5—吸入管调节阀；6—真空表；7—压力表；
8—排出管调节阀；9—单向阀；10—排出
管路；11—流量计；12—排液罐

这里将欧拉方程表示为旋转叶轮传递给单位重量液体的能量，亦称理论扬程。该方程的数学表达式为

$$H_t = \frac{u_2 c_{2u} - u_1 c_{1u}}{g} \qquad \text{m} \tag{4-11}$$

或

$$H_t = \frac{u_2^2 - u_1^2}{2g} + \frac{w_1^2 - w_2^2}{2g} + \frac{c_2^2 - c_1^2}{2g} \tag{4-12}$$

考虑有限叶片数受滑移的影响，较无限多叶片数叶轮做功能力减小，在离心泵中常使用如下两个半经验公式计算 H_t。

① 斯陀道拉公式　如同在离心压缩机中一样，该式表示为

$$H_t = \frac{(1 - \frac{c_{2r}}{u_2} \cot\beta_{2A} - \frac{\pi}{z} \sin\beta_{2A}) u_2^2}{g} \tag{4-13}$$

② 普夫莱德尔公式　该公式表示为

$$H_t = \mu H_{t\infty} = \frac{H_{t\infty}}{1 + p} \tag{4-14}$$

式中，μ 为滑移系数；p 为修正系数。

4.3　离心泵的工作特性

4.3.1　离心泵的汽蚀及预防措施

4.3.1.1　汽蚀发生的机理及严重后果

（1）汽蚀发生的机理

离心泵运转时，液体在泵内的压力变化如图 4-5 所示。流体的压力随着从泵入口到叶轮入口而下降，在叶片入口附近的 K 点上，液体压力 p_K 最低。此后，由于轮对液体做功，压力很快上升。当叶轮叶片入口附近的压力 $p_K \leqslant p_V$（液体输送温度下的饱和蒸汽压力）时，液体就汽化。同时，还可能有溶解在液体内的气体逸出，它们形成许多气泡。如图 4-6 所示，当气泡随液体流到叶道内压力较高处时，外面的液体压力高于气泡内的汽化压力，则气

泡会凝结溃灭形成空穴。瞬间内周围的液体以极高的速度向空穴冲来，造成液体互相撞击，使局部的压力骤然剧增（有的可达数百大气压）。这不仅阻碍流体的正常流动，尤为严重的是，如果这些气泡在叶轮壁面附近溃灭，则液体就像无数小弹头一样，连续地打击金属表面，其撞击频率很高（有的可达 $2000 \sim 3000 \mathrm{Hz}$），金属表面会因冲击疲劳而剥裂。若气泡内夹杂某些活性气体（如氧气等），它们借助气泡凝结时放出的热量（局部温度可达 $200 \sim 300 ℃$），还会形成热电偶并产生电解，对金属起电化学腐蚀作用，更加速了金属剥蚀的破坏速度。上述这种液体汽化、凝结、冲击，形成高压、高温、高频冲击载荷，造成金属材料的机械剥裂与电化学腐蚀破坏的综合现象称为汽蚀。

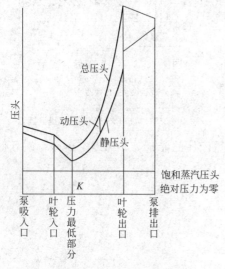

图 4-5　离心泵内的压力变化

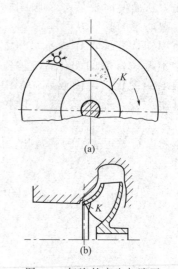

图 4-6　气泡的产生与溃灭

汽蚀涉及许多复杂的物理、化学现象，是一个尚需深入研究的问题。当前多数人认为汽蚀对流道表面材料的破坏，主要是机械剥蚀造成的，而化学腐蚀则进一步加剧了材料的破坏。

（2）汽蚀的严重后果

① 汽蚀使过流部件被剥蚀破坏　通常离心泵受汽蚀破坏的部位，先在叶片入口附近，继而延至叶轮出口。起初是金属表面出现麻点，继而表面呈现沟槽状、蜂窝状、鱼鳞状的裂痕，严重时造成叶片或叶轮前后盖板穿孔，甚至叶轮破裂，造成严重事故。因而汽蚀严重影响到泵的安全运行和使用寿命。

② 汽蚀使泵的性能下降　汽蚀破坏了泵内液流的连续性，使泵的扬程、功率和效率均会显著下降，出现"断裂"工况。汽蚀使叶轮和流体之间的能量转换遭到严重的干扰，使泵的性能下降，如图 4-7 中的虚线所示，严重时会使液流中断无法工作。应当指出，泵在汽蚀初始阶段，性能曲线尚无明显的变化，当性能曲线明显下降时，汽蚀已发展到一定程度了。该图还表示了混流泵、轴流泵汽蚀后的性能曲线。离心泵叶道窄而长，一旦发生汽蚀，气泡易充满整个流道，因而性能曲线呈突然下降的形式。轴流泵的叶道宽而短，气泡从初生发展到充满整个叶道需要一个过渡过程，因而性能曲线是缓慢下降的。混流泵由于其结构介于离心泵和轴流泵两者之间，因而汽蚀对泵性能的影响也介于两者之间。

③ 汽蚀使泵产生噪声和振动　在汽蚀发生的过程中，气泡溃灭的液体微团互相冲击，会产生各种频率范围的噪声，一般频率为 $600 \sim 25000 \mathrm{Hz}$，也有更高频率的超声波。汽蚀严重时，可听到泵内有噼噼啪啪的声音。汽蚀过程本身是一种反复冲击、凝结的过程，伴随着

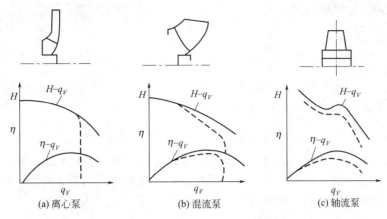

图 4-7 因汽蚀泵性能曲线下降

很大的脉动力。如果这些脉动力的某一频率与机组的固有频率相等，就会引起机组的振动，机组的振动又将促使更多的气泡发生和溃灭，两者互相激励，最后导致机组的强烈振动，称为汽蚀共振现象，机组在这种情况下应该停止工作，否则会遭到破坏。

④ 汽蚀也是水力机械向高流速发展的巨大障碍 因为液体流速愈高，会使压力变得愈低，更易汽化发生汽蚀。汽蚀的机理十分复杂，人们尚未完全认识清楚，因此研究汽蚀过程的客观规律，提高泵抗汽蚀的性能，是水力机械的研究和发展中的重要课题。

4.3.1.2 汽蚀余量及汽蚀判别式

一台泵在运行中发生汽蚀，但在相同条件下，换上另一台泵就不发生汽蚀；同一台泵用某一吸入装置时会发生汽蚀，但改变吸入装置及位置，则泵不发生汽蚀。由此可见，泵是否发生汽蚀是由泵本身和吸入装置两方面决定的。研究泵的汽蚀条件，防止泵发生汽蚀，应从这两方面同时加以考虑。

泵和吸入装置以泵吸入口法兰截面 S—S 为分界，如图 4-8 所示。如前所述，泵内最低压力点通常位于叶轮叶片进口稍后的 K 点附近。当 $p_K \leq p_V$ 时，则泵发生汽蚀，故 $p_K = p_V$ 是泵发生汽蚀的界限。

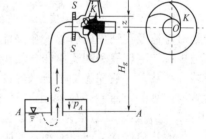

图 4-8 泵吸入装置简图

（1）有效汽蚀余量

有效汽蚀余量是吸入液面上的压力水头在克服吸水管路装置中的流动损失并把水提高到 H_g 的高度后，所剩余的超过汽化压头 p_V 的能量。用 $NPSH_a$ 表示，即

$$NPSH_a = \frac{p_S}{\rho g} + \frac{c_S^2}{2g} - \frac{p_V}{\rho g} \quad m \qquad (4-15)$$

式中 p_S——液流在泵入口处的压力，MPa；

c_S——液流在泵入口处的速度，m/s。

显然，这个富余量 $NPSH_a$ 越大，泵愈不会发生汽蚀。

分析上式可得以下结论。

ⅰ. 在液面上的压力水头、几何安装高度 H_g 和液体温度保持不变的情况下，当流量增加时，由于吸入管路中的流动损失与流量的平方成正比变化，所以使 $NPSH_a$ 随流量增加而减小。因而，当流量增加时，发生汽蚀的可能性增加。

ⅱ. 在非饱和容器中，泵所输送的液体温度越高，对应的汽化压力越大，$NPSH_a$ 也越小，发生汽蚀的可能性就越大。

由伯努利方程可知

$$\frac{p_S}{\rho g} + \frac{c_S^2}{2g} = \frac{p_A}{\rho g} + \frac{c_A^2}{2g} - (Z_S - Z_A) - \Delta H_{A-S} = \frac{p_A}{\rho g} - H_g - \Delta H_{A-S} \qquad (4-16)$$

可认为式中 $c_A \approx 0$，$H_g = Z_S - Z_A$ 即为泵的安装高度（m），ΔH_{A-S} 为吸入管内的流动损失（m）。将式(4-16)代入式(4-15)，则

$$NPSH_a = \frac{p_A}{\rho g} - \frac{p_V}{\rho g} - H_g - \Delta H_{A-S} \qquad (4-17)$$

由上式可知，有效汽蚀余量数值的大小与泵吸入装置的条件，如吸液罐表面的压力、吸入管路的几何安装高度、阻力损失、液体的性质和温度等有关，而与泵本身的结构尺寸等无关，故又称其为泵吸入装置的有效汽蚀余量。

(2) 泵必需的汽蚀余量

如前所述，泵的吸入口并不是泵内压强最低的部位。液流进入泵后的能量变化，如图 4-8 所示。由图可以看出，泵内压强最低点位于叶轮流道内紧靠叶片进口边缘的 K 处。这主要是因为：从泵吸入口到叶轮进口流道的过流面积一般是收缩的，所以在流量一定的情况下，液流的流速要升高，因而压强相应地降低；当液流流入叶轮流道，在绕流叶片头部时，液流急骤转弯，流速加大，这在叶片背面 K 点处更为显著，造成液体在 K 点的压强 p_K 急骤降低；以上的流速大小、方向变化均会带来流动损失和速度分布不均匀，消耗掉部分压能，使液体压强降低。因此，只有 K 处的压强 p_K 大于汽化压强 p_V 时，才能防止泵内汽蚀的发生。所以把自泵吸入口截面 $S—S$ 到泵内压强最低点的总压降称为必需汽蚀余量，用 $NPSH_r$ 表示

$$NPSH_r = \lambda_1 \frac{c_O^2}{2g} + \lambda_2 \frac{w_O^2}{2g} \qquad m \qquad (4-18)$$

式中，c_O 和 w_O 为叶片进口稍前的 O 截面上的（图 4-8）液体绝对流速和相对流速，λ_1 为绝对流速及流动损失引起的压降能头系数，一般 $\lambda_1 = 1.05 \sim 1.3$，其中流体由叶轮进口至叶道进口转弯较缓和和流速变化较小者取较小值，反之则取较大值。λ_2 为液体绕流叶片的压降能头系数，一般在无冲击流入叶片的情况下 $\lambda_2 = 0.2 \sim 0.4$，其中叶片较薄且头部修圆光滑者取较小值，而叶片较厚且头部钝、粗糙者取较大值。显然，p_K 比 p_S 值降低愈少，则 $NPSH_r$ 值愈小，泵愈不易发生汽蚀。因此，决定 $NPSH_r$ 值的主要因素是泵吸入室和叶轮进口处的几何形状及流速大小，与吸入管路无关，而只与泵的结构有关，故又称为泵汽蚀余量。若某泵 $NPSH_r$ 越小，表明该泵防汽蚀的性能越好。$NPSH_r$ 通常由泵制造厂通过试验测出。

(3) 临界汽蚀余量 $NPSH_c$ 和允许汽蚀余量 [NPSH]

由上述分析可知，当 $NPSH_a$ 的值降低到使泵内压强最低点的液体压强等于该温度下的汽化压强时，即 $p_K = p_V$，液体开始汽化。因此，这时的 $NPSH_a$ 就是使泵不发生汽蚀的临界值，称为临界汽蚀余量，用 $NPSH_c$ 表示，即

$$NPSH_a = NPSH_c = NPSH_r \qquad (4-19)$$

通过汽蚀试验确定的就是这个汽蚀余量的临界值。它说明：当 $NPSH_a \leqslant NPSH_r$ 时，$p_K \leqslant p_V$，泵内将发生汽蚀；而当 $NPSH_a > NPSH_r$ 时，$p_K > p_V$，泵内不发生汽蚀。为了避免泵内汽蚀的发生，常常在 $NPSH_c$ 的基础上加上一个安全余量作为允许汽蚀余量而载入泵的产品样本中，并以 [NPSH] 表示。即

$$[NPSH] = NPSH_c + 0.3 \qquad m \qquad (4-20)$$

也有采用：$[NPSH] = (1.1 \sim 1.3) NPSH_c$。

4.3.1.3 提高离心泵抗汽蚀性能的措施

提高离心泵抗汽蚀性能有两种措施，一种是改进泵本身的结构参数或结构形式，使泵具有尽可能小的必需汽蚀余量 $NPSH_r$；另一种是合理地设计泵前装置及其安装位置，使泵入口处具有足够大的有效汽蚀余量 $NPSH_a$，以防止发生汽蚀。

（1）提高离心泵本身抗汽蚀的性能

ⅰ. 改进泵的吸入口至叶轮叶片入口附近的结构设计，使 c_O、w_O、λ_1 和 λ_2 尽量减小。如图 4-9 所示，适当加大叶轮吸入口处的直径 D_O、减小轮毂直径 d_h 和加大叶片入口边的宽度 b_1，以增大叶轮进口和叶片进口的过流面积，可使 c_O 和 w_O 减小。适当加大叶轮前盖板进口段的曲率半径 R_u，让液流缓慢转弯，可以减小液流急剧加速而引起的压降。适当减小叶片进口的厚度，并将叶片进口修圆使其接近流线型，也可以减小绕流叶片头部的加速与降压。减小叶轮和叶片进口部分的表面粗糙度以减小阻力损失。这些措施均可使 λ_1 和 λ_2 有所减小。另外，将叶片进口边向叶轮进口延伸，如图 4-9 所示，使液流提前接受叶片做功以提高压力，也是有效的措施。

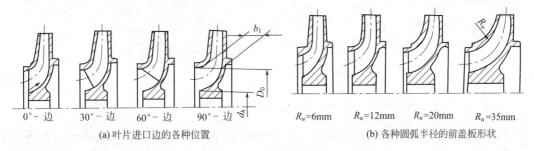

(a) 叶片进口边的各种位置   (b) 各种圆弧半径的前盖板形状

图 4-9　叶轮结构改进

ⅱ. 采用前置诱导轮，如图 4-10 所示，离心叶轮之前加装诱导轮，一方面，诱导轮可对其后的离心叶轮起加压作用，并在离心叶轮进口处造成一个强制预旋，使离心叶轮进口处的相对速度比未装诱导轮时为小，从而降低了离心叶轮的必需汽蚀余量。另一方面，由于诱导轮的流道宽而长，而且是轴向的，因此，在诱导轮外缘处因相对速度较大而形成气泡时，气泡只能沿轴向在外缘运动。此时，运动的气泡在诱导轮流道内因液体压强的升高而溃灭，这样就限制了气泡的发展，不易造成整个流道的阻塞。

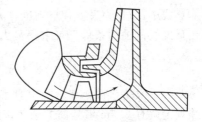

图 4-10　前置诱导轮

ⅲ. 采用双吸式叶轮，让液流从叶轮两侧同时进入叶轮，则进口截面增加一倍，进口流速可减小一倍，从而使泵的必需汽蚀余量变为单吸叶轮的必需汽蚀余量的 0.63 倍。

ⅳ. 设计工况采用稍大的正冲角（$i = \beta_{1A} - \beta_1$），以增大叶片进口角 β_{1A}，减小叶片进口处的弯曲，以减小叶片阻塞，从而增大叶片进口面积；另外，还能改善在大流量下的工作条件，以减小流动损失。但正冲角不宜过大，否则影响效率。

ⅴ. 采用抗汽蚀的材料。如受使用条件所限不可能完全避免汽蚀时，应选用抗汽蚀性能强的材料制造叶轮，以延长使用寿命。常用的材料有铝铁青铜 9-4、不锈钢 2Cr13、稀土合金铸铁和高镍铬合金等。实践证明，材料的强度、硬度、韧性越高，化学稳定性越好，抗汽蚀的性能越强。

（2）提高进液装置汽蚀余量的措施

ⅰ. 增加泵前储液罐中液面上的压力 p_A 来提高 $NPSH_a$，如图 4-11(a) 所示。如为储液池，则液面上的压力为大气压 p_a，即 $p_A = p_a$，如图 4-11(b) 所示，这样 p_A 就无法加以调整了。

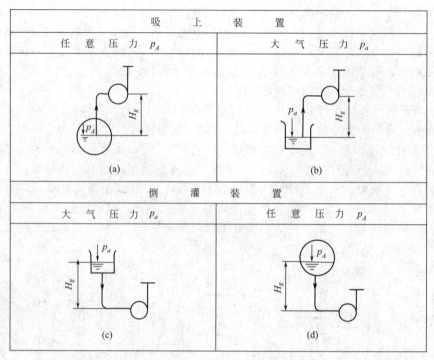

图 4-11 泵前装置示意图

ⅱ. 减小泵前吸上装置的安装高度 H_g，可显著提高 $NPSH_a$。如储液池液面上的压力为 p_a，则

$$H_S = \frac{p_a}{\rho g} - \frac{p_S}{\rho g} \qquad \text{m} \qquad (4\text{-}21)$$

式中，H_S 为吸上真空高度，m。H_S 可用安装在泵入口法兰处的真空压力表测量监控。在泵发生汽蚀的条件下可求得最大吸上真空度为

$$H_{Smax} = \frac{p_a}{\rho g} - \frac{p_V}{\rho g} + \frac{c_S^2}{2g} - NPSH_a \qquad \text{m} \qquad (4\text{-}22)$$

为使泵不发生汽蚀，要求吸上真空度 $H_S < H_{Smax}$，即留有安全余量。也可使用吸上真空度，并规定留有 0.5m 液柱高的余量来防止发生汽蚀。将 $p_A = p_a$，并将式(4-21) 代入式(4-16)，可得

$$H_S = \frac{c_S^2}{2g} + H_g + \Delta H_{A-S} \qquad (4\text{-}23)$$

由该式可以看出，减小泵前吸上装置的安装高度 H_g 等，可减小吸上真空度，故减小 H_g 是防止泵发生汽蚀的重要措施。

ⅲ. 将吸上装置改为倒灌装置，如图 4-11(c) 所示，并增加倒灌装置的安装高度。从式 (4-17) 可以看出，H_g 值变负为正，则可显著提高 $NPSH_a$。若再改为储液罐并提高液面压力 p_A，如图 4-11(d) 所示，则还可提高 $NPSH_a$。

ⅳ. 减小泵前管路上的流动损失 ΔH_{A-S}，亦可提高 $NPSH_a$。例如缩短管路，减小管路中的流速，尽量减少弯管或阀门，或尽量加大阀门开度等，可减小管路中的沿程阻力损失和局部阻力损失。这些均可减小 ΔH_{A-S}，从而提高 $NPSH_a$。

(3) 运行中防止汽蚀的措施

ⅰ. 泵应在规定转速下运行。如果泵在超过规定的转速下运行，根据泵的汽蚀相似定律

可知，当转速增加时，泵的必需汽蚀余量成平方增加，则泵的抗汽蚀性能将显著降低。

ⅱ．不允许用泵的吸入系统上的阀门调节流量。泵在运行时，如果采用吸入系统上的阀门调节流量，将导致吸入管路的水头损失增大，从而降低了装置的有效汽蚀余量。

ⅲ．泵在运行时，如果发生汽蚀，可以设法把流量调节到较小流量处；若有可能，也可降低转速。

以上这些措施应结合泵的选型、选材和泵的使用现场等条件，综合分析，适当加以选用。

4.3.2　离心泵的性能及调节

4.3.2.1　离心泵的运行特性

（1）泵的特性曲线

如同压缩机一样，泵也有运行变工况的特性曲线，有的泵特性曲线图还绘出必需的汽蚀余量特性曲线，如图 4-12 所示。泵在恒定转速下工作时，对应于泵的每一个流量 q_V，必相应地有一个确定的扬程 H、效率 η、功率 N 和必需的汽蚀余量 NPSH_r。泵的每条特性曲线都有它各自的用途，这里分别说明如下。

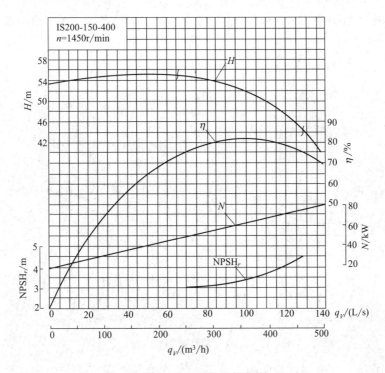

图 4-12　离心泵的性能曲线

① H-q_V 特性曲线是选择和使用泵的主要依据　这种曲线有"陡降"、"平坦"和"驼峰"状之分。平坦状曲线反映的特点是，在流量 q_V 变化较大时，扬程 H 变化不大；陡降状曲线反映的特点是，在扬程变化较大时，流量变化不大；而驼峰状曲线容易发生不稳定现象。在陡降、平坦以及驼峰状的右分支曲线上，随着流量的增加，扬程均降低，反之亦然。

② N-q_V 曲线是合理选择原动机功率和操作启动泵的依据　通常应按所需流量变化范围中的最大功率再加上一定的安全余量，选择原动机的功率大小。泵启动应选在耗功最小的工况下进行，以减小启动电流，保护电机。一般离心泵在流量 $q_V = 0$ 工况下功率最小，故启动时应关闭排出管路上的调节阀。

③ η-q_V 曲线是检查泵工作经济性的依据 泵应尽可能在高效率区工作。通常效率最高点为额定点，一般该点也是设计工况点。目前取最高效率以下 $5\%\sim8\%$ 范围内所对应的工况为高效工作区。泵在铭牌上所标明的都是最高效率点下的流量、压头和功率。离心泵产品目录和说明书上还常常注明最高效率区的流量、压头和功率的范围等。

④ NPSH$_r$-q_V 是检查泵工作是否发生汽蚀的依据 通常是按最大流量下的 NPSH$_r$，考虑安全余量及吸入装置的有关参数来确定泵的安装高度。在运行中应注意监控泵吸入口处的真空压力计读数，使其不要超过允许的吸上真空度 H_S，以尽量防止发生汽蚀。

（2）泵在不稳定工况下工作

有些低比转速的泵特性曲线可能是驼峰型的，如图 4-13 所示。这种泵特性曲线有可能和装置（即管网）特性曲线相交于两点 K 和 N。其中 N 点为稳定工况，而 K 点为不稳定工况。当泵在 K 点工作时，会因某种扰动因素而离开 K 点。当向大流量方向偏离时，则泵扬程大于装置扬程，管路中流速加大，流量增加，工况点沿泵特性曲线继续向大流量方向移动直至 N 点为止。当工况点向小流量方向偏离时，则泵扬程小于装置扬程，管路中流速减小，流量减小，工况点继续向小流量方向移动直至流量等于零为止。若管路上无底阀或逆止阀，液体将倒流，并可能出现喘振现象。由此可见，工况点在 K 点是暂时的，不能保持平衡，一旦离开 K 点便不能再回到 K 点，故称 K 点为不稳定工况点。工况点的稳定与不稳定可用下式判别：

$$\begin{cases}\dfrac{dH_{pipe}}{dQ}>\dfrac{dH}{dQ} & \text{稳定}\\[2mm]\dfrac{dH_{pipe}}{dQ}<\dfrac{dH}{dQ} & \text{不稳定}\end{cases}\tag{4-24}$$

式中 H_{pipe}——装置（即管网）所需扬程，m。

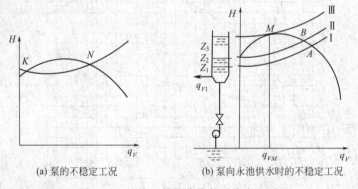

(a) 泵的不稳定工况　　(b) 泵向永池供水时的不稳定工况

图 4-13　驼峰型特性曲线与不稳定工况

这里以图 4-13(b) 为例，说明具有驼峰状特性曲线的泵在不稳定区工作的变化情况。泵向排水池送水，而排水池又向用户例水。如泵的流量 q_V 大于用户用水量 q_{V1}，则水池中水面升高。水泵开始运转时水池中的水面高度为 Z_1，装置特性曲线为 I，假如水泵流量 Q_A 大于 q_{V1}，则水池中水面将升高。在水面升高的同时，装置特性曲线也向上移动。当水面上升到 Z_3 时，装置特性曲线为 III，此时装置特性曲线与水泵特性曲线相切于 M 点。如果水泵流量 q_{VM} 仍比 q_{V1} 大，则水池中水面继续上升，装置特性曲线和水泵特性曲线相脱离，止回阀自动关闭，水泵流量立即自 q_{VM} 急变到零。这时水池中的水面就开始下降，装置特性曲线重新与泵特性曲线相交于两点。但因泵的流量等于零，泵的扬程低于装置的扬程，故泵仍不能将水送入排水池，直到水池中水面降到 Z_2 时，泵才重新开始送水。此时装置特性曲线为 II，流量为 q_{VB}，以后水池中水面上升，又重复上述过程。这就是泵的不稳定现象。

　　由上述可见，造成泵不稳定工作需要两个条件，其一是泵具有驼峰状的性能曲线，其二是管路中有能自由升降的液面或其他能储存和释放能量的部分。泵不稳定运行会使泵和管路系统受到水击、噪声和振动，故一般不希望泵在不稳定工况下运行。为此，应尽可能选用性能曲线无驼峰状的泵。但是，只要不产生严重的水击、振动和倒流现象，泵是可以允许在不稳定工况下工作的。这与压缩机只允许在稳定工况区工作，否则将出现喘振使其可能遭到破坏是有所不同的。

　　4.3.2.2　离心泵运行工况的调节

　　改变泵的运行工况点称为泵的调节。在泵运行中，为使泵改变流量、扬程、运行在高效区或运行在稳定工作区等，需要对泵进行调节。泵的运行工况点是泵特性曲线和装置特性曲线的交点，所以改变工况点有三种途径：一是改变泵的特性曲线；二是改变装置的特性曲线；三是同时改变泵和装置的特性曲线。

　　(1) 改变泵特性曲线的调节

　　① 转速调节　使用可变转速的原动机，当转速增加时，泵的特性曲线向右上方移动；当转速减小时，则向左下方移动。变速调节的主要优点是大大减少附加的节流损失，在很大变工况范围内保持较高的效率。但需增加调速机构或选用调速电机，改变转速的方法最适用于汽轮机、内燃机和直流电机驱动的泵，也可用变频调节来改变电动机转速。变速调节范围不宜太大，通常最低转速不宜小于额定转速的50%，一般为100%～70%。当转速低于额定转速的50%时，泵本身效率下降明显，是不经济的。

　　② 切割叶轮外径调节　只能使泵的特性曲线向左下方移动，功率损失小，但叶轮切割后不能恢复且叶轮的切割量有限。适用于需长期在较小流量下工作且流量改变不大的场合。

　　③ 改变前置导叶叶片角度的调节　在叶轮前安装可调节叶片角度的前置导叶，即可改变叶轮进口前的液体绝对速度，使液流正预旋或负预旋流入叶道，以此改变扬程和流量。

　　④ 改变半开式叶轮叶片端部间隙的调节　间隙增大，则泵的流量减小，且由于叶片压力面和吸力面压差减小，泵的扬程降低。泵的轴功率和效率也相应降低。值得说明的是，间隙调节比闸阀调节省功。

　　⑤ 泵的串联或并联调节　泵串联是为了增加扬程；泵并联是为了增加流量。

　　泵在管路系统中的串联运行可分为两种情况，即同性能的泵串联运行和不同性能的泵串联运行。同性能的泵串联与一台泵单独运行时相比，串联运行时的总扬程并非成倍增加，而流量却要增加一些。这是因为泵串联后扬程的增加大于管路阻力的增加，致使富裕的扬程促使流量的增加；而流量的增加又使阻力增大，从而抑制了总扬程的升高。另一方面，管路性能曲线及泵性能曲线的不同陡度对泵串联后的运行效果影响极大：管路性能曲线越平坦，串联后的总扬程愈小于两台泵单独运行时扬程的2倍；同样，泵的性能曲线越陡，则串联后的总扬程与两台泵单独运行时扬程的差值愈小。因此，为达到串联后增加扬程的目的，串联运行方式宜适用于管路性能曲线较陡而泵性能曲线较平坦的场合。如果不同性能的泵串联运行，其性能要比单机运行的效果差，且随着串联台数的增加愈加严重。因此串联运行的台数不宜过多，最好不要超过两台。同时，为了保证串联泵运行时都在高效区工作，在选择设备时，应使各泵最佳工况点的流量相等或接近。在启动时，首先必须把两台泵的出口阀门都关闭，启动第一台，然后开启第一台泵的出口阀门；在第二台泵出口阀门关闭的情况下再启动第二台。此外，由于后一台泵需要承受前一台泵的升压，故选择泵时，还应考虑后一台泵的结构强度问题。

　　泵在管路系统中的并联运行也可分为两种情况，即同性能的泵并联运行和不同性能的泵并联运行，同性能的泵并联运行与一台台单独运行时相比，并联运行时的总流量并非成倍增加，而扬程却要升高一些。这是由于并联后通过共同管段的流量增大，管路阻力也增大，这就需要每台泵都提高它的扬程来克服这个增加的阻力损失，相应地每台泵的流量就要减小。另一方面，管路性能曲线及泵性能曲线的不同陡度对泵并联后的运行效果影响也极大：管路性能曲线越陡，并联后的总流量与两台泵单独运行时流量的差值愈小；同样，泵的性能曲线越平坦，则并联后的总流量愈小于两台泵单独运行时流量的 2 倍。因此，为达到并联后增加流量的目的，并联运行方式宜适用于管路性能曲线较平坦而泵性能曲线较陡的场合。由于不同性能的泵并联运行操作复杂，故生产中很少采用。

应该指出：从并联数量来看，台数愈多并联后所能增加的流量越少，即每台泵输送的流量减少，故并联台数过多并不经济。

（2）改变装置特性曲线的调节

① 闸阀调节　这种调节方法简便，使用最广，但能量损失很大，且泵的扬程曲线愈陡，损失愈严重。

② 液位调节　由图 4-14 可见，液位升高时，扬程增大，流量减小，液位也下降。而液位降低后，流量又逐渐增加，故可使液位保持在一定范围内进行调节。

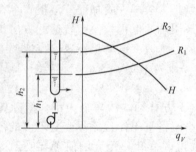

图 4-14　液位调节

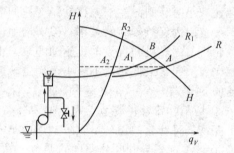

图 4-15　旁路分流调节

③ 旁路分流调节　见图 4-15，在泵出口设有分路与吸水池相连通。此管路上装一节流阀，其中 R_1 是主管的阻力曲线；R_2 是旁管的阻力曲线；R 是主管路和旁路并联合成曲线。旁路关闭时，泵的工况点为 B；打开旁路阀门时，泵的工况点为 A。按装置扬程相等分配流量的原则，过 A 点作一水平线交 R_1 线于 A_1，交 R_2 线于 A_2，则通过旁路的流量为 q_{VA2}，通过主管路的流量为 q_{VA1}。它适用于流量减小而扬程也要减小的场合。

4.3.3　离心泵的启动与运行

4.3.3.1　启动前的准备工作

（1）启动前检查

泵启动前要进行全面认真的检查，检查的内容有以下方面。

ⅰ. 润滑油的名称、型号、主要性能和加注数量是否符合技术文件规定的要求。

ⅱ. 轴承润滑系统、密封系统和冷却系统是否完好，轴承的油路、水路是否畅通。

ⅲ. 盘动泵的转子 1～2 转，检查转子是否有摩擦或卡住现象。

ⅳ. 在联轴器附近或带防护装置等处，是否有妨碍转动的杂物。

ⅴ. 泵、轴承座、电动机的基础地脚螺栓是否松动。

ⅵ. 泵工作系统的阀门或附属装置均应处于泵运转时负荷最小的位置，应关闭出口调节阀。

ⅶ. 点动泵，看其叶轮转向是否与设计转向一致。若不一致，必须使叶轮完全停止转动，调整电动机接线后，方可再启动。

（2）充水

水泵在启动以前，泵壳和吸水管内必须先充满水，这是因为有空气存在的情况下，泵吸入口真空无法形成和保持。

（3）暖泵

输送高温液体的泵，如电厂的锅炉给水泵，在启动前必须先暖泵。这是因为给水泵在启动时，高温给水流过泵内，使泵体温度从常温很快升高到 $100\sim200\,^\circ\!C$，这会引起泵内外和各部件之间的温差，若没有足够长的传热时间和适当控制温升的措施，会使泵各处膨胀不均，造成泵体各部分变形、磨损、振动和轴承抱轴事故。

4.3.3.2 启动程序

ⅰ．离心泵泵腔和吸水管内全部充满水并无空气，出口阀关闭。给水泵暖泵完毕。

ⅱ．对于强制润滑的泵，启动油泵向各轴承供油。

ⅲ．启动冷却水泵或打开冷却水阀。

ⅳ．合闸启动，启动后泵空转时间不允许超过 $2\sim4\min$，使转速达到额定值后，逐渐打开离心泵的出口阀，增加流量，并达到要求的负荷。

4.3.3.3 运行中的注意事项

泵制造厂对轴承的温度有规定：滚动轴承的温升一般不超过 $40\,^\circ\!C$，表面温度不超过 $70\,^\circ\!C$，否则就说明滚动轴承内部出现毛病，应停机检查。如果继续运行，可能引起事故。对于滑动轴承的温度规定，应参阅有关泵的技术文件，处理方法与滚动轴承一样。

泵转子的不平衡、结构刚度或旋转轴的同心度差，都会引起泵产生振动。因此在泵运转时，用测振器在轴承上检查振幅是否符合规定。

为了保证泵的正常运转，叶轮的径向跳动和端面跳动不能超过规定的数值，否则会影响转子不平衡，产生振动。

4.3.4 相似理论在泵中的应用

4.3.4.1 泵的流动相似条件

通常对叶片式泵内的流动而言，两泵流动相似应具备几何相似和运动相似，而运动相似仅要求叶轮进口速度三角形相似。

4.3.4.2 相似定律

保持流动相似的工况称为相似工况。两泵在相似工况下的性能参数符合下列相似定律表达式。

（1）流量关系

$$\frac{q_V'}{q_V}=\lambda_l^3\frac{n'}{n}\times\frac{\eta_V'}{\eta_V} \tag{4-25}$$

（2）扬程关系

$$\frac{H'}{H}=\lambda_l^2\left(\frac{n'}{n}\right)^2\frac{\eta_{hyd}'}{\eta_{hyd}} \tag{4-26}$$

（3）功率关系

$$\frac{N'}{N}=\lambda_l^5\left(\frac{n'}{n}\right)^3\frac{\rho'\eta_m'}{\rho\eta_m} \tag{4-27}$$

式中，λ_l 为尺寸比例系数。在实际应用中，如果液体密度相同、两泵的尺寸和转速相差不大，可认为在相似工况下运行时，各种效率分别相等，即

$$\eta_V'=\eta_V,\ \eta_{hyd}'=\eta_{hyd},\ \eta_m'=\eta_m$$

这样则得到简化的相似定律表达式：

$$\frac{q_V'}{q_V}=\lambda_l^3\frac{n'}{n} \tag{4-28}$$

$$\frac{H'}{H} = \lambda_l^2 \left(\frac{n'}{n}\right)^2 \qquad\qquad (4\text{-}29)$$

$$\frac{N'}{N} = \lambda_l^5 \left(\frac{n'}{n}\right)^3 \qquad\qquad (4\text{-}30)$$

4.3.4.3 泵性能曲线的影响因素

（1）液体的性质

离心泵生产厂家所提供的特性曲线一般是用常温清水测定的。实际使用时，若液体性质与清水的性质相差较大，就应考虑液体性质对离心泵特性曲线的影响，并对原特性曲线进行修正。

① 液体密度的影响　离心泵的压头、流量均与液体的密度无关，故泵的效率也不随流体的密度而改变。所以离心泵特性曲线中的 $H\text{-}q_V$、$\eta\text{-}q_V$ 曲线保持不变。但泵的轴功率随液体的密度而改变，故 $N\text{-}q_V$ 曲线不再适用，此时离心泵的轴功率可按式 $N_e = q_V \rho g H$ 重新计算。

② 液体黏度的影响　若所输送液体的黏度大于常温下清水的黏度，泵体内部液体的能量损失增大，故泵的压头、流量都要减小，效率下降，而轴功率增大，泵的特性曲线也随之发生改变。当液体的运动黏度小于 2×10^{-5} m^2/s 时，可不进行校正。当液体运动黏度大于 2×10^{-5} m^2/s 时，可参考有关离心泵专著进行修正。

（2）转速的影响

离心泵的特性曲线是在一定转速下测得的，同一台泵，若输送液体不变，当转速由 n_1 改变为 n_2 时，根据相似定律，$\lambda_l = 1$，则在不同转速下相似工况的对应参数与转速之间的关系式为

$$\frac{q_V'}{q_V} = \frac{n'}{n} \qquad\qquad (4\text{-}31)$$

$$\frac{H'}{H} = \left(\frac{n'}{n}\right)^2 \qquad\qquad (4\text{-}32)$$

$$\frac{N'}{N} = \left(\frac{n'}{n}\right)^3 \qquad\qquad (4\text{-}33)$$

上式称为比例定律。比例定律是相似定律的一种特例。它也使用于几何尺寸相同、输送液体相同的两台泵转速不同的性能换算。转速变化小于 20% 时，可认为效率不变，用上式进行计算误差不大。

（3）叶轮直径对特性曲线的影响

转速固定的泵，仅有一条扬程流量曲线。为了扩大其工作范围，可采用切割叶轮外径的方法，使工作范围由一条线变成一个面。若新设计的泵通过试验性能偏高，或用户使用的性能低于已有泵的性能，即可用这种切割叶轮外径的办法来解决问题。叶轮切割前后的性能参数变化关系，可近似地由以下切割定律表达式来反映

$$\frac{q_V'}{q_V} = \frac{D_2'}{D_2} \qquad\qquad (4\text{-}34)$$

$$\frac{H'}{H} = \left(\frac{D_2'}{D_2}\right)^2 \qquad\qquad (4\text{-}35)$$

$$\frac{N'}{N} = \left(\frac{D_2'}{D_2}\right)^3 \qquad\qquad (4\text{-}36)$$

式中，右上角打撇的参数为切割后的参数；D_2 为叶轮外径，m。

使用切割定律的切割量不能太大，经验表明，允许的最大相对切割量与比转速 n_s 有关，表 4-3 为叶轮外径允许的最大相对切割量。

表 4-3 叶轮外径允许的最大相对切割量

比转速 n_s	≤60	60～120	120～200	200～300	300～350	350 以上
允许切割量 $\dfrac{D_2-D_2'}{D_2}$/%	20	15	11	9	7	0
效率下降/%	每车小10，下降1			每车小4，下降1		—

注：1. 旋涡泵和轴流泵叶轮不允许切割。

2. 叶轮外径的切割一般不允许超过本表规定的数值，以免泵的效率下降过多。

4.3.4.4 比转速

相似定律表达了在相似条件下相似工况点性能参数之间的相似关系。如果在几何相似泵中能用性能参数之间的某一综合参数来判别是否为相似工况，则不必证明运动相似，即可方便地应用相似定律，为此建立了比转速的概念。

将式(4-28)的平方除以式(4-29)的三次方，然后再开四次方得

$$n_s' = n'\frac{q_V'^{\frac{1}{2}}}{H'^{\frac{3}{4}}} = n\frac{q_V^{\frac{1}{2}}}{H^{\frac{3}{4}}} = n_s \tag{4-37}$$

式中，n_s 定义为比转速。该式表明，相似工况的比转速相等；或者说，如果泵几何相似，则比转速相等下的工况为相似工况，因为由比转速相等可推出该工况运动相似。这样比转速相等就成为几何相似泵工况相似的判别式了。

由于不同工况点的比转速不同，为了便于比较，统一规定只取最佳工况点（即最高效率工况点）的比转速代表泵的比转速。在国内为使水泵的比转速与水轮机的比转速一致，并沿用过去的表达式，规定其计算式为

$$n_s = 3.65n\frac{q_V^{\frac{1}{2}}}{H^{\frac{3}{4}}} \tag{4-38}$$

式中　q_V——流量，m^3/s；

　　　H——扬程，m；

　　　n——转速，r/min。

双吸泵的叶轮流量除以 2，多级泵扬程除以级数。

比转速在泵的分类、模化设计、编制系列型谱和选择使用泵等方面均有重要的作用，例如可以按照比转速的大小来大致划分泵的类型。由比转速的定义式(4-37)可知，比转速大反映泵的流量大、扬程低；反之亦然。通常 $n_s<30$ 为活塞式泵。在叶轮式泵中，按比转速大小划分泵的类型如表 4-4 所示，可以看出，适应于不同比转速的叶轮形状、尺寸比例、叶片形状及其性能曲线各有所不同。

表 4-4 比转速与叶轮形状和性能曲线形状的关系

泵的类型	离心泵			混流泵	轴流泵
	低比转速	中比转速	高比转速		
比转速 n_s	$30<n_s<80$	$80<n_s<150$	$150<n_s<300$	$300<n_s<500$	$500<n_s<1000$
叶轮形状					

续表

泵的类型	离 心 泵			混 流 泵	轴 流 泵
	低比转速	中比转速	高比转速		
尺寸比 $\dfrac{D_2}{D_0}$	≈ 3	≈ 2.3	$\approx 1.8 \sim 1.4$	$\approx 1.2 \sim 1.1$	≈ 1
叶片形状	柱形叶片	入口处扭曲出口处柱形	扭曲叶片	扭曲叶片	轴流泵翼型
性能曲线 形 状	$q_V\text{-}H$ $q_V\text{-}N$ $q_V\text{-}\eta$	$q_V\text{-}H$ $q_V\text{-}N$ $q_V\text{-}\eta$	$q_V\text{-}H$ $q_V\text{-}N$ $q_V\text{-}\eta$	$q_V\text{-}H$ $q_V\text{-}N$ $q_V\text{-}\eta$	$q_V\text{-}H$ $q_V\text{-}\eta$ $q_V\text{-}N$
流量-扬程曲线特点	关死扬程为设计工况的 $1.1 \sim 1.3$ 倍,扬程随流量减少而增加,变化比较缓慢			关死扬程为设计工况的 $1.5 \sim 1.8$ 倍,扬程随流量减少而增加,变化较急	关死扬程为设计工况的 2 倍左右,扬程随流量减少而急速上升,又急速下降
流量-功率曲线特点	关死功率较小,轴功率随流量增加而上升			流量变动时轴功率变化较小	关死点功率最大,设计工况附近变化比较小,以后轴功率随流量增大而下降
流量-效率曲线特点	比较平坦			比轴流泵平坦	急速上升后又急速下降

汽蚀比转速 c 是泵在最佳工况下的汽蚀特性参数,它表示为

$$c = \frac{5.62 n \sqrt{q_V}}{\mathrm{NPSH}_r^{3/4}} \qquad (4\text{-}39)$$

c 值作为相似准则数,相似泵的 c 值相等,相同流量下 c 值越大,NPSH_r 越小,泵的抗汽蚀性能越好。对于轴流泵,在非设计工况时的必需汽蚀余量 NPSH_r 要增大,为安全起见,$\mathrm{NPSH}_r = \mathrm{NPSH}_a - 1\mathrm{m}$。$c$ 值一般为 $800 \sim 950$。

4.3.4.5 泵的高效工作范围

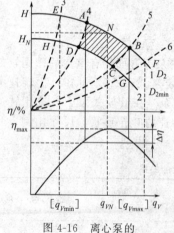

图 4-16 离心泵的高效工作范围

考虑到泵运行的经济性,要求泵应在较高效率范围内工作。通常规定以最高效率下降 $\Delta \eta$ 为界,中国规定 $\Delta \eta = 5\% \sim 8\%$,一般取 $\Delta \eta = 7\%$。图4-16中由 $ABCD$ 包围的阴影区即为泵的高效工作范围。其中,N 为最高效率点,AD 虚线 4 和 BC 虚线 5 近似为等效率抛物线,AB 实线 1 为未切割叶轮外径 D_2 时的扬程性能曲线,CD 实线 2 为达到允许最大相对切割量 D_{2min} 时的扬程性能曲线。另外,AB 实线 1 亦可表示为转速 n_1 的扬程性能曲线,CD 实线 2 亦可表示为叶轮外径不变而转速降低为 n_2 的扬程性能曲线,故 $ABCD$ 阴影区,亦为转速改变时的高效工作区。

4.3.4.6 泵的系列型谱

为促进泵的生产、优选品种、扩大批量、降低成本,而又能较好地满足广大用户的各种要求,有必要实现泵的系列化、通用化、标准化。而编制泵的系列型谱,是实现三化的一项重要工作。首先,按照泵的结构划分系列(例如单级离心泵系列、双吸泵系列、

节段式多级泵系列等）或按照泵的用途划分系列（例如化工流程泵系列、锅炉给水泵系列等），然后每种系列根据泵的相似原理编制型谱。其大体做法是，选择经过实验表明性能良好的几种比转速模型泵作基型，按照一定流量间隔和一定扬程间隔确定若干种与模型泵几何相似、比转速相等的泵作为泵的产品。包括这些泵变转速或切割叶轮外径的高效工作区，使其布满广阔的扬程流量图，这种图即为泵的系列型谱图。以图 4-17 作为示例，它表示了一种按照国际标准 ISO 2858 编制的清水单级离心泵系列的型谱图。图中为使高扬程大流量的间隔不致太大，通常采用对数坐标表示。其中，斜直线为等比转速线。虽然比转速仅有几个，但与模型泵几何相似、比转速相等的泵可有几种。图中每种产品以点标出其设计工况，以泵的进口、出口和叶轮外径尺寸标明其规格，还标出了高效工作区。从图中可以看出，虽然泵的品种规格不多，但却能布满如此大的流量扬程范围，显然，按照这种系列型谱图组织泵的生产，提供用户选型使用，是具有很多优越性的。目前国内离心泵的系列已经比较齐全，用户可以根据自己的实际条件从各类泵的系列型谱中进行合理的选择。

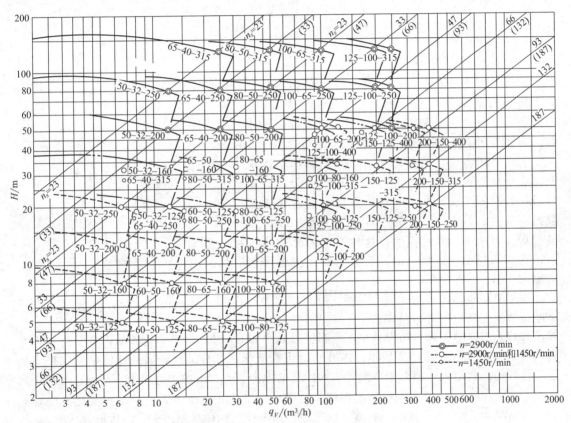

图 4-17　单级离心泵系列型谱

4.4　其他泵概述

4.4.1　轴流泵

4.4.1.1　典型结构

图 4-18 为轴流泵的一般结构，其中过流部件有叶轮、导叶、吸入管、弯管（排出管）

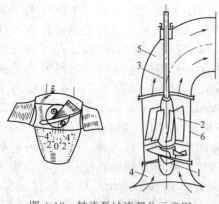

图 4-18　轴流泵过流部分示意图
1—叶轮；2—导叶；3—轴；4—吸
入管；5—弯管；6—外壳

和外壳。

按照安装位置可将轴流泵分为立式、卧式和斜式。按照叶轮上的叶片是否可调，轴流泵分为：固定叶片式，叶片固定不可调；半调节叶片式，停机拆下叶轮后可调节叶片角度；全调节叶片式，通过一套调节机构使泵能在运行中自动调节叶片角度。调节机构有机械式、油压式。

4.4.1.2　工作原理

轴流泵的工作是以空气动力学中机翼的升力理论为基础的。如同离心泵一样，轴流泵中旋转叶轮传递给单位重量液体的能量也用欧拉方程来表示，但由于流线沿轴流叶轮进出口的圆周速度相等，因此，方程（4-12）变为

$$H_t = \frac{w_1^2 - w_2^2}{2g} + \frac{c_2^2 - c_1^2}{2g} \quad \text{m} \tag{4-40}$$

4.4.1.3　工作特性

轴流泵的 $H-q_V$ 曲线在小流量区往往出现马鞍形的凹下部分。功率曲线与扬程曲线有大体类似的形状，而效率曲线上的高效率区比较狭窄。如图 4-19 所示，在扬程曲线上，当流量由最佳工况点 A 开始减小时，其扬程逐渐增大，流量减到 q_{V1} 时扬程增大到转折点 B。流量继续减小，则扬程也减小，直至第二个转折点 C。自 C 点开始再减小流量，扬程又迅速增加，当排出流量 $q_V = 0$ 时，扬程可达最佳工况点扬程的两倍左右。$q_V = 0$ 工况通常称为关死工况，此时的扬程最高，功率最大。显然，这种形状的性能曲线对泵的运行是不利的。下面简单说明性能曲线出现这种形状的原因。

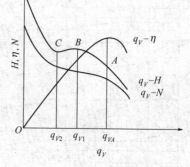

图 4-19　轴流泵的特性曲线

当流量减小使冲角增大到一定程度时，翼型表面将产生脱流现象。所以当流量减小到 q_{V1} 时，因冲角过大产生脱流导致升力系数下降，扬程减小。而当流量减小到 q_{V2} 时，由于叶片各截面上的扬程不等会出现二次回流，如图 4-20 所示。由叶轮流出的液体一部分又重新回到叶轮中再次接受能量，从而使扬程增大。但由于主流与二次回流的撞击会有很大的水力损失，又由于叶片进出口的回流旋涡使主流道变为斜流式，而斜流式的扬程要比原来轴流式的扬程高，由于以上两种原因均使扬程增大，所以由 q_{V2} 再减小流量时扬程又迅速增大，由于脱流与二次回流均造成很大的能量损失，故在小流量区效率曲线随流量减小而很快下降，因而高效率工作区域相当小。

图 4-20　轴流泵叶轮内的二次回流

应当指出，轴流泵的启动操作与离心泵是不同的。由于轴流泵有这种形状的性能曲线，若还像离心泵那样关闭排液管上的闸阀启动，则轴流泵往往难以启动起来，且有烧坏电动机的危险。因为这相当于在关死点工况下启动，需要消耗很大的功率。所以轴流泵启动时排液管上的闸阀必须全开，以减小启动功率。

固定叶片式轴流泵只有图 4-19 一条特性曲线，而调节叶片式轴流泵随着叶片角度的改变性能曲线会移动位置，从而得到许多条特性曲线，如图 4-21 所示，图中还绘有等效率曲线和等功率曲线，这称作轴流泵的综合特性曲线。调节叶片的角度可使轴流泵的高效区比较宽广，能在变工况下保持经济运行。

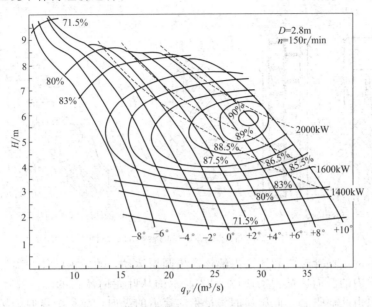

图 4-21 28CJ56 型轴流泵的综合特性曲线

4.4.1.4 特点及应用场合

轴流泵的特点是流量大、扬程低、效率高。一般流量为 $0.3 \sim 65 m^3/s$，扬程通常为 $2 \sim 20 m$，比转速大约为 $500 \sim 1600$。

轴流泵可用于水利、化工、热电站输送循环水、城市给排水、船坞升降水位，还可作为船舶喷水推进器等。随着各种大型化工厂的发展，轴流泵已在某些化工厂中得到较多的应用，如烧碱、纯碱生产用的蒸发循环轴流泵、冷析轴流泵等。近年来我国自行设计和制造的大型轴流泵，其叶轮直径已达 $3 \sim 4 m$。

4.4.2 旋涡泵

4.4.2.1 典型结构

旋涡泵结构简图如图 4-22 所示。它主要由叶轮、泵体和泵盖组成。泵体和叶轮间形成环流通道，液体从吸入口进入，通过旋转的叶轮获得能量，到排出口排出。吸入口和排出口间有隔板，隔板与叶轮间有很小的间隙，由此使吸入口和排出口隔离开。

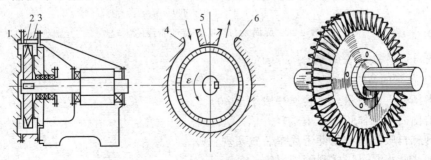

图 4-22 旋涡泵示意图

1—泵盖；2—叶轮；3—泵体；4—吸入口；5—隔板；6—排出口

4.4.2.2 工作原理

旋涡泵通过叶轮叶片把能量传递给流道内的液体。但它是通过三维流动能量传递在整个泵的流道内重复多次，图 4-23 为液体在旋涡泵内运动的示意图。因此，旋涡泵具有其他叶片式泵所不可能达到的高扬程。

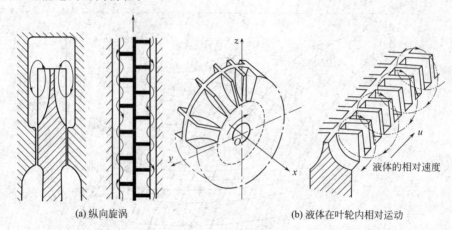

(a) 纵向旋涡　　　　　　　　　　　　　　(b) 液体在叶轮内相对运动

图 4-23　液体在旋涡泵内运动的示意图

由于叶轮转动，使叶轮内和流道内液体产生圆周运动，叶轮内液体的离心力大，它的圆周速度大于流道内的圆周速度，形成图 4-23 所示的从叶轮向流道的环形流动，这种流动类似旋涡，旋涡泵由此而得名。此旋涡的矢量指向流道的纵向，故称为纵向旋涡。

由于旋涡泵是借助从叶轮中流出的液体和流道内液体进行动量交换（撞击）传递能量，伴有很大的冲击损失，所以旋涡泵的效率较低。

4.4.2.3 工作特性

图 4-24 所示旋涡泵扬程和功率特性曲线是陡降的，图上还示出旋涡泵与离心泵特性曲线的比较。

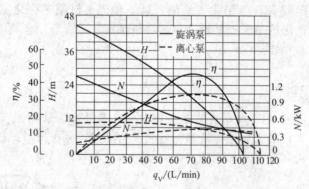

图 4-24　旋涡泵与离心泵特性曲线的比较

4.4.2.4 特点及应用场合

（1）旋涡泵的特点

ⅰ. 高扬程、小流量，比转速一般小于 40。

ⅱ. 结构简单、体积小、重量轻。

ⅲ. 具有自吸能力或借助于简单装置实现自吸。

ⅳ. 某些旋涡泵可以实现气液混输。

ⅴ. 效率较低，一般为 20%～40%，最高不超过 50%。

ⅵ. 旋涡泵的抗汽蚀性能较差。

ⅶ. 随着抽送液体黏度增加，泵效率急剧下降，因而不适宜输送黏度大的液体。

ⅷ. 旋涡泵隔板处的径向间隙和轮盘两侧与泵体间的轴向间隙很小，一般径向间隙为0.15～0.3mm，轴向间隙为0.07～0.15mm，因而对加工和装配精度要求较高。

ⅸ. 当抽送液体中含有杂质时，因磨损导致径向间隙和轴向间隙增大，从而降低泵的性能。

（2）应用场合

旋涡泵主要用于化工、医药等工业流程中输送高扬程、小流量的酸、碱和其他有腐蚀性及易挥发性液体，也可作为消防泵、小型锅炉给水泵和一般增压泵使用。

4.4.3　杂质泵

4.4.3.1　典型结构

杂质泵又称液固两相流泵，杂质泵大多为离心泵。由于用途不同，叶轮的结构形式很多。图4-25为常用杂质泵的结构形式。

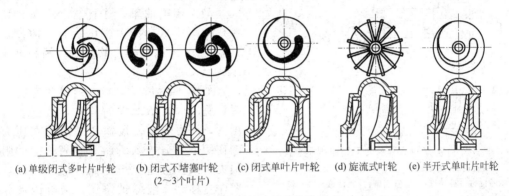

(a) 单级闭式多叶片叶轮　(b) 闭式不堵塞叶轮　(c) 闭式单叶片叶轮　(d) 旋流式叶轮　(e) 半开式单叶片叶轮
　　　　　　　　　　　(2～3个叶片)

图 4-25　杂质泵叶轮的结构形式

图4-26是一般形式叶轮和瓦尔曼（Warman）式叶轮抽送颗粒和液体时的流动状态。在一般形式叶轮中，从叶轮出口流向涡室的流动向外侧分流，形成外向旋涡。因为旋涡中心的压力低，使固体颗粒集中到叶轮两侧，从而加剧了叶轮前、后盖板和衬套的磨损。在瓦尔曼式叶轮中，在涡室形成内向旋涡，从而避免了一般叶轮的缺点。

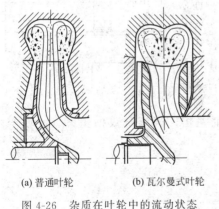

(a) 普通叶轮　　　　(b) 瓦尔曼式叶轮

图 4-26　杂质在叶轮中的流动状态

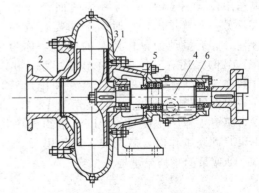

图 4-27　普通卧式污水泵
1—涡形体；2—前盖；3—叶轮；4—轴；
5—填料箱体；6—轴承体

在杂质泵中，由于固体颗粒在叶轮进口的速度小于液体速度，因而具有相对阻塞作用。又由于固体颗粒所受的离心力大于液体，它们在叶轮出口的径向分速度大于液体速度，因而具有相对抽吸作用。考虑到上述作用，并兼顾效率、磨损和汽蚀等因素，有的专家认为这种泵叶片进口角应比一般纯液泵的大，而叶片出口角应比一般纯液泵的小，并应适当加大叶轮的外径和叶片的轴向宽度。图 4-27 给出了普通卧式污水泵结构。

4.4.3.2 特点及应用场合

杂质泵的应用日益扩大，如在城市中排送各种污水，在建筑施工中抽送砂浆，在化学工业中抽送各种浆料，在食品工业中抽送鱼、甜菜，在采矿业中输送各种矿砂和矿浆等。杂质泵今后将成为泵应用中一个非常重要的领域。

4.4.4 往复活塞泵

4.4.4.1 典型结构与工作原理

往复活塞泵由液力端和动力端组成。液力端直接输送液体，把机械能转换成液体的压力能；动力端将原动机的能量传给液力端。

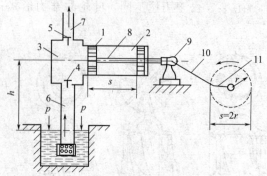

图 4-28 单作用活塞泵的工作原理示意图
1—活塞；2—活塞缸；3—工作室；4—吸入阀；5—排出阀；6—吸入管；7—排出管；8—活塞杆；9—十字接头；10—曲柄连杆机构；11—带轮

动力端由曲轴、连杆、十字头、轴承和机架等组成。液力端由液缸、活塞（或柱塞）、吸入阀和排出阀、填料函和缸盖等组成。

如图 4-28 所示，当曲柄以角速度 ω 逆时针旋转时，活塞向右移动，液缸的容积增大，压力降低，被输送的液体在压力差的作用下克服吸入管路和吸入阀等的阻力损失进入到液缸。当曲柄转过 $180°$ 以后活塞向左移动，液体被挤压，液缸内液体压力急剧增加，在这一压力作用下，吸入阀关闭而排出阀被打开，液缸内液体在压力差的作用下被排送到排出管路中去。当往复泵的曲柄以角速度 ω 不停地旋转时，往复泵就不断地吸入和排出液体。

活塞在泵缸内往复一次只有一次排液的泵，叫单缸单作用泵（图 4-28）。当活塞两面都起作用，即一面吸入，另一面就排出，这时一个往复行程内完成两次吸排过程，其流量约为单作用泵的两倍，称为单缸双作用泵（图 4-29）。还有一种是三缸单作用泵，由三个单作用泵并联在一起，还用公共的吸入管和排出管，这三台泵由同一根曲轴带动，曲柄之间夹角为 $120°$，曲轴旋转一周，三台泵各工作一个往复，所以流量约为单作用泵的三倍。当两台双作用泵（或四台单作用泵）并联工作时，就构成了四作用泵。

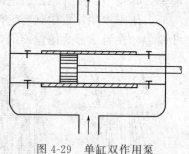

图 4-29 单缸双作用泵

活塞泵的平均流量

$$q_V = \frac{iFSn\eta_V}{60} \tag{4-41}$$

式中　F——活塞面积，m^2；

　　　S——活塞行程，m；

　　　n——转速，r/min；

　　　η_V——泵的容积效率。

$i=1$、2、3 和 4 分别表示单作用泵、双作用泵、三作用泵和四作用泵。

4.4.4.2 工作特性

活塞泵在一定 n 时 $q_V\text{-}H$、$N\text{-}H$、$\eta\text{-}H$ 曲线叫性能曲线，见图4-30。

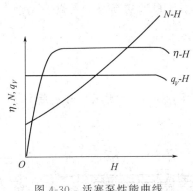

图4-30 活塞泵性能曲线

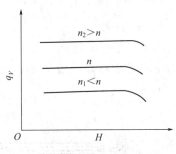

图4-31 活塞泵的工况调节

$q_V\text{-}H$ 表现为平行横坐标的直线，只在高压情况下，由于泄漏损失增加，流量趋于降低。

$\eta\text{-}H$ 曲线中，η 在很大范围内是一常数，只在压力很高或很低时才降低。很高时，降低是由于泄漏增加；很低时，降低则是由于有效功率过小，即排出流量和压力都太小，接近空运转状况。

$N\text{-}H$ 曲线是急剧上升的，因为 H 在增大，功率当然增加。当活塞处于吸液行程时，液体因其惯性而使流动滞后于活塞的运动，从而使缸内出现低压，产生气泡，由此亦会形成汽蚀，甚至出现水击现象，显然这对活塞泵的性能和寿命都有影响，因此也就限制了活塞泵提高转速。

活塞泵的工况调节是改变流量和扬程。改变扬程，可调节排出阀，小开启度排出压力高，大开启度排出压力低。改变流量不能用排出阀调节，可用旁路调节、行程调节和转速调节。如改变电动机的转速 n，低转速流量小，高转速流量大，见图4-31。一般活塞泵在排出口都装有安全阀，当排液压力超过允许值时安全阀开启，使高压液体从排出腔短路返回吸入腔。

4.4.4.3 特点及应用场合

活塞泵有以下特点。

ⅰ. 流量只取决于泵缸几何尺寸（活塞直径 D、活塞行程 S）、曲轴转速 n，而与泵的扬程无关。所以活塞泵不能用排出阀来调节流量，它的性能曲线是一条直线。只是在高压时，由于泄漏损失，流量稍有减小。

ⅱ. 只要原动机有足够的功率，填料密封有相应的密封性能，零部件有足够的强度，活塞泵可以随着排出阀开启压力的改变产生任意高的扬程。所以同一台往复泵（活塞泵）在不同的装置中可以产生不同的扬程。

ⅲ. 活塞泵在启动运行时不能像离心泵那样关闭出水阀启动，而是要开阀启动。

ⅳ. 自吸性能好。

ⅴ. 由于排出流量脉动造成流量的不均匀，有的需设法减小与控制排出流量和压力的脉动。

往复活塞泵适用于输送压力高、流量小的各种介质。当流量小于 $100\text{m}^3/\text{h}$、排出压力大于 10MPa 时，有较高的效率和良好的运行性能，亦适合输送黏性液体。

另外，计量泵也属于往复式容积泵，计量泵在结构上有柱塞式、隔膜式和波纹管式，其中柱塞式计量泵与往复活塞泵的结构基本一样,但计量泵中的曲柄回转半径往往还可调节,借以控制流量,而隔膜挠曲变形引起容积的变化,波纹管被拉伸和压缩从而改变容积,均达到输送与计量的目的。计量泵也称定量泵或比例泵。目前国内外生产的计量泵计量流量的精度一般为柱塞式±0.5%、隔膜式±1%,计量泵可用于计量输送易燃、易爆、腐蚀、磨蚀、浆料等各种液体,在化工和石油化工装置中经常使用。

4.4.5 螺杆泵

4.4.5.1 典型结构

螺杆泵有单螺杆泵(如图 4-32 所示)、双螺杆泵(如图 4-33 所示)和三螺杆泵(如图 4-34 所示)。

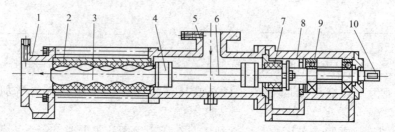

图 4-32 单螺杆泵

1—压出管;2—衬套;3—螺杆;4—万向联轴器;5—吸入管;
6—传动轴;7—轴封;8—托架;9—轴承;10—泵轴

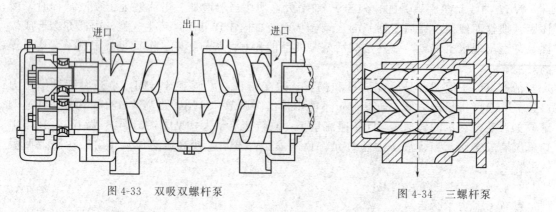

图 4-33 双吸双螺杆泵   图 4-34 三螺杆泵

4.4.5.2 工作原理

单螺杆泵工作时,液体被吸入后就进入螺纹与泵壳所围的密封空间,当螺杆旋转时,密封容积在螺牙的挤压下提高其压力,并沿轴向移动。由于螺杆按等速旋转,所以液体出口流量是均匀的。

单螺杆泵的流量

$$q_V = 0.267eRtn\eta_V \tag{4-42}$$

式中　e——偏心距,m;

　　　R——螺杆断面圆半径,m;

　　　t——螺距,m;

　　　n——泵轴转速,r/min;

　　　η_V——泵的容积效率。

双螺杆泵是通过转向相反的两根单头螺纹的螺杆来挤压输送介质的。一根是主动的,另一根是从动的,它通过齿轮联轴器驱动。螺杆用泵壳密封,相互啮合时仅有微小的齿面间隙。由于转速不变,螺杆输送腔内的液体限定在螺纹槽内均匀地沿轴向向前移动,因而泵提供的是一种均匀的体积流量。每一根螺杆都配有左螺旋纹和右螺旋纹，从而使通过螺杆两侧吸入口的沿轴向流入的液体在旋转过程中被挤向螺杆正中，并从那里挤入排出口。由于从两侧进液，因此在泵内取得了压力平衡。

4.4.5.3 工作特性

图 4-35 的特性曲线显示了螺杆泵在水力方面的特性，体积流量随扬程的增加而减小。

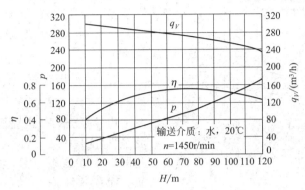

图 4-35 螺杆泵的特性曲线

4.4.5.4 特点及应用场合

螺杆泵有如下特点。

ⅰ. 损失小，经济性能好。

ⅱ. 压力高而均匀、流量均匀、转速高。

ⅲ. 机组结构紧凑，传动平稳，经久耐用，工作安全可靠，效率高。

螺杆泵几乎可用于任何黏度的液体，尤其适用于高黏度和非牛顿流体，如原油、润滑油、柏油、泥浆、黏土、淀粉糊、果肉等。螺杆泵亦用于精密和可靠性要求高的液压传动和调节系统中，也可作为计量泵。但是它加工工艺复杂，成本高。

4.4.5.5 型号和名称

螺杆泵产品型号在产品目录上可以查到，现在举例加以说明，单螺杆泵 G40×4-8/10，三螺杆泵 3G36×6-2.4/40，型号中的 40 或 36 表示螺杆直径（mm），4 或 6 表示螺杆螺距，8 或 2.4 表示泵的流量（m³/h），10 或 40 表示泵的排出压力（0.1MPa 或 0.4MPa）。

4.4.6 滑片泵

4.4.6.1 典型结构与工作原理

滑片泵的转子为圆柱形，具有径向槽道，槽道中安放滑片，滑片数可以是二片或多片，滑片能在槽道中自由滑动（图 4-36）。

泵转子在泵壳内偏心安装，转子表面与泵壳内表面构成一个月牙形空间。转子旋转时，滑片依靠

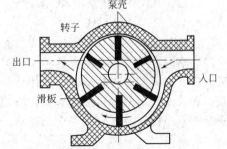

图 4-36 滑片泵结构示意图

离心力或弹簧力（弹簧放在槽底）的作用紧贴在泵内腔。在转子的前半转相邻两滑片所包围的空间逐渐增大，形成真空，吸入液体，而在转子的后半转，此空间逐渐减小，将液体挤压到排出管。

4.4.6.2 工作特性

图 4-37 为某滑片泵的工作特性曲线。其体积流量和所需功率与转速成正比，比例范围

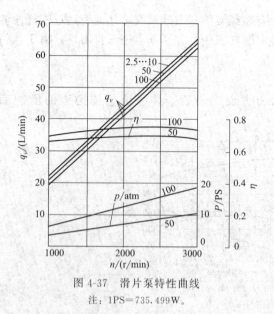

图 4-37 滑片泵特性曲线
注：1PS＝735.499W。

较宽。压力升高时，泵的容积效率下降甚微。

4.4.6.3 特点及应用场合

滑片泵也可与高速原动机直接相连，同时具有结构轻便、尺寸小的特点，但滑片和泵内腔容易磨损。滑片泵应用范围广，流量可达 5000L/h。常用于输送润滑油和液压系统，适宜于在机床、压力机、制动机、提升装置和力矩放大器等设备中输送高压油。

4.4.7 齿轮泵

4.4.7.1 典型结构

齿轮泵分为外齿轮泵（图 4-38）和内齿轮泵（图 4-39）。内齿轮泵的两个齿轮形状不同，齿数也不一样。其中一个为环状齿轮，能在泵体内浮动，中间一个是主动齿轮，与泵体成偏心位置。环状齿轮较主动齿轮多一齿，主动齿轮带动环状齿轮一起转动，利用两齿间空间的变化来输送液体。另有一种内齿轮泵是环状齿轮较主动齿轮多两齿，在两齿轮间装有一块固定的月牙形隔板，把吸排空间明显隔开了。

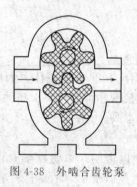

图 4-38 外啮合齿轮泵

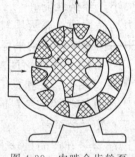

图 4-39 内啮合齿轮泵

在排出压力和流量相同的情况下，内齿轮泵的外形尺寸较外齿轮泵小。

4.4.7.2 工作原理

齿轮与泵壳、齿轮与齿轮之间留有较小的间隙。当齿轮沿图示箭头所指方向旋转时，在轮齿逐渐脱离啮合的左侧吸液腔中，齿间密闭容积增大，形成局部真空，液体在压差作用下吸入吸液室，随着齿轮旋转，液体分两路在齿轮与泵壳之间被齿轮推动前进，送到右侧排液腔，在排液腔中两齿轮逐渐啮合，容积减小，齿轮间的液体被挤到排液口。齿轮泵一般自带安全阀，当排压过高时，安全阀启动，使高压液体返回吸入口。

外齿轮泵的流量为
$$q_V = \frac{Fbzn\eta_V}{30} \tag{4-43}$$

式中　F——两齿之间的面积，m^2；

　　　b——齿轮的宽度，mm；

　　　z——每个齿轮的齿数；

　　　n——齿轮的转速，r/min；

　　　η_V——泵的容积效率。

4.4.7.3 工作特性

图 4-40 为一高压齿轮泵的工作特性曲线, 齿轮泵的单级压力可达 100bar(1bar=10^5Pa) 以上, 由图可见, 在很宽的性能范围内具有良好而又恒定的效率。

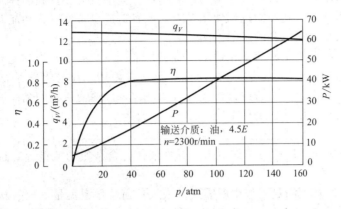

图 4-40 高压齿轮泵特性曲线

4.4.7.4 特点及应用场合

齿轮泵是一种容积式泵, 与活塞泵不同之处在于没有进排水阀, 它的流量要比活塞泵更均匀, 构造也更简单。齿轮泵结构轻便紧凑, 制造简单, 工作可靠, 维护保养方便。一般都具有输送流量小和输出压力高的特点。

齿轮泵用于输送黏性较大的液体, 如润滑油和燃烧油, 不宜输送黏性较低的液体 (例如水和汽油等), 不宜输送含有颗粒杂质的液体 (影响泵的使用寿命), 可作为润滑系统油泵和液压系统油泵, 广泛用于发动机、汽轮机、离心压缩机、机床以及其他设备。齿轮泵工艺要求高, 不易获得精确的匹配。

4.4.7.5 型号和名称

常用的齿轮泵有以下几种。

CB-B 型齿轮泵, 工作压力为 2.5MPa, 流量 2.5～200L/min, 额定转速为 1450r/min, 共有 16 种规格。型号字母 CB 表示齿轮泵, 后一个 B 表示压力等级, 我国机床液压系统压力分成 A、B、C 三级, 相对应的压力是 1.0MPa、2.5MPa、6.3MPa, 例如 CB-B25, 表示该齿轮泵压力是 B 级 2.5MPa, 流量 25L/min。

农机上使用的 CB 齿轮泵压力较高, 其额定压力为 10MPa, 最大压力可达 13.5MPa, 转速范围为 1300～1625r/min, 共有 CB-10、CB-32、CB-46、CB-100 四种规格, 后面的数字表示泵的理论流量。

CB-F 型高压齿轮泵, 额定压力为 14MPa, 最大压力可达 17.5MPa。

其他还有计量泵、屏蔽泵、潜水泵、射流泵、真空泵等, 参见文献 [8]、[9]。

4.5 泵 的 选 用

泵的选用是根据用户的使用要求, 从现有的泵系列产品中选择出一种能够满足使用要求、运行安全可靠、经济性好, 且又便于操作和维修保养的泵, 而尽量不再进行重新设计和制造。因此, 在选择泵时, 应综合考虑、精心筹划、准确判断, 以使所选泵的形式、规格与使用目的相一致。但有特殊要求的泵, 则需根据用户的要求进行专门的设计和制造。

4.5.1 泵的选用原则及分类

4.5.1.1 选用原则

选用泵包括选用泵的形式及其相配的传动部件、原动机等。正确选择泵是使用这类泵的关键。如果选择不合适，就不能达到使用要求，或者造成设备、资金和能源的浪费，或者给泵的运行及所属系统带来不利的影响。

如果所选泵与原动机的转速不相适应，也会带来严重的后果。当转速超过泵的额定转速时，便可能使泵的叶轮破坏。当然，泵的选择与正常使用，还与管路系统的布置有关。因此，在选择泵时，一定要全面考虑，作较细致的工作，以便使所选的泵能满足所需要的流量和扬程，并在管路系统中处于最佳工况。

在选择泵时，一般应遵循下列原则。

ⅰ. 根据所输送的流体性质（如清水、黏性液体、含杂质的流体等）选择不同用途、不同类型的泵。

ⅱ. 流量、扬程必须满足工作中所需要的最大负荷。额定流量一般直接采用工作中的最大流量，如缺少最大流量值时，常取正常流量的 1.1～1.15 倍。额定扬程一般取装置所需扬程的 1.05～1.1 倍。因为裕量过大会使工作点偏离高效区，裕量过小满足不了工作要求。

ⅲ. 从节能观点选泵，一方面要尽可能选用效率高的泵，另一方面必须使泵的运行工作点长期位于高效区之内。如泵选用不当，虽然流量、扬程能满足用户的要求，但其工作点偏离高效工作区，则会造成不应有的过多的能耗，使生产成本增加。

ⅳ. 为防止发生汽蚀，要求泵的必需汽蚀余量 $NPSH_r$ 小于装置汽蚀余量 $NPSH_a$。如不合乎此要求，需设法增大 $NPSH_a$，如降低泵的安装高度等，或要求制造泵的厂家降低泵的 $NPSH_r$ 值，或双方同时采取措施、达到要求。

ⅴ. 按输送工质的特殊要求选泵，如工质易燃、易爆、有毒、腐蚀性强、含有气体、低温液化气、高温热油、药液等，它们有的对防泄漏的密封有特殊要求，有的要采用冷却、消毒措施等，因此，选用的泵型各有特殊要求。

ⅵ. 所选择的泵应具有结构简单、易于操作与维修、体积小、重量轻、设备投资少等特点。

ⅶ. 当符合用户要求的泵有两种以上的规格时，应以综合指标高者为最终选定的泵型号，如再比较效率、可靠性、价格等参数。

4.5.1.2 各种泵的适用范围

图 4-41 为各种泵的适用范围，由图可见，离心泵适用的压力和流量范围是最大的，因而应用是最广的。

4.5.1.3 选用分类

（1）按性能要求选用

在泵的运行过程中，扬程变化人的，选用扬程曲线倾斜大的混流泵、轴流泵较适宜；而对运行中流量变化大的，宜选用扬程曲线平缓、压力变化小的离心泵。如果考虑吸水性能，则在流量相同、转速相同的条件下，双吸泵较为优越。选用立式泵，并把叶轮部位置于水下面，对防止汽蚀是有利的。

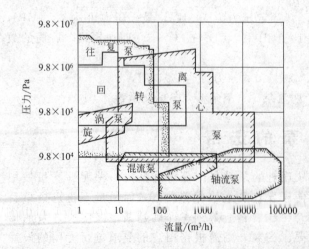

图 4-41 各种泵的适用范围

(2) 按工作介质选用

根据所输送的流体性质、化学性质（如黏性液体，易燃、易爆流体，腐蚀性强的流体，含杂质的流体，高温流体及清洁流体）选择不同用途、不同类型的泵。例如，当输送介质腐蚀性较强时，则应从耐腐蚀的系列产品中选取；当输送石油产品时，则应选各种油泵。

① 黏性介质的输送　对于叶片式泵，随着液体黏度增大，其流量、扬程下降，功耗增加。对于容积式泵，随着液体黏度增大，一般泄漏量下降，容积效率增加，泵的流量增加，但泵的总效率下降，泵的功耗增加。不同类型泵的适用黏度范围见表 4-5。

表 4-5　不同类型泵的适用黏度范围

类型		适用黏度范围/(mm^2/s)	类型		适用黏度范围/(mm^2/s)
叶片式泵	离心泵	$<150$①	容积式泵	旋转活塞泵	200～100000
				单螺杆泵	10～560000
	旋涡泵	$<37.5$②		双螺杆泵	0.6～100000
容积式泵	往复泵	$<850$③		三螺杆泵	21～600
	计量泵	<800		齿轮泵	<2200

① 对 $NPSH_r$ 远小于 $NPSH_a$ 的离心泵，可用于黏度$<500\sim650mm^2/s$，当黏度$>650mm^2/s$，离心泵的性能下降很大，一般不宜再用离心泵，但由于离心泵输液无脉动、不需安全阀且流量调节简单，因此在化工生产中也常可见到离心泵用于黏度达 $1000mm^2/s$ 的场合。

② 旋涡泵最大黏度一般不超过 $115mm^2/s$。

③ 当黏度大于此值时，可选用特殊设计的高黏度泵，如 GN 型计量泵、螺杆泵。

如用清水泵输送黏度较大的介质，其离心泵的性能需要进行换算，换算方法见参考文献[1]139～142 页或 [9]2-19～2-21 页。

② 含气液体的输送　输送含气液体时，泵的流量、扬程、效率均有所下降，含气量愈大，下降愈快。随着含气量的增加，泵容易出现噪声和振动，严重时会加剧腐蚀或出现断流、断轴现象。各种类型泵输送介质的允许含气量极限见表 4-6。

表 4-6　各类泵含气量的允许极限

泵类型	离心泵	旋涡泵	容积式泵
允许含气量极限(体积)/%	<5	5～20	5～20

③ 低温液化气的输送　低温液化气包括液态烃、液化天然气以及液态氧、液态氮等各种液化气。这些介质的温度通常为－196～－30℃。输送这些介质的泵称为低温泵或深冷泵。绝大多数液化气具有腐蚀性和危险性，因此不允许泄漏到外界；一旦漏出液化气，由于液化气的气体吸热极易造成密封部位的结冰，因此输送液化气的低温泵对轴封的要求很严。目前大多采用机械密封，形式有单端面、双端面和串联式机械密封。泵常用的低温材料为奥式体不锈钢，如 0Cr18Ni9、0Cr28Ni12Mo2 等。

④ 含固体颗粒液体的输送　输送含固体颗粒液体的泵，常被称为杂质泵。杂质泵叶轮和泵体的损坏原因分两类：一类是由于固体颗粒磨蚀引起的，如矿山、水泥、电厂等行业用泵；另一类是磨蚀性和腐蚀性共同作用引起的，如磷复肥工业中的磷酸料浆泵等。离心式杂质泵的类型很多，应根据含固体颗粒液体的性质选择不同类型的泵。以瓦尔曼泵为例，质量浓度 30%以下的低腐蚀渣浆可选用 L 形泵；高浓度强腐蚀渣浆可选用 AH 形泵；高扬程的低腐蚀渣浆可选用 HH 或 H 形泵；当液面高度变化较大又需浸入液下工作时，则应选用 SP (SPR) 形泵。

⑤ 不允许泄漏液体的输送　在化工、医药、石油化工等行业，输送易燃、易爆、易挥发、有毒、有腐蚀以及贵重流体时，要求泵只能微漏甚至不漏。离心泵按有无轴封，可分为

有轴封泵和无轴封泵。有轴封泵的密封形式有填料密封和机械密封等。填料密封泄漏量一般为 $3\sim80\text{mL/h}$，制造良好的机械密封仅有微量泄漏，其泄漏量为 $0.01\sim3\text{mL/h}$。磁力驱动泵和屏蔽泵属于无轴封结构泵，结构上只有静密封而无动密封，用于输送液体时能保证一滴不漏。

⑥ 腐蚀性介质的输送　泵输送介质的腐蚀性各不相同，同一介质对不同材料的腐蚀性也不尽相同。因此，根据介质的性质、使用温度，选用合适的金属、非金属材料，关系到泵的耐腐蚀特性和使用寿命。输送腐蚀性介质的泵有金属泵和非金属泵两种类型，而在非金属泵中又有主要部件（如泵体、叶轮等）全为非金属和金属材料加非金属（如丁腈橡胶等）衬里层的。首先应根据使用经验（直接或间接的）确定腐蚀类型，然后根据腐蚀类型，选择合适的材料和防护措施。要求所选材料的力学性能、加工性能要好；用户能有使用该种材料用于类似介质中的经验；泵制造厂应该有加工该种材料的经验。如有多种材料可满足腐蚀要求时，应选择价格相对便宜、加工性能好的材料。具体选择材料时，可参阅文献［8］中金属泵和非金属泵常用材料性能表。

4.5.2　选用方法及步骤

4.5.2.1　泵的实际选择方法

（1）利用"泵型谱"选择

将所需要的流量 q_V 和扬程 H 画到该形式的系列型谱图上，看其交点 M 落在哪个切割工作区四边形中，即可读出该四边形内所标注的离心泵型号。如果交点 M 不是恰好落在四边形的上边线上，则选用该泵后，可应用切割叶轮直径或降低工作转速的方法改变泵的性能曲线，使其通过 M 点。这就应从泵样本或系列性能表中查出该泵的泵性能曲线，以便换算。如果交点 M 并不落在任一个工作区的四边形中，这说明没有一台泵能满足工作要求。在这种情况下，可适当改变泵的台数或改变泵所需要的流量和扬程（如用排出阀调节）等来满足要求。

（2）利用"泵性能表"选择

根据初步确定的泵的类型，在这种类型的泵性能表中查找与所需要的流量和扬程相一致或接近的一种或几种型号泵。若有两种或两种以上都能满足基本要求，再对其进行比较，权衡利弊，最后选定一种。如果在这种形式泵系列中找不到合适的型号，则可换一种系列或暂选一种比较接近要求的型号，通过改变叶轮直径或改变转速等措施，使其满足使用要求。

4.5.2.2　泵的选用步骤

（1）搜集原始数据

针对选型要求，搜集过程生产中所输送介质、流量和所需的扬程参数以及泵前泵后设备的有关参数的原始数据。

（2）泵参数的选择及计算

根据原始数据和实际需要，留出合理的裕量，合理确定运行参数，作为选择泵的计算依据。

（3）选型

按照工作要求和运行参数，采用合理的选择方法，选出均能满足使用要求的几种形式，然后进行全面的比较，最后确定一种形式。

（4）校核

形式选定后，进行有关校核计算，验证所选的泵是否满足使用要求。如所要求的工况点是否落在高效工作区，NPSH_a 是否大于 NPSH_r 等。

4.5.3　泵的选用示例

例1　温度为 20℃的清水由地面送至水塔中，如图 4-42 所示，要求流量 $q_V = 88\text{m}^3/\text{h}$。已知水泵安装时地形吸水高度 $H_g = 3\text{m}$，压送高度 $H_p = 40\text{m}$，管路沿程损失系数 $\lambda = 0.018$，吸水管长 14m，其上装有吸水底阀（带滤网）1 个，90°弯头 1 个，锥形渐缩过渡接管 1 个。另外，压水管长 78m，其上装有闸板阀 1 个，止回阀 1 个，90°弯头 6 个，锥形渐扩过渡接管 1 个。要求选用恰当的水泵。

（1）先选定管道直径

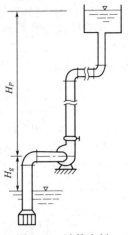

图 4-42　计算实例

由 $v = \dfrac{q_V}{A} = \dfrac{q_V}{\frac{\pi}{4}d^2}$ 得　$d = \sqrt{\dfrac{4}{\pi} \times \dfrac{q_V}{v}}$

其中　$q_V = \dfrac{88}{3600} = 0.0244\text{m}^3/\text{s}$

一般取吸水管中流速 $v_1 = 1.0\text{m/s}$，则吸水管径 $d_1 = \sqrt{\dfrac{4}{\pi} \times \dfrac{q_V}{v_1}} = \sqrt{\dfrac{4}{\pi} \times \dfrac{0.0244}{1}} = 0.176\text{m}$

出水管中流速 $v_2 = 1.8\text{m/s}$，则出水管径 $d_2 = \sqrt{\dfrac{4}{\pi} \times \dfrac{q_V}{v_2}} = \sqrt{\dfrac{4}{\pi} \times \dfrac{0.0244}{1.8}} = 0.131\text{m}$

根据市场上工业用管实际情况选定 $d_1 = 200\text{mm}$（8in），$d_2 = 150\text{mm}$（6in），从而有

$$v_1 = \frac{4q_V}{\pi d_1^2} = \frac{4 \times 0.0244}{\pi \times 0.2^2} = 0.777\text{m/s}$$

$$v_2 = \frac{4q_V}{\pi d_2^2} = \frac{4 \times 0.0244}{\pi \times 0.15^2} = 1.381\text{m/s}$$

（2）水泵所需扬程

ⅰ.吸水管水头损失可分为沿程阻力损失和局部阻力损失两部分。查得局部损失系数如下。

吸水底阀 $\zeta = 7.5$，90°弯头 $\zeta = 0.9$，锥形渐缩管 $\zeta = 0.04$。

吸水管水头损失　$\sum h_1 = h_{f1} + \sum h_{\zeta 1} = \lambda \dfrac{l_1}{d_1} \times \dfrac{v_1^2}{2g} + \sum \zeta \dfrac{v_1^2}{2g}$

$$= \left[0.018 \times \frac{14}{0.2} + (7.5 + 0.9 + 0.04)\right] \times \frac{0.777^2}{2 \times 9.81} = 0.31\text{m}$$

ⅱ.压水管水头损失也分为沿程和局部损失两部分。查得局部损失系数如下。

闸板阀 $\zeta = 0.10$，止回阀 $\zeta = 2.5$，锥形渐扩管 $\zeta = 0.05$。出水管水头损失为

$$\sum h_2 = h_{f2} + \sum h_{\zeta 2} = \lambda \frac{l_2}{d_2} \times \frac{v_2^2}{2g} + \sum \zeta \frac{v_2^2}{2g}$$

$$= \left[0.018 \times \frac{78}{0.150} + (0.10 + 2.5 + 0.9 \times 6 + 0.05)\right] \times \frac{1.381^2}{2 \times 9.81} = 1.69\text{m}$$

ⅲ.水泵所需扬程

$$H = (H_g + H_p) + \sum h_1 + \sum h_2$$
$$= (3 + 40) + 0.31 + 1.69$$
$$= 45\text{m}$$

（3）水泵选型

考虑一定的裕量，所需水泵扬程为：$1.08H = 1.08 \times 45 = 48.6\text{m}$

流量为　$1.13q_V = 1.13 \times 88 = 99.44\text{m}^3/\text{h}$。

在单级离心泵系列型谱图上查得 100-65-200，如用 IS100-65-200 型水泵，则最佳工况点 $H = 50\text{m}$，$q_V = 100\text{m}^3/\text{h}$，$n = 2900\text{r/min}$，$\eta = 76\%$，$N = 17.9\text{kW}$，$N_T = 22\text{kW}$，$H_s = 6.4\text{m}$。

如用 IB100-65-200 型水泵，则

$H = 50\text{m}$，$q_V = 100\text{m}^3/\text{h}$，$n = 2900\text{r/min}$，$\eta = 78\%$，$N = 17.5\text{kW}$，$N_T = 22\text{kW}$，$H_{s\max} = 6.8\text{m}$，$\text{NPSH}_r = 3.6\text{m}$。

相比之下，IB 泵稍佳，因为效率高 2%，价格便宜。

（4）吸程校核

用 $q_V = 100\text{m}^3/\text{h}$ 校核吸程

$$v_1 = \frac{4q_V}{\pi d_1^2} = \frac{4 \times 100}{\pi \times 0.2^2 \times 3600} = 0.884\text{m/s}$$

$$\sum h_1 = h_{f1} + \sum h_{\xi 1} = \lambda \frac{l_1}{d_1} \times \frac{v_1^2}{2g} + \sum \zeta \frac{v_1^2}{2g}$$

$$= \left[0.018 \times \frac{14}{0.2} + (7.5 + 0.9 + 0.04) \right] \times \frac{0.884^2}{2 \times 9.81} = 0.40\text{m}$$

$$H_s = H_g + \frac{v_1^2}{2g} + \sum h_1 = 3 + \frac{0.884^2}{2 \times 9.81} + 0.40 = 3.44 \text{ m} < H_{s\max} = 6.8\text{m}$$

故能保证水泵正常工作。

例 2　已知某化工厂所选的离心泵的性能为

$q_V/(\text{m}^3/\text{h})$	H/m	NPSH_r
120	87	3.8
200	80	4.2
240	72	5.0

为它设计的吸入装置是储水池至泵的高度 4m，吸入管径 250mm，管长 12m，其中有带滤网底阀 1 个，闸板阀 1 个，90°弯管 3 个，锥形渐缩过渡接管 1 个。该泵的使用流量范围在 200～220m³/h，试问该泵在使用时是否发生汽蚀？如果发生汽蚀，建议用户对吸入装置的设计应做什么改进，方可使其避免发生汽蚀？（当地的大气压头为 9.33mH₂O，15°清水的饱和蒸汽压为 1.7kPa）

解　选择最大流量 220m³/h 工况作计算，因为最大流量工况下的 NPSH$_a$ 最小，而 NPSH$_r$ 最大。如果该工况下不发生汽蚀，则在比它小的流量工况下工作更不会发生汽蚀。

$$V = \frac{4q_V}{\pi d^2} = \frac{4 \times 220}{3600 \times \pi \times 0.25^2} = 1.245\text{m/s}$$

由上例知管路沿程阻力系数 $\lambda = 0.018$，局部阻力系数如下：带滤网底阀 $\zeta = 7.5$，闸板阀 $\zeta = 0.9$，锥形渐缩过渡接管 $\zeta = 0.04$。

$$\Delta H = \left(\lambda \frac{l}{d} + \sum \zeta \right) \frac{V^2}{2g} = \left(0.018 \frac{12}{0.25} + 7.5 + 0.1 + 0.9 \times 3 + 0.04 \right) \frac{1.245^2}{2 \times 9.81}$$

$$= 0.885\text{m}$$

$$\text{NPSH}_a = \frac{p_a}{r} - \frac{p_v}{r} - H_g - \Delta H = 9.33 - \frac{1700}{9810} - 4 - 0.885 = 4.27\text{m}$$

由已知条件线性插值知在 $q_V = 220\text{m}^3/\text{h}$ 工况下的 $\text{NPSH}_r = 4.6\text{m}$，则 $\text{NPSH}_a < \text{NPSH}_r$，泵在 $q_V = 220\text{m}^3/\text{h}$ 时发生汽蚀。

建议将由储水池至泵的高度由 4m 改为 3m。则 $NPSH_a = 5.27m > NPSH_r = 4.6m$，这样泵在运行时就不会发生汽蚀了。

例 3 乙烯生产过程中选用的小流量高扬程泵、乙烯生产中的再蒸塔回流泵、C10 洗油注入泵和 BTX 反应器进料泵均为小流量高扬程泵。

（1）工况特点和选型要求

① 流量小，扬程高 这几台泵的流量仅有 $5 \sim 25 m^3/h$，而扬程要求达 $301 \sim 463m$。

② 工作压力高 由于泵进、出口压力高，如反应器进料泵压力为 $2.6 \sim 5.1 MPa$。

③ 介质特殊 均属碳氢化合物，挥发性较大，其中反应器进料泵输送的是有毒苯类液体，对轴端密封要求高。选型时应注意泵的机械密封形式和密封要求及进出口法兰的耐压等级等。

④ 温度变化大 要求泵适应高温和温度的变化。

（2）泵型选择

对于小流量高扬程泵一般多选用高速部分流泵或多级泵，其两者性能比较见表 4-7。

表 4-7 高速泵与多级泵的性能比较

性　能	高　速　泵	多　级　泵
运转可靠性	单级,运动零件少,轴向载荷很小,轴粗短,无叶轮耐磨环、级间衬套等内部摩擦件,运转可靠性高	运动零件多,轴向载荷较大,轴细长,有叶轮耐磨环、级间衬套等内部摩擦件,运转可靠性相对低
体积和重量	单级,多为立式结构,体积小,占地少,重量轻	多为卧式结构,体积、占地和重量均大得多
检修和维护	无叶轮耐磨环、级间衬套等内部摩擦件;电机和垂直机架整体吊装,不必调中心;无需拆卸进出口管路就可维护机械密封。维修方便,工作量小	水平中开多级泵,维修方便,但需拆卸进出口管路并更换摩擦件,工作量稍大;径向剖分多级泵装拆零件多,还要调中心、垂直度,工作量很大,维修不便
价格	相对较高	相对较低
效率[①]	基　本　相　近	

① 高速泵可能达到的最高效率为 60% 左右。根据以往的选用经验，高速泵和多级泵效率的比较大致有以下规律：当 $q_V > 15 m^3/h$，且 $H/q_V = 15 \sim 40$ 时，两者基本持平；当 $q_V > 15 m^3/h$ 且 $H/q_V < 15$ 时，多级泵效率高；当 $q_V > 15 m^3/h$ 且 $H/q_V > 40$ 或当 $q_V \leqslant 15 m^3/h$ 且 $H/q_V > 15$ 时，高速泵效率高。

高速泵和多级泵的性能范围和结构特点详见文献［8］第 248 页表 2-7 及第 251 页表 2-98 和表 2-99，可以从这三个表所列内容的比较之中，酌情选用最为合适的泵。

例 4 尿素生产过程中选用的小流量高扬程高压甲铵泵。

（1）工况特点和选型要求

① 输送介质 为氨基甲酸铵的水溶液，其蒸汽压力高，对泵的抗汽蚀性能要求高。

② 属小流量、高扬程、高压力 流量 $10 \sim 150 m^3/h$，扬程 $1300 \sim 2100m$，泵进口压力 $1.7 \sim 2.5 MPa$，出口压力 $15 \sim 25 MPa$，对泵的密封要求高。

③ 腐蚀性很强 加之压力高，泵体材料必须有优良的抗疲劳腐蚀性能和高的机械强度。

④ 可靠性要求高 该泵是尿素生产过程中的关键设备之一，也是最易发生故障的环节，其可靠性高低，直接影响到尿素生产的连续运转周期。

（2）泵型选择

高压甲铵泵有往复式柱塞泵、高速部分流离心泵和中速多级离心泵三种类型可供选择。

20 世纪 70 年代以前选用往复泵，虽效率高，但因缸体受高压、脉动压力和甲铵的强腐蚀作用，易发生疲劳腐蚀，加之结构复杂、易损件多，其可靠性较差，维修费用高。

20 世纪 70 年代以后多采用高速部分流离心泵，其叶轮转速达 $n = 14000 \sim 25000 r/min$，如某泵在 14000r/min 时两级叶轮可达 4000m 的高扬程，由于必需汽蚀余量 $NPSH_r$ 为 8m，故采用诱导轮提高泵的抗汽蚀性能，在较宽的转速和流量范围内泵性能良好，而且叶轮和泵体尺寸小、重量轻、结构简单、易损件少、泵基础小，故可靠性较好，维修费用低，优势明显。也有采用中速多级离心泵的，其叶轮转速 $n=6000\sim10000r/min$，缸体为内外层筒体式结构。以上为日产尿素为 $1100\sim1765$ 吨的情况。至于日产尿素小于 750 吨的尿素装置，因泵的流量很小，用离心泵的效率过低，故仍采用往复式柱塞泵为宜。

思 考 题

1. 离心泵有哪些性能参数？其中扬程是如何定义的？它的单位是什么？

2. 试写出表达离心泵理论扬程的欧拉方程和实际应用的半经验公式。

3. 简述汽蚀现象，并说明汽蚀的危害。

4. 何谓有效汽蚀余量？何谓泵必需的汽蚀余量？并写出它们的表达式。

5. 试写出泵汽蚀基本方程式，如何根据该方程式判断泵是否发生汽蚀及严重汽蚀？

6. 提高离心泵抗汽蚀性能应采取哪些措施？试举例说明。

7. 示意画出离心泵的特性曲线，并说明每种特性曲线各有什么用途。

8. 如何判别泵运行工况的稳定性？在什么条件下泵工作不稳定？是否绝不允许泵在不稳定工况下工作？

9. 改变泵的运行工况，可采取哪些调节措施？哪种调节措施比较好？

10. 启动离心泵应如何操作才是正确安全的？

11. 两泵流动相似，应具备哪些条件？

12. 试写出泵的相似定律表达式和叶轮切割定律表达式，并说明它们的用途。

13. 何谓泵的比转速？比转速有何用途？

14. 何谓泵的高效工作区？并画出它的示意图。

15. 有哪些其他类型的泵？试任举一例说明泵的工作原理和用途。

16. 轴流泵有何特点？试述轴流泵的工作特性，并说明为何启动轴流泵前要使出口管道的阀门全开。

17. 选用泵应遵循哪些原则？

18. 简述泵的选型步骤。

练 习 题

1. 某化工厂需要三台水泵，其性能要求是第一台 $q_{V1}=50m^3/h$，$H_1=100m$，第二台 $q_{V2}=400m^3/h$，$H_1=40m$，第三台 $q_{V3}=8000m^3/h$，$H_1=18m$，均选用 $n=1450r/min$ 的交流电动机驱动，试问如何初选泵型？若选出的第二台泵扬程偏大，需要切割叶轮外径，试问叶轮外径允许的最大切割量是多少？相应的流量、扬程和效率约降低多少？

2. 某化工厂由储水池将清水输送到高位水槽中，要求供水量为 $100m^3/h$，储水池至泵的高度为 2.5m，泵至高位水槽的高度为 26m，吸水管长 8m，其上装有带滤网底阀 1 个，闸板阀 1 个，$90°$ 弯头 2 个，锥形渐缩过渡接管 1 个；压水管长 40m，其上装有止回阀 1 个，闸板阀 1 个，$90°$ 弯管 2 个，锥形渐扩过渡接管 1 个。要求选用恰当的水泵。

3. 已知某化肥厂所选用的一台离心泵的性能为

q_V/(m³/h)	H/m	$NPSH_r$
60	24	4.0
100	20	4.5
120	16.5	5.0

该厂当地的大气压头为 $10.35mH_2O$，查得年平均 25℃ 下的清水的饱和蒸汽压力 $p_v=3168Pa$，泵前吸入装置是储水池至泵的高度 5m，吸入管径 250mm，管长 20m，沿程阻力系

数为 $\lambda=0.02$，其中有带滤网底阀 1 个 $\zeta=8$，闸板阀 1 个 $\zeta=0.12$，90°弯管 4 个 $\zeta=0.88$，锥形渐缩过渡接管 1 个 $\zeta=0.05$。该泵的使用流量范围在 $80\sim120(m^3/h)$，试问该泵在使用时是否发生汽蚀？如果发生汽蚀，建议用户对吸入装置的设计应做什么改进方可使其避免发生汽蚀？

参 考 文 献

[1] 姜培正．流体机械．北京：化学工业出版社，1991.
[2] 吴民强．泵与风机节能技术．北京：水利水电出版社，1994.
[3] 关醒凡．现代泵技术手册．北京：宇航出版社．1995.
[4] 张世芳．泵与风机．北京：机械工业出版社，1996
[5] 汪云英，张湘亚主编．泵和压缩机．北京：石油工业出版社，1985.
[6] 赫尔姆特·舒尔茨．泵原理、计算与结构．北京：机械工业出版社，1988.
[7] 陆宏圻．其他类型泵．北京：水利电力出版社，1989.
[8] 化工部化工设备设计技术中心站机泵技术委员会．范德明主编．工业泵选用手册．北京：化学工业出版社，1998.
[9] 万淑瑛．机械工程手册．第 2 版：第 12 卷通用设备．第 2 篇．北京：机械工业出版社，1997.
[10] Handbook of fluid dynamics and fluid machinery. edited by Joseph A. Schetz and Allen E. Fuhs. New York：Wiley，1995.
[11] Cavitation and centrifugal pump：a guide for pump users. Edward Grist. Philadelphia，Pa．：Taylor & Francis，1999.
[12] Centrifugal and rotary pump：fundmentals with applications. Lev Nelik. Boca Raton：CRC Press，1999.
[13] 郭立君，何川．泵与风机．北京：中国电力出版社，2004.

5 离 心 机

5.1　离心机的典型结构及工作原理

5.1.1　非均一系的分离及离心机的典型结构

在实际生产中，需要进行分离的物料是多种多样的：有气体的、液体的、固体的、气固的、液固的，但总的来说可以分为均一系的和非均一系的。对于均一系混合物的分离，基本属于传质的内容，其基本方法就是在均一系溶液中设置第二个相，使要分离的物质转移到该相中来，其力学过程是微观的内力（即分子力）作用过程。

对非均一系混合物的分离，一般是采用机械方法，其基本原理就是将混合物置于一定的力场之中，利用混合物的各个相在力场中受到不同的力从而得到较大的"相重差"使其分离，其力学过程是宏观的"场外力"作用过程。

液体非均一系——悬浮液和乳浊液的分离是非均一系分离的典型情况，其分离形式按照分离机理的不同分为沉降和过滤两种。

沉降　混合物在某种装置中，由于两相在力场中所受的力的大小不同而沉淀分层，轻相在上层形成澄清液，重相在下层形成沉淀物而实现分离。

过滤　混合物在多孔材料层装置中，由于受力场的作用，液体通过多孔材料层流出形成滤液，固体被留在材料层上形成滤渣而实现分离。

无论是沉降还是过滤，实现分离的效果和速度与所在的力场密切相关，力场越强，其分离效果越好，分离速度越快。最简单和方便的分离就是在自然引力场（重力场）中的分离，但由于引力场较弱，对于固体微粒很小或液相黏度很大的悬浮液，分离过程就进行得很慢，甚至根本不能进行。

在真空或加压的人工力场中，过滤速度可以提高，但滤渣的干燥程度差，分离效果有时不能满足工艺要求，且在这种四周等强度的力场中，按巴斯加原理，对于沉降毫无作用。

因此人们不得不寻找别的人工力场，在这方面比较理想的就是离心力场，而离心机就是利用离心力场的作用来分离非均相物系的一种通用机械，与其他分离机械相比，离心机具有分离效率高、体积小、密封可靠、附属设备少等优点，因而被广泛应用于化工、石油、轻工、医药、食品、纺织、冶金、煤炭、选矿、船舶、军工及环保等各个领域。

（1）离心沉降

首先必须有一小承放物料的圆筒形装置（称为转鼓）；其次转鼓必须回转而需要转轴来带动（称为回转轴）；最后为了使物料能够处在对称的力场中，且使物料不要甩出来，再加上一些其他基本的结构，其装置如图5-1所示。

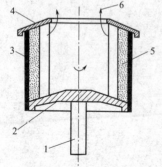

图 5-1　离心机转轴部分
结构示意图
1—转鼓回转轴；2—转鼓底；
3—转鼓壁；4—拦液板；
5—滤渣；6—滤液

　　转鼓高速旋转时，其中物料运转在一个轴对称的离心场中，物料中各相由于位置、密度不同受到不同的场外力作用而分层沉淀，质量最大、颗粒最粗的分布在转鼓最外层，质量最小、颗粒最细的聚集到转鼓内层，澄清液则从机上溢流。

　　离心沉降主要是用于分离含固体量较少、固体颗粒较细的悬浮液。乳浊液的分离也属于沉降式的，但习惯上常叫做离心分离，相应的机器目前常叫做分离机。分离机的模式如图5-2所示，主要是在无孔转鼓中放置碟片构成，在离心力作用下液体按重度不同分为里外两层，重量大的在外层，重量小的在里层，固相沉于鼓壁通过一定的装置分别引出。

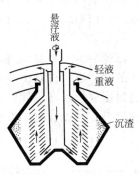

图 5-2　离心分离示意图

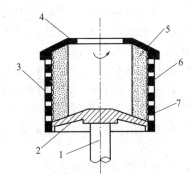

图 5-3　离心过滤示意图

1—转鼓回转轴；2—转鼓底；3—转鼓壁；4—拦液板；
5—滤渣；6—滤液；7—滤网

（2）离心过滤

　　在这种分离方式中，滤液要从转鼓排出去，所以这种装置的转鼓上必须开孔。其次为了不致使固体颗粒漏出来，转鼓内必须设有网状结构的材料层，称为滤网或滤布。其余转轴等则与离心沉降装置类同，如图5-3所示。

　　转鼓旋转时，液体由于离心力的作用，透过有孔鼓壁而泄出，固体则留在转鼓壁上，可见，离心过滤主要可用来分离含固体量较多、固体颗粒较大的悬浮液。

5.1.2　分离因数和离心力场的特点

（1）分离因数

　　和其他机器一样，离心机也需要用某种参数来表征，但不同密度的物料在同一离心机、同一转速下受到的离心力大小不相等，为了表征离心机的分离能力，而又要与所处理的物料无关，就必须把物料的固有特征——重力设法排除，所以表征离心机分离能力的主要参数表示如下：

$$F_r = \frac{F_k}{G} = \frac{mR\omega^2}{mg} = \frac{R\omega^2}{g} \qquad (5-1)$$

式中　F_r——分离因数；

　　　F_k——物料受到的离心力，N；

　　　G——物料受到的重力，N；

　　　m——质量，kg；

　　　g——重力加速度，m/s^2；

　　　R——回转半径，m；

　　　ω——转鼓的回转角速度，s^{-1}。

　　分离因数表示离心力场的特性，是代表离心机性能的重要因数。F_r 值越大，离心机的分离能力越高，因此，分离体系的分散度越大或介质黏度越大，物料越难分离，则应采用分离因数越大的离心机。对分离固体颗粒为 $10\sim50\mu m$、液体黏度不超过 0.01Pa·s、较易过滤的悬浮液，分离因数不宜过高，取 $F_r = 100 \sim 700$，织物的脱水可取 $F_r = 600 \sim 1000$；对于高分散度及液体黏度较大、较难过滤的悬浮液，必须取较高的分离因数。

最新型的高速离心机（分离机）的分离因数达 1000000。分离因数的极限取决于制造离心机转鼓材料的强度及密度。设计上在提高角速度的同时应适当地减小转鼓的半径，以免转鼓的应力过大，以致不能保证转鼓的机械强度，故在分离因数高的离心机中，其转鼓直径一般较小，长度较大。

比较离心分离和重力沉降或过滤操作，在重力场中，固体颗粒所受的力是不变的，而在离心场中，固体颗粒所受的离心力则是随颗粒的回转半径（颗粒的瞬时位置）与回转角速度平方的大小而变化，离心力可达几百、几千甚至上万倍于重力，因而利用离心力来作为物料分离的推动力是非常有利的。

比较离心过滤和加压过滤，还可看到过滤式离心机结构设计中的一个有利因素，在加压操作的过滤机中，所有内部空间都受压力作用，而离心过滤的离心机，仅在装载分离物料的回转部分（转鼓及盖）受压力作用，因此离心机其他部分的强度要比压滤机低，密封的要求更低，因而密封的结构大为简化，这对于不要求密闭操作的物料，在设计离心机时带来很大方便。

（2）转鼓内液体的回转表面

如图 5-4 所示，装有流体物料的离心机转鼓，在绕它的转轴回转时，鼓内流体就受到离心力及重力的作用抛向转鼓内壁，形成了液面的中间部分凹陷下去、边缘部分则上升。若在液面上任一质点 A，受有离心力 F_c 及重力 G 的作用，其合力方向与液面垂直，因而可得：

$$\tan\theta = \frac{dy}{dr} = \frac{mr\omega^2}{mg} = \frac{r\omega^2}{g} \tag{5-2}$$

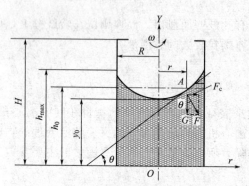

图 5-4 转鼓内液体回转表面

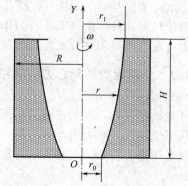

图 5-5 回转速度较高时
转鼓内流体分布情况

分离变量，积分后可得：

$$y = \frac{\omega^2}{2g}r^2 + c \tag{5-3}$$

当转鼓的回转速度较高时，流体靠拢转鼓壁，以致转鼓中间没有流体，如图 5-5 所示。此时，$r = r_0$，$y = 0$，由式（5-3）得

$$c = -\frac{\omega^2}{2g}r_0^2$$

将 c 值代入式（5-3），故有

$$y = \frac{\omega^2}{2g}(r^2 - r_0^2) \tag{5-4}$$

如取 $r = r_1$，$y = H$，则式（5-4）可写成

$$H = \frac{\omega^2}{2g}(r_1^2 - r_0^2)$$

$$r_1 = \sqrt{r_0^2 + \frac{2gH}{\omega^2}} \qquad (5\text{-}5)$$

由式(5-5)可知，当回转速度很大时（即 $\omega^2 \gg 2gH$），根号中的第二项接近于零，故得 $r_1 \approx r_0$，这时转鼓内流体表面变为接近和转鼓壁相平行的同心圆柱面。在这种状态下，由于离心力大大超过重力，因此在设计时重力可以忽略，这样，离心机转鼓轴线在空间可以任意布置，均不影响物料在转鼓内的分布，而主要取决于结构的合理和操作的方便。

（3）离心液压

离心机工作时，处于转鼓中的液体和固体物料层，在离心力场的作用下，将给转鼓内壁以相当大的压力，称为离心液压，离心液压的计算公式如下：

$$p_c = \rho\omega^2 \int_{r_1}^{R} r\,\mathrm{d}r = \frac{1}{2}\rho\omega^2(R^2 - r_1^2) \qquad (5\text{-}6)$$

式中　p_c——离心液压，$\mathrm{N/m^2}$；

　　　ρ——分离物料的密度，$\mathrm{kg/m^3}$；

　　　ω——转鼓的回转角速度，$\mathrm{s^{-1}}$；

　　　r_1——转鼓内物料环的内表面半径，m；

　　　R——转鼓内表面半径，m。

离心液压不仅作用在转鼓壁上，同时也作用在顶盖和鼓底上。计算转鼓的强度时必须把离心液压考虑进去。

（4）哥氏力

当研究回转运动的特性时，除了离心力，必须注意到可能出现的哥氏力。哥氏加速度是哥氏力的来源，哥氏加速度是由于质点不仅作圆周运动，而且也作径向运动或周向运动所产生的。

由理论力学可知，当牵连运动为匀角速度定轴运动时，哥氏加速度的大小为

$$a_k = 2\omega u$$

式中　u——质点相对于转鼓的径向速度或周向速度。

哥氏力按下式计算

$$F_k = 2m\omega u \qquad (5\text{-}7)$$

如果质点对回转的转鼓无相对运动或者它的相对位移与回转轴线平行，则 $F_k = 0$。

哥氏力在离心机中确实存在，而且对物料在离心力场中的运动状态也有一定的影响。例如在研究离心机中液滴运动的理论模型时，曾考虑到哥氏力的影响，得到了液滴运动的曲线轨迹，并经实验所验证。但在一般设计计算中，由于其运算较烦琐复杂，因此在影响不大的情况下，与一般工程问题一样，常忽略不计。

5.1.3　沉降离心机流体动力学基本方程及沉降分离过程

5.1.3.1　基本方程

（1）连续方程

在流体力学中，质量守恒定律的表达式为连续方程。在离心机的内部流场中取一微元，如图 5-6 所示。

对于轴对称情况，环向变化率 $\dfrac{\partial u_\varphi}{r\,\partial \varphi}$ 为零，则得

$$\frac{\partial u_z}{\partial z} + \frac{u_r}{r} + \frac{\partial u_r}{\partial r} = 0 \qquad (5\text{-}8)$$

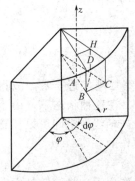

图 5-6　柱坐标系中
液体微元体

（2）欧拉方程

在流体力学中，牛顿第二定律的表达式，对无黏流体是用欧拉方程。在离心机中，当流体与转鼓之间有相对运动时，既要考虑重力，还要考虑哥氏力，对于定常流动，在柱坐标系中，这时欧拉方程式的表达如下

$$L_1 u_r - \frac{u_\varphi^2}{r} = -\frac{1}{\rho_1} \times \frac{\partial P}{\partial r} + \omega^2 r \pm 2\omega u_\varphi \tag{5-9}$$

$$L_1 u_\varphi + \frac{u_\varphi u_r}{r} = -\frac{1}{\rho_1} \times \frac{\partial P}{r \partial \varphi} \pm 2\omega u_r \tag{5-10}$$

$$L_1 u_z = -\frac{1}{\rho_1} \times \frac{\partial P}{\partial z} - g \tag{5-11}$$

式中　L_1——算子，　　　$$L_1 = u_r \frac{\partial}{\partial r} + \frac{u_\varphi \partial}{r \partial \varphi} + u_z \frac{\partial}{\partial z} \tag{5-12}$$

（3）纳维-斯托克斯方程

流体力学中描述黏性流体的运动特性的方程称为纳维-斯托克斯方程，它可由欧拉方程右端增加表示流体黏性影响的项求得，具体表达如下

$$L_1 u_r - \frac{u_\varphi^2}{r} = -\frac{1}{\rho_1} \times \frac{\partial P}{\partial r} + \omega^2 r \pm 2\omega u_\varphi + \nu \left(\boldsymbol{\nabla}^2 u_r - \frac{2}{r^2} \times \frac{\partial u_\varphi}{\partial \varphi} - \frac{u_r}{r^2} \right) \tag{5-13}$$

$$L_1 u_\varphi - \frac{u_\varphi u_r}{r} = -\frac{1}{\rho_1} \times \frac{\partial P}{r \partial \varphi} \pm 2\omega u_r + \nu \left(\boldsymbol{\nabla}^2 u_\varphi - \frac{2}{r^2} \times \frac{\partial u_r}{\partial \varphi} - \frac{u_\varphi}{r^2} \right) \tag{5-14}$$

$$L_1 u_z = -\frac{1}{\rho_1} \times \frac{\partial P}{\partial z} - g + \nu (\boldsymbol{\nabla}^2 u_z) \tag{5-15}$$

式中　ν——流体运动黏度；

$\boldsymbol{\nabla}^2$——拉普拉斯算子，对圆柱坐标系为 $\boldsymbol{\nabla}^2 = \frac{1}{r} \frac{\partial}{\partial r} + \frac{\partial^2}{\partial r^2} + \frac{1}{r^2} \frac{\partial^2}{\partial \varphi^2} + \frac{\partial^2}{\partial z^2}$

5.1.3.2　沉降离心机转鼓内的流体流动

流体在沉降离心机转鼓内的流动特性，包括流动状态和流速分布等，对离心机的生产能力、悬浮液的分离效率以及技术参数的选择有决定性的影响。到目前为止，关于沉降离心机转鼓内的流体动力学方面有关流动特性的理论主要有四种："活塞式"理论；层流理论；表面层理论；流线理论。

5.1.3.2.1　"活塞式"理论

"活塞式"理论认为转鼓内液体像"活塞式"地整个向前运动，鼓内液环在整个截面上的流动是均匀的，新进入转鼓的液体将转鼓内原有液体进行全置换。在这种流动状态下，$u_r = u_\varphi$，轴向流速等于平均轴向流速，即 $u_z = u_m$，其值为

$$u_z = u_m = q_V / [\pi(r_2^2 - r_1^2)] = q_V / [\pi r_2^2 (1 - k_0^2)] \tag{5-16}$$
$$k_0 = r_1 / r_2$$

式中　q_V——离心机的容积生产能力，m^3/s；

r_2，r_1——转鼓内半径和自由液面半径，m。

5.1.3.2.2　层流流动状态

层流理论的概念是液体在鼓内呈层状流动状态，因而由常识可知 $u_r = 0$。在这种情况下，可用连续方程和纳维-斯托克斯方程求解 u_φ 及 u_z。

（1）长转鼓内轴对称稳定流动状态

在这种情况下可以认为速度分量 u_φ、u_z 仅与半径 r 有关，而与 φ、z 和时间 t 无关。这

又分两种情况。

① 液体相对于转鼓无周向滞后现象　若转鼓进料口处有加速装置，可以认为液体角速度与转鼓相同，无滞后现象，则 $u_\varphi = 0$，而 u_z 可由基本方程加边界条件得到

$$u_z = \frac{2q_V}{\pi r_2^2 \beta_0}(1 - k^2 + 2k_0^2 \ln k) \qquad (5\text{-}17)$$

式中，$\beta_0 = 1 + 3k_0^4 - 4k_0^2 - 4k_0^4 \ln k_0$，$k = r/r_2$，$k_0 = r_1/r_2$。

按式(5-17) u_z 随半径 r 变化的流速分布情况如图 5-7 所示。由图可看出，转鼓壁处 $r = r_2$、$k = 1$、$u_z = 0$，在自由液面处 $r = r_1$、$k = k_0$、u_z 最大。

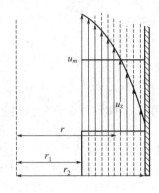

图 5-7　转鼓内液流轴向速度分布

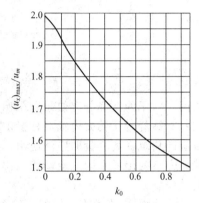

图 5-8　$(u_z)_{max}/u_m$ 与 k_0 的关系

$$(u_z)_{max} = \frac{2q_V}{\pi r_2^2 \beta_0}(1 - k_0^2 + 2k_0 \ln k_0)$$

故自由液面处最大轴向流速与平均轴向流速之比等于

$$\frac{(u_z)_{max}}{u_m} = \frac{2}{\beta_0}(1 - k_0^2)(1 - k_0^2 + 2k_0 \ln k_0)$$

此比值随 k_0 而变化的关系见图 5-8，设转鼓液环层深度为 h，$h = r_2 - r_1$，则 $h/r_2 = 1 - k_0$。随着 h/r_2 的增大，即 k_0 值的减小，最大流速与平均流速的比值也随之增大，当 $r_1 = 0$、$k_0 = 0$、$h/r_2 = 1$ 时，$(u_z)_{max}/u_m = 2$。说明当液体布满全部转鼓时，中心流速比平均流速大一倍。

② 液体相对于转鼓有周向滞后现象　如果转鼓进料口无加速装置并且液体是加在自由液面上，则会产生液体滞后于转鼓，即相对于转鼓有周向速度 u_φ。此时由基本方程和边界条件可得

$$u_\varphi = (\omega_0 - \omega)r \qquad (5\text{-}18)$$

而

$$\omega = \omega_0 \left[1 - (1-a)\frac{k^2 - 1}{k_0^2 - 1}\right] \qquad (5\text{-}19)$$

a 值由实验得出，也可用下列经验公式计算

$$a = 1 - 2.6 \times 10^4 Re\left(\frac{v}{v_0}\right)^{1/2} \qquad (5\text{-}20)$$

其中

$$k = r/r_2, \quad k_0 = r_1/r_2, \quad Re = q_V/(vr_1)$$

式中　q_V——转鼓内液体流量，m^3/s；

v，v_0——液体和水的运动黏度，室温下 $v_0 = 1 \times 10^6 \, m^2/s$。

图 5-9 表示根据式(5-19) 和式(5-20) 算出的角速度分布情况，由图可看出，随着流量和液层深度的加大，角速度不均匀程度也随之加大，滞后现象也越严重，这种滞后现象对悬

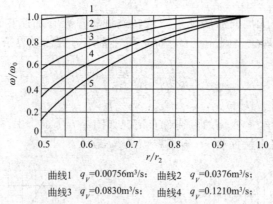

曲线1 $q_V=0.00756\text{m}^3/\text{s}$; 曲线2 $q_V=0.0376\text{m}^3/\text{s}$;

曲线3 $q_V=0.0830\text{m}^3/\text{s}$; 曲线4 $q_V=0.1210\text{m}^3/\text{s}$;

曲线5 $q_V=0.1585\text{m}^3/\text{s}$

图 5-9 转鼓内液体角速度分布情况

浮液中固相粒子的沉降分离效果有影响。此种情况下 u_z 的分布仍由式 (5-17) 给出。

（2）有螺旋时长转鼓内轴对称稳定流动状态

螺旋卸料沉降离心机的广泛使用，导致人们对其转鼓内流体流动特性进行了不少的理论和实验研究，提出了不同的流动状态模型和不同的流速计算公式，现分别介绍其中的两种主要的流动模型。

① 液体沿螺旋流道流动模型　如图 5-10 所示，由沿螺旋流道的运动条件及基本方程和边界条件可得

$$u_\varphi = \frac{2q_V(r_2-r)}{s(r_2-r_1)^2} = \frac{2q_V(1-k)}{sr_2(1-k_0)^2} \tag{5-21}$$

$$u_z = \frac{q_V(r_2-r)}{\pi(r_2-r_1)^2 r} = \frac{2q_V(k^{-1}-1)}{\pi r_2^2(1-k_0)} \tag{5-22}$$

式中　s——螺旋的螺距。

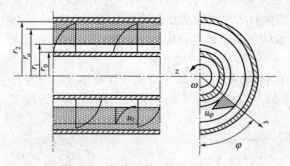

图 5-10　螺旋流道中流速的分布

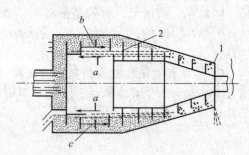

图 5-11　并流澄清离心机
1—转鼓；2—螺旋；a、b、c—分离液、
悬浮液和沉渣的运动方向

当 $r=r_1$，即 $k=k_0$ 时，$u_z=(u_z)_{\max}=q_V/\pi r_2^2 k_0(1-k_0)$，因此可得最大轴向流速与平均轴向流速的比值

$$(u_z)_{\max}/u_m=1+k_0 \tag{1}$$

② 液体沿转鼓流动并考虑螺旋的影响　对于并流式螺旋沉降离心机，转鼓与螺旋内筒的空间完全充满液体，如图 5-11 所示，液流受此内外转筒的限制，其流动模型可以认为是液体沿转鼓轴向作层流流动，而螺旋对液流的影响是，处于螺旋内外壁处（$r=r_s$ 螺旋内筒

的外半径）的液流具有与螺旋一样的相对于转鼓的角速度和轴向速度，利用这种边界条件和前述基本方程可得

$$u_\varphi = \frac{\Delta\omega r_s^2}{r_s^2 - r_2^2}\left(r - \frac{r_2^2}{r}\right) = \Delta\omega r \frac{1-k^{-2}}{1-k_s^2} \tag{5-23}$$

$$u_z = \beta_2(1-k^2) + [\Delta u_z - \beta_2(1-k_s^2)]\ln\frac{k}{k_s} \tag{5-24}$$

其中　$k = r/r_2$，$k_s = r_s/r_2$，$\beta_2 = \dfrac{2q_V + \beta_1\pi r_2^2\Delta u_z}{\pi r_2^2(1-k_s^2)(1-k_s^2+\beta_1)}$，$\beta_1 = (1-k_s^2+2k_s^2\ln k_s)/\ln k_s$

式中　r_s——螺旋筒外壁半径；

　　　$\Delta\omega$——转鼓与螺旋的角速度差；

　　　Δu_z——螺旋的轴向分速度，$\Delta u_z = \dfrac{s}{2\pi}\Delta\omega$。

5.1.3.3　碟片间隙内的流体流动

（1）碟片间隙内液体质点的运动轨迹

碟片间黏性液体运动具有两个速度分量的特点，即沿碟片母线方向的径向速度及由哥氏力所引起的相对周向速度。液体在碟片间运动过程中，各种因素互相制约地起作用。一方面液体离开表面远，摩擦力减小，这有可能增加液体相对于碟片的位移，即增加液体的径向相对速度；另一方面，液体离开表面远，离心力减弱，这又使径向相对速度减小。此外流体沿碟片运动时由于哥氏力作用结果，液体质点绝对周向速度降低，即液体质点要滞后于碟片。这种滞后现象也使离心力减小，因此碟片表面附近滞后小、离心力作用大的液流，沿碟片母线的速度就比滞后大的液流中间层速度大。

自然，和转鼓在固定空间内回转绝对速度相比，液体质点圆周速度降低很小，但液体在转鼓通道内运动的情况，则由这些相互间可比较的速度分量来确定。在上述各因素作用下，液流速度图形有较大变化，液体质点的运动轨迹不平行于碟片母线。理论分析可确定碟片间隙内液体质点运动轨迹的特点，可用一个类似于雷诺数的 λ 数来表征，λ 值由下式确定

$$\lambda = h\sqrt{\frac{\omega\sin\alpha}{v}} \tag{5-25}$$

式中　h——碟片间距离；

　　　v——液体运动黏度；

　　　α——碟片母线对转轴夹角。

图 5-12 表示在不同的 λ 值下，液体质点的平均运动轨迹曲线是根据进料通道数量多的分离型碟式分离机做出的。阴影实线部分是轻相液流。在澄清型分离机情况下，料液从周边进入分离机碟片间隙，可理解为运动方向有变化，但同样可利用这些图。由图可见，随 λ 增加，液体质点偏离母线程度增加。

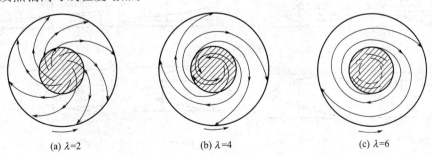

(a) $\lambda = 2$　　　　　　　(b) $\lambda = 4$　　　　　　　(c) $\lambda = 6$

图 5-12　碟片间隙内液体运动轨迹

（2）碟片间液体层流流动速度分析

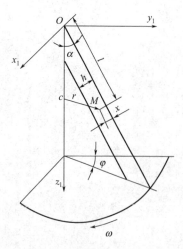

为便于分析，在任一碟片上建立如图 5-13 所示的双锥系，根据牛顿内摩擦定律，对于液体层流流动有下列关系式

$$P = f\mu \frac{\mathrm{d}w}{\mathrm{d}x}$$

式中　P——液体间的内摩擦力，N；

　　　μ——液体动力黏度，N·s/m²；

　　　f——液层间接触面积，m²；

　　　$\frac{\mathrm{d}w}{\mathrm{d}x}$——速度梯度，1/s。

沿碟片表面的线性距离用 l 表示（图 5-13），这时微元段 $\mathrm{d}l$ 压力损失是 $\mathrm{d}p$，碟片间液流的内摩擦力 P 及面积 f，由下面公式确定

$$P = \frac{\mathrm{d}p}{2}(h-2x)2\pi r$$

$$f = 2\pi r \mathrm{d}l$$

图 5-13　碟片双锥坐标系

将 P 和 f 代入牛顿内摩擦方程式及考虑到 $l\sin\alpha = r$，经理论推导整理，可得在离碟片表面距离 x 点处的流体径向相对速度 w_{lx}

$$w_{lx} = 6w_l \frac{x}{h}\left(1-\frac{x}{h}\right) \tag{5-26}$$

该式仅在 $\lambda < 5$ 的条件下才可应用。在此条件下，液体相对周向速度的计算公式为

$$w_{\varphi x} = -\lambda^2 w_l \frac{x}{h}\left(1-\frac{x}{h}\right) \tag{5-27}$$

对于 $\lambda > 5$ 的实际应用情况，由于 $l^{-\lambda} = 0$，则 w_{lx} 的算式为

$$w_{lx} = w_l \lambda (\mathrm{e}^{-x}\sin x + \mathrm{e}^{-\tau}\sin \tau) \tag{5-28}$$

$$w_{\varphi x} = w_l \lambda (\mathrm{e}^{-x}\cos x + \mathrm{e}^{-\tau}\cos \tau - 1) \tag{5-29}$$

式中　$x = \lambda \frac{x}{h}$，$\tau = \lambda\left(1-\frac{x}{h}\right)$。

图 5-14 表示各 λ 值时径向（沿母线方向）和周向速度的分布轮廓，是借助上述计算公式，并按相应的平均速度关系做出的。由图可见，λ 值小时（$\lambda = 2 \sim 4$），碟片间隙内液流速度分布和一般抛物线类似，随着 λ 值增加，径向速度变化显著地不同于平均速度，近壁处达最大值，而在碟片间隙中间区域为最小值，λ 继续增加时，径向速度的最大值增加，而最小值近似地趋向于零，但是随着 λ 增加，间隙内的周向速度变得均匀。

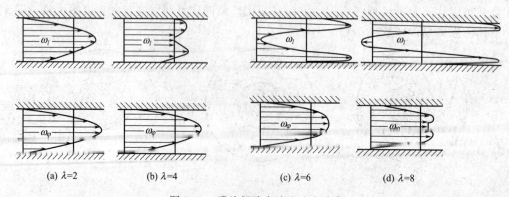

(a) $\lambda = 2$　　　(b) $\lambda = 4$　　　(c) $\lambda = 6$　　　(d) $\lambda = 8$

图 5-14　碟片间隙内液流速度分布

因此，在 λ 大时，碟片间液流分成两层，近壁处的液流随 λ 增加，其速度增加，而液流厚度减小。在间隙中间部分的液体，或者相对于碟片表面静止，或者缓慢地反向运动。

液体质点周向速度由壁向着碟片间隙的中心增加，在间隙中心处周向速度约为母线方向平均速度的 λ 倍。

碟片间液流的这种特点，是由于角速度大、碟片间距小及液体黏附碟片表面的结果，应当指出，过度增加 λ 要加大速度梯度，导致液流失去稳定性、引起湍流。此外增加 λ 也促使碟片中间液流不稳定增加。因此 λ 和 Re 一样是层流转变为湍流的指标。

5.1.3.4　沉降分离原理

离心沉降一般由三个物理过程组成，即：固体的沉降，按照介质对其中物体运动阻力的流体力学进行；沉渣的压实，按照分散物系的力学规律进行；从沉渣中排出部分由分子力所保持的液体。

固相粒子的沉降情况有两种：其一，集团沉降，固相浓度超过一定极限而且固相的分散性较均匀（即粒度分布区域较窄），可能出现集团沉降（又称阻滞沉降现象），沉降固相与其上层沉清液之间有明显界限；其二，自由沉降，固相浓度低于此极限时，粗细粒子的沉降速度各不相同，不出现上述明显的分界线。这种极限浓度值与物料的种类、性质、粒度分布等有关，例如碳酸粉在水中的悬浮液出现集团沉降极限浓度是 4%，但它在苯或丙酮中的悬浮液的极限浓度只有 1%，因在澄清过程也许出现阻滞沉降现象。

（1）悬浮液中单分散颗粒的沉降规律

这种沉降不属于集团沉降，当不考虑颗粒形状及浓度的影响时，属于自由沉降。

固相颗粒在黏性液体中运动时要受到介质的阻力。在重力场中沉降时，最初处于加速阶段，但由于阻力随速度的增加而增大，当阻力与重力相等时达到恒速，这时称为重力沉降的最终速度。在离心力场中，粒子的沉降速度是不断增大的，这是因为随着粒子的沉降，回转半径增大，作用在粒子上的离心力也随之增大的缘故。但对整个过程而言，也有一个极短暂的作用力大于阻力的初始阶段，随后是作用力与阻力相等阶段，与重力沉降不同的是，这后一阶段中作用力与阻力处于变化的随遇平衡过程。

球形粒子在离心力场中所受的作用力为惯性力与浮力之差

$$F_c = \frac{\pi}{6} d^3 \Delta\rho\omega^2 r$$

其所受阻力为 $F_a = C_x \rho_1 v^2 d^2$，因此粒子的沉降运动方程为

$$m \frac{\mathrm{d}v}{\mathrm{d}t} = \frac{\pi}{6} d^3 \Delta\rho\omega^2 r - C_x \rho_1 v_c^2 d^2 \tag{5-30}$$

式中　m——粒子的质量；

v_c——粒子的沉降速度；

d——粒子的直径；

$\Delta\rho$——固液相密度差，$\Delta\rho = \rho_2 - \rho_1$；

ρ_2，ρ_1——固相和液相的密度；

ω——液相的回转角速度；

r——粒子所在处的回转半径；

C_x——阻力系数，是雷诺数的函数，$C_x = f(Re) = f\left(\dfrac{dv\rho}{\mu}\right)$。

由上式可看出，粒子的沉降速度 v_c 与 d、$\Delta\rho$、ρ_1、μ、$j = \omega^2 r$ 有关，即 $v_c = f(d, \Delta\rho, \rho_1, \mu, j)$。由于变数较多，为了便于进行实验研究，利用因次分析方法找出准数方程如下：

$$\frac{\mathrm{d}v_c\rho_1}{\mu} = A\left(\frac{\Delta\rho}{\rho_1}\right)^b\left(\frac{d^3\rho_1^2 j}{\mu^2}\right)^e$$

其中有雷诺数 $Re = dv_c\rho_1/\mu$，加里列数 $Ga = d^3\rho_1^2 j/\mu^2$，阿基米德数 $S_A = \Delta\rho/\rho_1$。

根据已有的实验研究知，指数 $b = e = n$，并令 $GaS_A = A_r = d^3\rho_1\Delta\rho j/\mu^2$，则上式可写成

$$Re = BA_r^n \tag{5-31}$$

为了便于实验研究中数据的整理，采用了修正的列辛科数

$$Ly = \frac{Re^3}{A_r} = \frac{v_c^3\rho_1^2}{\mu\Delta\rho j}$$

若消去式(5-31)中的 d，则准数方程变为

$$Ly = CA_r^m \tag{5-32}$$

根据雷诺和列辛科的实验数据所作的 Ly 对 A_r 的图线，球形粒子的自由沉降过程分为三个区域而有不同的 C 和 m 值：

对于层流区，$Re < 1.6$，$C = 1.74 \times 10^{-4}$，$m = 2$；

对于过渡区，$1.6 < Re < 420$，$C = 2.49 \times 10^{-3}$，$m = 1.2$；

对于湍流区，$Re > 420$，$C = 5.36$，$m = 0.5$。

将上述数据代入式(5-32) 可得球形粒子自由沉降速度的计算公式

层流区
$$v_c = \frac{d^2\Delta\rho j}{18\mu} \tag{5-33}$$

过渡区
$$v_c = 0.1355\frac{d^{1.2}(\Delta\rho j)^{0.733}}{\rho_1^{0.267}\mu^{0.467}} \tag{5-34}$$

湍流区
$$v_c = 1.75\left(\frac{d\Delta\rho j}{\rho_1}\right)^{0.5} \tag{5-35}$$

式中 $j = \omega^2 r$。

从以上三式可看出，后两种情况中不仅两相密度差，而且液相密度对沉降有影响，离心沉降中常出现的是一、二两种情况，当极大增加离心力场强度时也可能出现第三种情况。

计算粒子沉降速度时，首先需判明粒子运动状况所处的区域，但因沉降速度未知，不能根据 Re 数来判断，必须从判断式中消去 v_c 才行，可用 Ar 来判断，现变更式(5-32) 为

$$Re^3 = CA_r^{m+1}$$

将三个区域不同的 Re、C、m 值代入上式可得到用 A_r 值划分的三个区域：

层流区，$A_r = 28.8$；

过渡区，$28.8 < A_r < 57600$；

湍流区，$A_r > 57600$。

以上结果是在球形粒子不考虑浓度影响的条件下得到的，而实际上沉降的颗粒往往是非球形的，而浓度又是有变化的，因而有必要考虑两者对沉降速度的影响。

一般非球形粒子的阻力较大，因而沉降速度也较慢，常用当量直径代入以上公式计算非球形粒子的沉降速度，当量直径计算公式为

$$d_e = \sqrt{\frac{6V_p}{\sqrt{\pi A}}} \tag{5-36}$$

式中 d_e——非球形粒子的当量直径；

　　V_p——粒子的体积；

　　A——粒子的表面积。

几种典型粒子的当量直径 d_e 计算见表 5-1。

表 5-1 几种典型形状粒子的当量直径 d_e

形状	长片状	方片状	圆片状	圆柱状	针状	立方体	球状	多面体[①]
几何尺寸	长×宽×厚 $a×b×s$	边长×厚度 $a×s$	直径×厚度 $d×s$	直径×长度 $d×l$	直径×长度 $d×l$	边长 a	直径 d	
d_e	$1.547\sqrt{s\sqrt{ab}}$	$1.547\sqrt{as}$	$1.456\sqrt{ds}$	$1.225\sqrt{\dfrac{dl}{\sqrt{\frac{1}{2}+\frac{1}{d}}}}$	$1.225\sqrt{d\sqrt{dl}}$	$1.182a$	d	$0.775d$[②]

① 例如各种矿石粉、石英粉等类似物料。
② d 按筛板尺寸。

悬浮液固相浓度达到一定值后，出现阻滞沉降现象。粒子沉降速度较自由沉降速度值小，并随浓度的增加迅速降低，一般用修正系数 η_1 来考虑此种影响。

$$\eta_1 = (1-x_0)^{5.5} \tag{5-37}$$

其中，x_0 为悬浮液中固体粒子的容积浓度，按分数表示。因此，沉降速度按下列公式计算

层流区 $$v_c = \eta_1 v_g F_r \tag{5-38}$$

过渡区 $$v_c = \eta_1 v_g F_r^{0.467} \tag{5-39}$$

湍流区 $$v_c = \eta_1 v_g F_r^{0.5} \tag{5-40}$$

式中 η_1——阻滞沉降系数；

v_g——重力沉降速度；

F_r——分离因数，$F_r = \omega^2 r/g$。

v_g 在不同区域的计算式为

层流区 $$v_g = \frac{d_e \Delta \rho g}{18\mu} \tag{5-41}$$

过渡区 $$v_g = 0.1355 \frac{d_e^{1.2}(\Delta \rho g)^{0.733}}{\rho_1^{0.267} \mu^{0.467}} \tag{5-42}$$

湍流区 $$v_g = 1.75\left(\frac{d_e \Delta \rho g}{\rho_1}\right)^{0.5} \tag{5-43}$$

在使用以上速度公式计算沉降速度时，必须先利用已知物料性质（d，ρ_1，ρ_2，μ）算出 Ar 值，判明区域，选用相应的公式来计算。估算 Ar 值时可采用转鼓半径 r_2 来代替 r 计算。

(2) 离心力场中沉降分离的极限

在一定的离心力场下，当固体颗粒小到某一尺寸而不能被离心分离时，称为离心沉降分离的极限。这个粒子直径称为极限粒子直径 d_l。当然 d_l 的大小是相对一定的离心力大小而言，离心力越大，相应的 d_l 值越小。悬浮于液体中的高分散固相粒子，由于扩散作用能长时间在离心力场中保持悬浮状态，这个现象可解释为，由于粒子的布朗运动，必然出现扩散现象，即粒子能自发地从浓度高处向浓度低处扩散，作用在高分散细粒子上的离心力被有浓度梯度产生的"渗透"压力所平衡，在这种情况下，在某一瞬间经单位沉降面积所沉降的质量，等于由于浓度梯度向反方向运动的质量。

有学者建议，采用布朗运动和扩散现象的规律来确定极限粒子尺寸。以致在此扩散过程中，粒子在时间 t 内的平均位移距离 h 和扩散系数 D 之间的关系为 $h^2 = Dt$，而扩散系数 $D = \frac{kT}{3\pi\mu d}$，设在时间 t 内，粒子以沉降速度 v 所沉降的距离为 $h = vt$。由于粒子尺寸很小，沉降处于层流区域，故速度按式(5-33)计算，于是可得

$$h=\frac{6kT}{\pi d^3 \Delta\rho\omega^2 r} \qquad (5-44)$$

式中　k——波茨曼常数，$k=1.3805\times10^{-23}\text{N}\cdot\text{m/K}$；

　　　T——绝对温度，K。

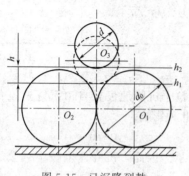

图 5-15　已沉降到鼓
壁上粒子的位置

设已经沉于鼓壁的两粒子 O_1 和 O_2 间的粒子 O_3，其最低点位置为 h_1，若其布朗运动的扩散距离为 h，当达到位置 h_2 时，则将从两粒子间逸去而不沉降下来。按这种临界条件取 $d=0.6d_e$，则从图 5-15 的几何关系可算得 $h=0.293d$，代入式（5-44）可得极限粒子直径的计算公式

$$d_l=1.6\left(\frac{kT}{\Delta\rho\omega^2 r}\right)^{1/4} \quad \text{m} \qquad (5-45)$$

将 k 代入上式后得

$$d_l=1.734\left(\frac{T}{\Delta\rho\omega^2 r}\right)^{1/4} \quad \mu\text{m} \qquad (5-46)$$

极限粒子尺寸一般均很小，例如当分离因数 $F_r=3000$、$T=300\text{K}$、$\Delta\rho=0.5\sim7\text{kg/m}^3$ 时，用式（5-46）算出 $d_l=0.207\sim0.107\mu\text{m}$。在生产实际中，用高速离心机与分离机来分离分散性的悬浮液或乳浊液时，根据待分离的最小粒子直径来确定所必需的最小分离因数，进而确定机型。根据式（5-46）可得

$$F_r=\frac{\omega^2 r}{g}=\frac{1.734^4 T}{d^4\Delta\rho g}=9\frac{T}{d^4\Delta\rho g} \qquad (5-47)$$

式中　d——待分离的最小粒子直径，μm。

5.1.3.5　沉降离心机的生产能力

悬浮液自进料口进入沉降离心机转鼓后，液相沿转鼓轴向流动至溢流口处溢出鼓外，其中的固相粒子除了随液相作轴向流动外，还在离心力作用下沿径向沉降。较细粒子由于沉降速度较慢，沉降到鼓壁所需要的时间较长。如悬浮液进料量过大，轴向流速过快，使较细粒子在转鼓内的停留时间少于沉降所需时间，则细粒子将随液流溢出鼓外而不能被分离。因此，沉降离心机的生产能力，应理解为能将所需分离的最小固相粒子沉降在鼓内，而不致随分离液带出的最大悬浮液流量。这样分离因数一定的同一离心机，对不同的物料和同一物料在不同的分离要求下，生产能力也将是不同的。以下介绍按"活塞式"理论计算的生产能力。假定要分离的粒子直径已知。

（1）柱形转鼓离心机

设粒子的沉降过程处于层流区，如图 5-16(a) 所示，由式（5-38）得出其沉降速度为

$$v=\frac{\mathrm{d}r}{\mathrm{d}t}=v_g F_r=v_g\frac{\omega^2 r}{g}$$

粒子从自由液面沉降到鼓壁所需时间为 t_1

$$t_1=\int_0^{t_1}\mathrm{d}t=\int_{r_1}^{r_2}\frac{\mathrm{d}r}{v}=\frac{g}{\omega^2 v_g}\int_{r_1}^{r_2}\frac{\mathrm{d}r}{r}=\frac{g}{\omega^2 v_g}\ln\frac{r_2}{r_1}$$

设粒子与液体在轴向运动过程中无相对滑移，则粒子的轴向速度 v_z 等于液体的轴向速度 u_z，于是粒子在转鼓内的停留时间 t_2 等于液体沿转鼓轴向所走沉降区长度 L 所需时

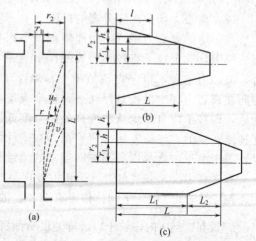

图 5-16　各种几何形状的转鼓

间 t_2，由液体轴向速度 $u_z = \mathrm{d}z/\mathrm{d}t$，可得

$$t_2 = \int_0^{t_2} \mathrm{d}t = \int_0^L \frac{\mathrm{d}z}{u_z}$$

按"活塞式"流动状态，u_z 沿整个截面是不变的，即 $u_z = u_m = q_V / \pi(r_2^2 - r_1^2)$，代入上式得

$$t_2 = \pi L (r_2^2 - r_1^2)/q_V$$

根据分离条件 $t_1 \leqslant t_2$，可求得离心机的生产能力为

$$q_V = v_g \frac{\pi L (r_2^2 - r_1^2) \omega^2}{g \ln \dfrac{r_2}{r_1}} \tag{5-48}$$

将 $\ln \dfrac{r_2}{r_1}$ 按级数展开，并取其首项代入上式得

$$q_V = v_g \frac{\pi L (r_2^2 - r_1^2) \omega^2}{g \dfrac{2(r_2 - r_1)}{r_2 + r_1}}$$

由于 $r_2 - r_1 = h$ 是液层深度，并令 $\lambda = \dfrac{h}{r_2}$，$D = 2r_2$（转鼓直径），上式经变换后得

$$q_V = v_g \frac{\omega^2 r_2}{g} \pi D L \left(1 - \lambda + \frac{1}{4}\lambda^2\right) = v_g F_r A = v_g \Sigma \qquad (\mathrm{m}^3/\mathrm{s}) \tag{5-49}$$

这个公式类似于连续式重力沉降槽的生产能力计算公式，其中 Σ 称为当量沉降面积，又称为离心机的生产能力指数，m^2；$A = \pi D L \left(1 - \lambda + \dfrac{1}{4}\lambda^2\right)$ 表示随半径变化而变化的沉降面积的修正面积。据此，特拉文斯基提出用下列方法直接求 Σ 值，由于 $\Sigma = AF_r$，而 A 和 F_r 均随 r 而变。因此取两者乘积积分的平均值

$$\Sigma = \frac{1}{r_2 - r_1} \int_{r_1}^{r_2} A(r) F_r(r) \mathrm{d}r \tag{5-50}$$

对于柱形转鼓 $A(r) = 2\pi r L$，$F_r(r) = \dfrac{\omega^2 r}{g}$，代入上式，并考虑 $r_2 - r_1 = h$，$r_1 = r_2 - h$，$\lambda = h/r_2$，$D = 2r_2$ 则

$$\Sigma = \frac{1}{h} \int_{r_2 - h}^{r_2} \frac{2\pi \omega^2 L}{g} r^2 \mathrm{d}r = F_r \pi D L \left(1 - \lambda + \frac{1}{3}\lambda^2\right) \tag{5-51}$$

由于 λ 值恒小于 1，一般工业用离心机的 $\lambda = 0.1 \sim 0.3$，故上式与式(5-49)中的 Σ 值相差很小。

（2）锥形转鼓离心机

锥形转鼓的沉降面积不但在径向上、而且在轴向上均是变化的。从图 5-16(b) 可看出，液层中任意半径 r 处沉降面积和分离因数分别为

$$A(r) = 2\pi r l = 2\pi r L \frac{r_2 - r}{r_2 - r_1}$$

$$F_r(r) = \frac{\omega^2 r}{g}$$

将 $A(r)$ 和 $F_r(r)$ 代入式(5-50)，并设锥鼓中最大液层深度 $h = r_2 - r_1$，经积分并整理后可得

$$\Sigma = F_r \pi D L \left(\frac{1}{2} - \frac{2}{3}\lambda + \frac{1}{4}\lambda^2\right) \tag{5-52}$$

比较式(5-51) 和式(5-52) 可以看出，在同样转鼓直径、沉降区长度和液层深度情况下，柱形转鼓的 Σ 较锥形转鼓的大。

（3）柱锥形转鼓离心机

从图（5-16）可看出，柱锥形转鼓的Σ值可由柱形转鼓和锥形转鼓的Σ值相加而得

$$\Sigma = F_r \pi D \left[L_1 \left(1 - \lambda + \frac{1}{3} \lambda^2 \right) + L_2 \left(\frac{1}{2} - \frac{2}{3} \lambda + \frac{1}{4} \lambda^2 \right) \right]$$

$$= F_r \pi D L \left[\left(\frac{1}{2} - \frac{2}{3} \lambda + \frac{1}{4} \lambda^2 \right) + \frac{L_1}{L} \left(\frac{1}{2} - \frac{2}{3} \lambda + \frac{1}{12} \lambda^2 \right) \right] \tag{5-53}$$

将式(5-51)～式(5-53)的Σ值代入式(5-49)，即可计算各种形式转鼓的离心机的生产能力。

（4）碟片式离心机

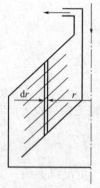

① 离心澄清生产能力的计算　如已知碟片式离心机的尺寸及转速，某种固粒临界直径d_c（进料悬浮液中能被全部分离的最小粒子直径）的悬浮液从碟片周边进入碟片间隙内，固相颗粒沿缝均匀地分布。从计算观点看，对处于最不利条件的悬浮液进口处，即下碟片上表面处粒度为d_c固粒的运动最为关心，分离机的生产能力应当保证在液体流出碟片间隙时，这些固粒需及时沉降到上碟片下表面上。

利用图 5-17 来计算生产能力，转鼓工作高度乘以碟片束内半径r处厚度为dr的微环面积为分离机微分工作容积，由图得

$$d\Omega = 2\pi r \, dr \, zb \tag{5-54}$$

图 5-17　分离机
微元容积

式中　　Ω——转鼓工作容积；

　　　　b——碟片轴向间距；

　　　　z——碟片数。

分离悬浮液在转鼓该微分容积内的停留时间

$$dT = \frac{d\Omega}{q_V} \tag{5-55}$$

式中　q_V——碟片分离机生产能力。

$$dT = \frac{2\pi bz}{q_V} r \cdot dr \tag{5-56}$$

在碟片间隙内，沉降固粒径向移动距离s

$$ds = v_c \, dT \tag{5-57}$$

式中　v_c——粒径为d_c的固粒沉降速度。

在应用斯托克斯定律条件时，d_c分散相固粒沉降速度

$$v_c = v_g \omega^2 r / g \tag{5-58}$$

式中　v_g——在重力场中，粒径为d_c的固相沉降速度。

将式(5-56)、式(5-58)代入式(5-57)得

$$ds = \frac{v_g \omega^2 r}{g} \times \frac{2\pi bz r \, dr}{q_V} \tag{5-59}$$

积分上式，积分线左边由$0 \sim s$，右边由$r_{min} \sim r_{max}$（碟片最小和最大半径）得

$$s = \frac{v_g \omega^2 2\pi bz}{3 q_V g} (r_{max}^3 - r_{min}^3)$$

考虑到$s/b = \tan\alpha$，则分离机生产能力

$$q_V = \frac{2\pi v_g \omega^2 z (r_{max}^3 - r_{min}^3)}{3g \tan\alpha} \quad (m^3/s) \tag{5-60}$$

因为

$$v_g = \frac{d_c^2 \Delta\rho g}{18\mu} \tag{5-61}$$

所以
$$q_V = \frac{\pi d_c^2 \Delta\rho\omega^2 z(r_{\max}^3 - r_{\min}^3)}{27\mu\tan\alpha} \tag{5-62}$$

若应用 Σ 概念，则可写成如下一般形式
$$q_V = v_g \Sigma \tag{5-63}$$

其中
$$\Sigma = \frac{2\pi\omega^2 z(r_{\max}^3 - r_{\min}^3)}{3g\tan\alpha} \tag{5-64}$$

② 离心分离生产能力的计算　离心分离过程生产能力的计算原理与推导方式跟离心澄清相同。所不同的是，在离心分离中，q_V 可按轻液区（$r_m - r_{\min}$）与重液区（$r_{\max} - r_m$）分别导得。如图5-18所示，可推导得以下计算公式

$$q_{Vl} = \frac{\pi d_{c2}^2 \Delta\rho\omega^2 z\tan\varphi(r_m^3 - r_{\min}^3)}{27\mu_1}$$
$$= \frac{\pi d_{c2}^2 \Delta\rho\omega^2 z(r_m^3 - r_{\min}^3)}{27\mu_1\tan\alpha} \tag{5-65}$$

式中　d_{c2}——轻液中重组分质点的临界直径；

　　　r_m——中性层半径；

　　　μ_1——轻液动力黏度。

$$q_{Vh} = \frac{\pi d_{c1}^2 \Delta\rho\omega^2 z(r_{\max}^3 - r_m^3)}{27\mu\tan\alpha} \tag{5-66}$$

式中　d_{c1}——重液中轻组分质点的临界直径。

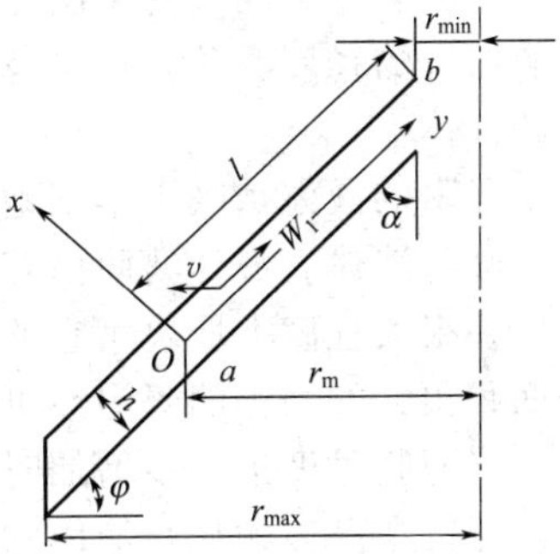

图 5-18　离心分离生产
能力的计算原理

如工艺上主要要求重液纯度时，则分离机生产能力可按 q_{Vh} 计，要求轻液纯度时则按 q_{Vl} 计。

式（5-65）或式（5-66）同样可写成一般形式
$$q_V = v_g \Sigma$$

对轻液区
$$\Sigma_l = \frac{2\pi\omega^2 z(r_m^3 - r_{\min}^3)}{3g\tan\alpha} \tag{5-67}$$

对重液区
$$\Sigma_h = \frac{2\pi\omega^2 z(r_{\max}^3 - r_m^3)}{3g\tan\alpha} \tag{5-68}$$

无论是离心澄清还是离心分离，在应用生产能力公式计算 Q 值后，还应同时校核 λ 值，以保证 λ 在许可范围内，见参考文献 [1]。

（5）生产能力计算公式的修正系数

按"活塞式"理论计算的生产能力比实际的大，因此在使用时必须加以修正，可按下式计算
$$q_V = \beta v_g \Sigma \tag{5-69}$$

物料特性和流体流动特性均对分离效率有影响，可通过因次分析和试验得到修正系数值如下。

对于刮刀卸料离心机和管式高速离心机
$$\beta = 12.54\left(\frac{\Delta\rho}{\rho_1}\right)^{2.3773}\left(\frac{d_e}{L}\right)^{0.2222} \tag{5-70}$$

对于螺旋沉降离心机
$$\beta = 16.64\left(\frac{\Delta\rho}{\rho_1}\right)^{0.3369}\left(\frac{d_e}{L}\right)^{0.3674} \tag{5-71}$$

对于碟片离心机
$$\beta = 0.5\sim0.7 \tag{5-72}$$

相对不同颗粒直径的分离效率可参考有关资料。

5.1.4　过滤离心机的有关计算

离心过滤可获得比离心沉降较干的渣，并且渣的分散度愈低，渣的含湿度愈低。如果细分散物料在离心分离后所得滤渣含湿量通常在 5％～40％范围内，则对于中、粗分散物料含湿量可能等于 0.5％～5％，通常过滤离心机的转速都不高。目前，离心过滤在处理高分散物料方面的应用还受到限制。

5.1.4.1　过滤机理

不同的物料在同样条件下进行离心过滤，常得到含有不同数量液相的渣，这说明它们保持湿度的能力不同，为阐明这种现象，现研究位于松散滤渣中的液相形态，这种形态与液体充满滤渣的程度有关，可将滤渣孔隙中的液体有条件地分为吸附的、薄膜的、毛细管的和自由的液体。

吸附的液体被吸力牢固地保持在颗粒表面上，仅在液体成为气体状态时才有可能除去渣内的吸附液体。液体薄膜由若干分子层组成，分子层的数目取决于颗粒的尺寸。分散系的吸湿性在很大程度上取决于它的比表面积的大小。例如，沙土的最大吸湿性不超过 2％，而比表面积很大的黏土的吸湿性可达 70％。

当薄膜厚度进一步增加时，外面的分子已不是由吸附力而是由分子间的力（液体的结合力）保持在固体颗粒与液体的界面上形成薄膜液体。

在表面张力的影响下，薄膜体不能以同样厚度的薄膜形成并保持在颗粒表面上，而是以环状集结在各个颗粒的接触处，即形成毛细管形液体，液体限于弯月形液面内，在这种情况下，弯月形液面的力指向外，这个力似乎力图使液体扩展并靠近颗粒。

如果充填滤渣孔隙的液体量多到使弯月形液面消失，因而不存在毛细管压力，则液体处于自由状态并易于在离心过滤时被分散，在高分散滤渣的情况下，应考虑的是胶体状态连接的液体而不是薄膜液体。

这样，在离心分离孔隙充填液体的多孔物料时，首先迅速排出处于自由状态的液体。但是当被离心分离的产品转变为三相系和在滤渣内形成弯月形液面时，即当液相转变为毛细管液体和薄膜液体状态时，分离过程缓慢下来，最后当达到一定的毛细管和薄膜液体含量，即物料和该离心场强度下最小的含量时，分离过程停止。

吸附液体和部分薄膜以及毛细管液体不可能用离心分离排出。

当在多孔转鼓内离心分离悬浮液时，液相通过转鼓壁上的孔，而滤渣留在鼓壁上，滤渣受到压紧，与离心沉降压紧沉渣相似。但是，离心过滤时对压紧起作用的有液体和滤渣骨架的质量力，然而离心沉降时对压紧起作用的只有滤渣骨架的质量力。

在过程进行到某瞬间，当空气进入渣内并使被分离物料变成三相系后，开始进行所谓滤渣机械干燥过程。这时，离心分离使颗粒接触表面间的液体流出。所以离心过程应分为下列三个主要阶段：滤渣的形成、滤渣的压紧和滤渣的机械干燥。当然离心过滤的这种分段法不可能包括所有的实际情况，有时滤渣的压缩可能在某一阶段末时结束，也可能继续贯穿整个分离过程，但是，在大多数情况下，这种分段法有助于确定相应的物理因素所起的主要作用。

在某种程度上，第一阶段可与一般的过滤（在重力场中）相比较，并且这时压力差主要取决于离心力场作用在悬浮液上所产生的液压头，滤渣和过滤介质有较大的曲率，过滤面积随半径而变化，而滤渣不仅在液体作用下，而且还在滤渣骨架质量力作用下受到压紧。

第二阶段也可称为滤渣的集聚阶段，在此时间内被离心分离的物料实际上是两相物系，而且开始时固体颗粒排列并不紧凑，彼此间有极少的接触点。

第三阶段开始时，在颗粒接触处和颗粒的表面上保留有毛细管力和分子力所保持的液体。其中一部分在离心力、惯性和流经滤渣的空气流的作用下向滤网方向从一个接头处移向另一个接头处。

在工业实践中，高浓度物系的离心过滤极为普遍，在这种情况下，没有滤渣形成阶段，与其他阶段的持续时间相比时间很短，习惯上，由滤渣压紧和机械干燥组成的这个过程也称为离心挤压。

5.1.4.2 过滤计算

对于如图 5-19 所示的过滤过程，滤液之所以能穿过滤饼层排出转鼓外，首先是因为有过滤饼上游表面处的压力 p_2 作为推动力，而与此相应的阻力由两项构成：其一是滤饼的阻力，它由平均滤饼比阻 $\alpha(m/kg)$ 与单位面积的滤渣质量 $m(kg/m^2)$ 之乘积 αm 组成；其二是过滤介质的阻力 $R_m(1/m)$，而液体的黏度 μ 则是造成阻力的直接原因，因此不难直接写出滤液的表观流速 q，即单位时间内，通过滤饼单位面积的体积流量的计算方程如下：

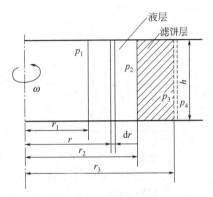

$$\frac{dv}{A\,dt} = q = \frac{p_2}{\mu(\alpha m + R_m)} \quad \text{m/s} \quad (5\text{-}73)$$

上式为滤饼过滤的基本方程，对此式进行积分可得到一定过滤时间内滤液的总通过量，即滤液总容积。

图 5-19 离心过滤操作示意图

此基本方程也包括了若干近似的假设。例如，介质阻力 R_m 假设为常量，但实际上由于介质的堵塞，R_m 会增大。尽管如此，对工业用过滤机而言，此假设还是合理的，因为不会选用很快被堵塞的过滤介质。即使过滤初始阶段，介质被部分堵塞而 R_m 值略上升，也可认为此堵塞后阻力 R_m 为常量，仍可应用基本方程求解过滤过程。

滤饼比阻 α 依据理论推测和实际测量可知，它不是常量，而是受固相颗粒的形状和粒度分布、刚度以及滤饼结构影响，又与进料料浆固相浓度和过滤初速度有关。初速度低，会造成较密实的滤饼而有较高的阻力。

除此之外，过滤压力，亦即通过滤饼的压力降也是影响 α 值的重要参数。这期间要区别滤饼是不可压缩的或可压缩的。对不可压缩滤饼，压力的大小对 α 值无影响；对可压缩滤饼，增加压力可使颗粒受压缩而变形，随之过滤阻力变大，α 值随之改变。此压缩对可压缩性滤饼比阻 α 值的影响可用下式表示

$$\alpha = \alpha_0 p'' \quad (5\text{-}74)$$

式中 α_0 ——单位压力的滤饼比阻（$n=0$）；

n ——压缩性因子。

n 值对不同的物料有不同的值，但对同一物料却是常量，实际上，n 也受压力的影响，但一般可以假设在一定压力范围内它保持常量。n 值介于 $0\sim 1$ 之间；实际上，其值范围是由低压缩性的碳酸钙和藻土的 $0.01\sim 0.15$ 到高压缩性的氢氧化物的 0.9。

滤饼的孔隙率对滤饼的比阻有直接的影响，孔隙率愈小，阻力越大。物料不同，孔隙率值不同，且随压力的增大而降低，如图 5-20 所示。并且孔隙率值沿滤饼厚度也是变化的，从滤饼表面到过滤介

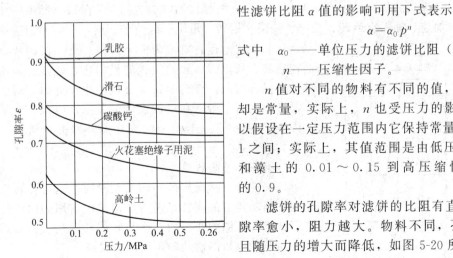

图 5-20 平均孔隙率与压力的关系

质，孔隙率是由大到小变化的。由试验数据测得孔隙率值和比阻 α 值，一般来说都是平均值。表 5-2 列出了几种物料的典型滤饼比阻 α 值。

表 5-2　几种物料的典型比阻值

物　　　料	过滤压力/MPa	滤饼比阻值/(m/kg)	物　　　料	过滤压力/MPa	滤饼比阻值/(m/kg)
高级硅藻土	—	1.64×10^9	胶质黏土	0.68	6.47×10^{12}
普通级硅藻土	0.17	1.15×10^{11}	氢氧化镁(凝胶状)	0.17	3.24×10^{12}
	0.68	1.31×10^{11}		0.68	6.97×10^{12}
木炭粉	0.01	3.14×10^{10}	氢氧化铝(凝胶状)	0.17	2.16×10^{13}
	0.068	5.84×10^{10}		0.68	4.02×10^{13}
碳酸钙(沉淀)	0.17	2.21×10^{11}	氢氧化铁(凝胶状)	0.17	1.47×10^{13}
	0.68	2.68×10^{11}		0.68	4.51×10^{13}
氧化铁(颜料)	0.17	8.04×10^{11}	触变性泥	0.54	6.77×10^{14}
	0.68	14.12×10^{11}	刚性球粒的理论值		
云母黏土	0.17	4.81×10^{11}	$d = 10\ \mu m$	—	6.37×10^9
	0.68	8.63×10^{11}	$d = 1\ \mu m$	—	6.37×10^{11}
胶质黏土	0.17	5.10×10^{12}	$d = 0.1\ \mu m$	—	6.37×10^{13}

　　过滤基本方程式(5-73)用于工业过滤还要做如下的假设：

　　ⅰ.滤液容积基本等于进料悬浮液容积，这对于低浓度滤浆是合理的；

　　ⅱ.过滤面积，即滤液流过的面积不变，这对于具有平面过滤元件的大多数工业过滤机而言是正确的，但对圆筒形过滤元件的过滤机，在滤饼厚度较厚且圆筒直径较小时，此假设不适用；

　　ⅲ.在滤饼的两侧，液体流进和流出的速度相等，实际上料浆浓度高时，常出现流出速率落后于流入速率。

　　以上假设虽有一定限制性，但有利于应用简单的基本过程解决工业过滤问题，使有可能预测过滤过程中参数变化会出现的后果。

　　应用方程式(5-73)，一般需要积分以致获得总的滤液通过量，设 μ、α、ω、R_m 和 A 均是常量，则瞬时流速、操作压力和时间是变量。为使积分简单以及操作的可能性，通常是假定前者称为恒压过滤，后者称为恒速过滤，详见参考文献[3]。

5.1.4.3　过滤离心机的操作循环

　　过滤式离心机除滤饼层能够移动的属于连续式操作以外，凡是分批式操作的离心机，不论它是自动的还是手动的都有一个操作循环问题。一般操作循环中包括九个阶段，即第一加速、加料、第二加速、加料空运转、洗涤、洗涤空运转、甩干、减速和卸料，有时不包括加料空运转和洗涤空运转就成为七个阶段，离心机的特点是高速运转，所以和一般恒压过滤机相比，就多了加速两种辅助操作时间，要想提高离心机的生产能力，对于操作循环中的每个阶段和机械设计的关系，应该有个了解。图 5-21 表示了一个典型的操作循环（七个阶段），现分述如下。

　　（1）第一加速阶段

　　第一加速阶段指操作循环的开始阶段，这是将转鼓加速到加料所需要的速度，这一加速阶段需用的时间是制造厂选定的，图中线段的斜率与转鼓和所装物料的惯性矩，与驱动电机的启动转矩成函数关系。

　　（2）加料阶段

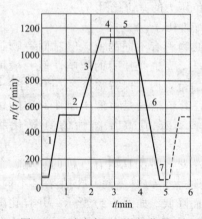

图 5-21　过滤离心机的操作循环

如果待滤的料液体积小于转鼓容料体积，只要工程上允许，并考虑需用功率、加料管尺寸和计时阀的特性后，加料速度可以采用尽可能高的速度。如果料液体积大于转鼓容料体积，则加料速度就固定在当加料阀不断开闭，料液将充满转鼓时的速度。目前，采用程序加料费用较高。转鼓中液面必须保持最高位，以保证尽快过滤，但对渗透缓慢或者可压缩性很高的滤饼不适用。在选择加料速度时，主要考虑需用功率和可供利用功率之间的平衡，其次应考虑滤饼的均匀分布，防止不平衡加料出现，为使滤饼均匀分布，一般在加料开始时，使加料速度超过过滤速度，即在初步形成的滤饼上保留一层料液，其中颗粒将不断沉降成为均匀的滤饼。唯一例外是固体颗粒轻于液体，这时加料宜慢于过滤速率，同时使用料浆分布器，使加进的料浆随即形成均匀的滤饼。

（3）第二加速阶段

在加料停止后，转鼓就可加速到最高操作速度，以尽可能快地过滤母液，这个加速时间是选定的，但受电动机特性的控制，所以有多少母液在这一阶段滤出是能计算出来的。由此也可以估算出在达到最高转速后，是否还有剩余母液。

对于某些离心机进行过滤操作时，还规定有一加料空运转阶段，这一空运转时间从转鼓达到最高速度开始（这时有一个低于最高液体的料液面），一直持续到料液面降至滤饼层表面为止。

（4）洗涤阶段

为了获得纯净的固体产物，一般都要对滤饼进行洗涤，由于洗涤紧接在过滤之后进行，对固定的滤饼层来说，洗涤液穿过滤饼的路线基本上沿着原来过滤时形成的孔隙结构流出。因此，洗液在滤饼中的流动速率仍可根据离心过滤速率公式计算出来，如果操作液面不变，洗涤速率即接近于最终过滤速率，当然公式中液体的密度和黏度应按洗液选取。

洗涤液的用量常根据分离的工艺要求，如滤饼内杂质含量和母液回收要求等，通过实验方能求得。一般而论，采用一次或多次洗涤，便可减少 80%～95% 的杂质，洗液用量一般以每千克滤饼需用洗液的千克数表示，洗涤时间可按下式估算：

$$洗涤时间 = \frac{滤饼(kg) \times 洗涤液用量(kg/kg\ 滤饼)}{洗涤速率[kg/(m^2 \cdot s)] \times 过滤介质面积(m^2)}$$

在料液面达到滤饼层表面前，一般不能进行洗涤操作，否则洗涤液和剩余料液因未来得及错开而沾污，得到的是低效洗涤，这就需要更多洗液亦即用更多时间才能达到同一效率。

（5）甩干阶段

离心甩干作为一个操作阶段，其目的是尽量降低离心过滤或洗涤后的滤饼中最终含液量，或称残留液量。显然在试验研究工作中，可以尽量延长离心甩干时间，求取一定操作条件下，离心甩干力和滤饼中各项作用力，如毛细作用持留力，表示作用力等达到平衡状态时仍能保留在润湿的颗粒上的最低液量。但在实际生产中，既不允许这样做，也不合乎最宜操作原则。因此，就有一个离心甩干的动力学问题，即在离心甩干进行过程中，滤饼中残留液量和甩干时间的关系需要解决。常用南尼格-斯托罗公式，以估算滤饼中残留液量和甩干时间的关系：

$$S_\infty = k \frac{1}{d^{0.5} F_r^{0.5} \rho_1^{0.25}} \tag{5-75}$$

式中　S_∞——滤饼在极长时间旋转后不再有液体渗出，也不发生空气干燥这个条件下测得的最低含液量，以液体体积/固体体积之值表示；

　　　F_r——分离因数；

　　　ρ_1——液体密度；

　　　k——比例常数。

$$S=0.5\frac{k'}{d}\times\frac{\mu}{\rho_1 F_r}\frac{(r_3-r_2)^{0.5}}{t^{0.3}}+S_\infty \tag{5-76}$$

式中　S——从自由液面与滤饼表面重合时算起，经甩干操作时间以后，滤饼内所含液体体积/固体体积之值；

　　　k'——比例常数；

　　　μ——液体黏度；

　r_3，r_2——转鼓内半径和滤饼内表面半径；

　　　d——固体颗粒的斯托克斯当量直径。

根据实验数据，对于不可压缩滤渣，r_3-r_2 的指数接近 0.8；至于 t 的指数，对不同类型的固体粒子，在 0.3～0.5 范围内变动。上述关系式只是给出了决定 S_∞ 与 S 所需的主要参变数，式(5-75) 是甩干动力学方程式，这时滤饼厚度也是一项影响因素。

甩干是最后的过滤，这时液面穿过滤饼层，因而随着液面降低，有效滤饼厚度也减小，这时滤饼厚度所起作用与转鼓半径相比很小，压头也随之成比例降低。

（6）减速阶段

减速阶段的操作线斜率与驱动系统的类别和使用特性有关，与制动系统吸收能量的速率也有关，例如某些离心机规定 50～250s。

（7）卸料阶段

卸料阶段的时间受多种因素影响，它决定于在卸料速度时可供转动转鼓的转矩、所卸滤饼的特性以及卸料用的刮刀或其他装置的设计特点，一般为 5～60s，对于难以用刮刀卸料的，还可规定用更长的时间。

综上所述，分批式操作的过滤离心机除用全速加料、卸料的卧式刮刀离心机可以省去第一加速阶段和减速阶段外，其余离心机的操作循环所需时间均为上述各项之和，这是滤饼层过滤所带来的难以克服的缺点。

5.1.4.4　过滤离心机的生产能力

离心过滤与普通过滤不同之处在于：一是推动力不同于真空或压力而是离心力所产生的离心压力 p_c；二是过滤过程不同，悬浮料浆加入转鼓后，在离心力作用下，固相颗粒很快降到鼓壁上形成滤饼层，同时滤出少量液体，大量液体形成环状液层，此后液体在离心液压作用下，渗透过滤饼层和过滤介质并经鼓壁上开孔被甩出。如图 5-22 所示。

液体自液环自由表面（半径 r_1 处）下降，半径逐渐增大到 r_2 处与滤饼表面接触，此离心过滤属于液体流经颗粒堆积层（多孔层）的流动。

这里介绍蔡特斯奇法计算离心过滤速率和过滤时间的最终算式。此法的基本前提是：第一，假定离心机转鼓是圆柱形的；第二，过滤介质阻力可忽略不计；第三，本法着重解决典型问题，由于多次分批加料可能引起的大小颗粒分层沉积现象不予考虑，而认为滤饼是均质的。

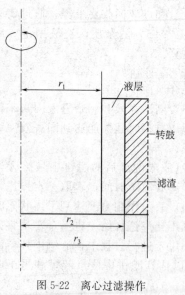

图 5-22　离心过滤操作示意图（转速为 ω）

公式的推导见参考文献［8］。

（1）离心过滤速率计算式

$$q_V=\frac{\mathrm{d}V}{\mathrm{d}t}=\frac{\pi k h \gamma_1 \omega^2}{\ln\left(\dfrac{r_3}{r_2}\right)g}(r_3^2-r_1^2)\quad(\mathrm{m^3/s}) \tag{5-77}$$

式中　　　V——滤液容积，m^3；

　　　　　t——时间，s；

r_1，r_2，r_3——液层液面、滤渣层表面和转鼓内壁处半径，m；

　　　　　h——转鼓圆柱部分高度，m；

　　　　　k——固有渗透率，$m^2/(p_a \cdot s)$；

　　　　　γ_1——液体重度，N/m^3；

　　　　　ω——转鼓角速度，$1/s$；

　　　　　g——重力加速度，m/s^2。

（2）离心过滤的时间 t

$$t=\frac{\ln\left(\dfrac{r_3}{r_2}\right)g}{kr_1\omega^2}\ln\frac{r_3^2-r_1^2}{r_3^2+r_3^2}\qquad(s)\qquad\qquad(5\text{-}78)$$

式中符号意义同上式。

5.1.5　离心机的分类

（1）按照分离因数大小

① 常速离心机　分离因数小于 3500 的离心机为常速离心机，其转鼓直径较大，转速较低，一般为过滤式，也有沉降式。分离因数的范围一般是 400～1200。

② 高速离心机　分离因数在 3500～50000 范围内的离心机为高速离心机，其转鼓直径较小，转速较高，一般为沉降式。

③ 超高速离心机　分离因数大于 50000 的离心机为超高速离心机，其转鼓为细长的管式，转速很高，一般为分离机。

（2）按分离过程的不同

① 过滤式离心机　离心机转鼓壁上开有小孔，在转鼓内壁上衬有金属底网。转鼓回转时，液体在离心力的作用下透过滤渣、滤网、底网及转鼓小孔甩出鼓外，固体被截留在转鼓内过滤介质上形成滤渣，见图 5-23(a)。过滤式离心机适用于固体含量高、固相颗粒较大的悬浮液的分离。

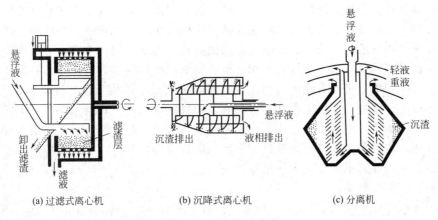

(a) 过滤式离心机　　(b) 沉降式离心机　　(c) 分离机

图 5-23　离心机的分类

② 沉降式离心机　离心机转鼓上无孔，当转鼓回转时，悬浮液随转鼓一起回转，由于离心力的作用，密度较大的固相颗粒向鼓壁沉降，见图 5-23(b)。沉降离心机适用于固相含量较少、颗粒较细的悬浮液分离，根据固相含量的多少以及离心分离的目的，离心沉降可分为离心脱水和离心澄清两个过程。

③ 分离机　分离机的分离也属于沉降分离的过程，习惯上是指用于两种密度不同的液体所形成的乳浊液或含有微量固体的乳浊液分离的机器。在离心力的作用下，密度大的液相在外层，密度小的液相在内层，密度更大的固相沉于鼓壁。把各相分别引出后，即达到分离的目的。分离机的转鼓也是无孔的，见图5-23(c)。

（3）按离心机的运转方式不同

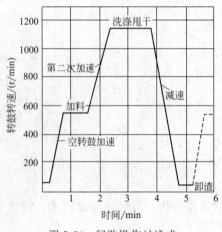

图 5-24　间歇操作过滤式
离心机各阶段的操作循环

① 间歇运转式离心机　此离心机的加料、分离、卸渣过程是不同转速下间歇进行的。操作时必须按照操作循环中的各个阶段顺序进行，一般操作循环包括空转鼓加速、加料、加速到全速、全速运转实现分离、洗涤、甩干、减速、卸渣等几个阶段，各个阶段的时间并不相等，图5-24是某间歇操作过滤式离心机各阶段的操作循环。

② 连续运转式离心机　此类离心机是在全速运转条件下，加料、分离、洗涤、卸渣等过程连续进行，生产能力较大。

（4）按照卸料方式的不同

可分为人工卸料、重力卸料、刮刀卸料、活塞卸料、螺旋卸料、振动卸料和离心力卸料等离心机。

此外，按离心机转鼓轴线在空间的位置可分为立式离心机和卧式离心机等。

5.2　过滤离心机与沉降离心机

5.2.1　过滤离心机

过滤式离心机按照转鼓形式可分为圆柱形和圆锥形两大类：前者的典型代表为三足式离心机，也称篮式离心机；后者主要有离心力卸料离心机（简称锥篮离心机）及由此派生出来的扭振式和轴振式离心机、反跳环离心机、螺旋过滤式离心机、进动式离心机等。

过滤式离心机按操作方式分为间歇和连续操作两大类。其中连续式的机种发展很快，适合于大工业生产中固液相的分离；间歇操作的离心机，由于在操作中引进了现代化的计量与控制技术，在局部范围内能与连续式的相抗衡。间歇离心机的最大特点是具有操作弹性，因此有可能在一定程度上进行有效的过程控制；而连续式离心机用于过滤洗涤和甩干的时间，其调节余地很小，在过程控制上受到相当限制。而且连续式的所有操作都在一个恒定的转速下进行，至于间歇式，它的每个操作的持续时间和转鼓速度都能调节，这就便于所处理的产品质量最佳化，也有利于调整产品参数。多台间歇式离心机联合，配以可控制的进、出口部件的调压室，亦可使间歇操作成为连续过程。

5.2.1.1　三足式离心机

三足式离心机有过滤与沉降两种结构形式，但绝大部分是过滤式结构。它是一种立式离心机，广泛应用于化工、制药、食品和纤维等工业部门，用作分离悬浮液或成件、成束的纤维物料的脱水。我国标准规定的三足式离心机的基本参数为：转鼓直径335～2000mm，容积1.5～100L，转鼓转速600～3350r/min，分离因数400～21200，主电动机功率2.2～37kW。

（1）工作原理及操作特点

采用离心过滤机过滤含有很小颗粒的悬浮液时，通常需用滤布作过滤介质，同时要求滤饼对滤布不发生相对运动。显然，满足这些要求的最简单的一种离心机为三足式离心机，如图 5-25 所示。它具有竖轴、实底和半封闭顶的圆柱状转鼓，顶部的围边称为鼓缘，转鼓支在三足架上，故名三足式离心机。

在一般情况下，转鼓罩面上钻有很多小孔，内侧覆有一层或多层大孔金属滤网，作为装在转鼓中的袋状滤布的支撑。在启动前或启动后，将悬浮液自顶部导入转鼓，使滤液通过罩面流出，而固体颗粒则被截留在滤布上。

在图 5-25 所示的简单情况下，滤渣是在停机之后用人工移出或采用更换滤布袋的方法进行卸料的。比较先进的一种三足式离心机如图 5-26 所示，使用时可先将转鼓的转速降至每分钟几转，然后将一犁形刀片推入滤渣以排除固体物料。犁形刀片将固体翻向转鼓轴线，使滤渣从转鼓底部开口处落出，借助于定时器，全部操作均可自动进行。

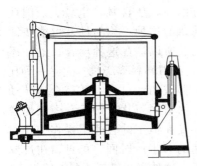

图 5-25　人工卸料三足式
离心机示意图

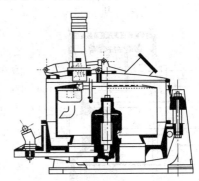

图 5-26　用犁形刀片卸料的
三足式离心机示意图

三足式离心机的典型操作循环包括以下九个阶段。

① 第一个加速周期　转鼓启动，加速到喂料所必需的一个中等转速。所需时间一般是固定的，并可作为机器的机械特性及电机特性的函数。

② 喂料阶段　在中等转速下加入进料悬浮液，并在中等转速下过滤悬浮液。如果悬浮液的液体体积小于篮筐的体积，则可以尽可能地提高喂料速率，当然还需考虑到功耗及喂料管尺寸等因素。若液体体积大于篮筐体积，则喂料速率需要固定在某一个量值（当关闭喂料阀时，篮筐中的液面高度保持在最大值处），以确保尽可能快地供液。

喂料速率的选择十分重要，它很大程度上依赖于所需功率和有用功率的均衡。此外，还需考虑滤饼的分布状况。

通常，在开始时喂料速度应当超过排水速度，以便能使滤饼较均匀地分布在篮筐上。如果固体密度小于液体密度，则喂料速度就应当低于排液速度，此时还应当考虑使用滤饼分布器。

③ 第二个加速周期　当喂料阶段停止后，篮筐已被加速至最大速率，以便尽快卸除剩余母液。这一周期的时间间隔可按电机说明书来控制，而母液的排除总量以及所需时间也可以进行计算。

④ 理想旋转阶段　此阶段，转鼓一直保持在高速旋转下进行脱水，直至液面高度降落到滤渣表面为止。

⑤ 漂清阶段　当第④阶段终止时，漂清液开始喷洒到滤饼上，以便除去剩余母液或母液中不需要的污物，此时通过滤饼的流动为"塞流"。

漂清过程须留心，为了确保一定的转速以及达到所需要的漂清速率，必须提供足够的功率。

当液面高度降至滤饼表面时此阶段结束，漂清速率由主电机来控制，而漂清的理想旋转时间通常比较低。

⑥ 旋转甩干　最后的过滤阶段称为旋转甩干，此时有效的滤饼厚度将随液面高度的减小而减小；压头也相应地按正比关系减小。

⑦ 刹车　刹车所需时间，应由传动系统和使用工况的特性来决定，某些情况下设备的刹车时间可以长达 50～250s。

⑧ 卸载　卸载时间，也依赖于传动系统和使用工况，通常需要 5～60s，或更长一些，特别是对于那些刮动较困难的物料。

鉴于滤布总不可能非常平滑，故犁形刀片就不能一直伸到滤布上，所以不可能将滤饼卸除干净。总会有一层很薄的通常称为"余渣"的固体颗粒留在转鼓内。在不允许存留余渣的场合，可采用气动滤饼卸除装置来代替上述犁形刀片。这种气动卸料装置，分为压缩气体喷射式和真空式两种。显然，仅当滤饼易于碎裂而颗粒又无黏性时才适合使用气动卸料装置。

由于三足式离心机都是立式的，在重力影响下倾向于形成不均匀的滤渣，通常较低处的

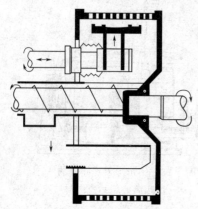

图 5-27　刮刀卸料离心机示意图

滤饼要比较高部分的厚，所含颗粒也较大。因此，若需要进行洗涤时，滤饼的这种不均匀性就可能使卸出的固体在纯度上欠均匀。所以，在这种场合，最好还是使用图 5-27 所示的卧式刮刀卸料离心机。它是一种比较先进的过滤式离心机，形成的滤饼可在转鼓全速转动下，由一把称为"刮刀"的坚固刀片来卸除。一般地说，这种刮刀卸料离心机都是在恒定的转速下操作的，因而就没有用来加速和减速的非生产时间。可见，在过滤和脱水阶段较短的情况下，这种离心机还是很能吸引人的。

在使用三足式离心机时，若加速和减速阶段用 3min，过滤和脱水阶段用 30min，则非生产时间仅为生产时间的 10%，这可认为是比较适宜的。但在过滤和脱水阶段仅需 3min 的情况下，非生产时间与生产时间相等，显然这就很不经济。在这种场合，尽管刮刀卸料离心机的投资较大，但综合考虑仍比采用三足式离心机经济。

在高转速下卸料，容易发生晶体显著破碎的现象，而且也会降低余渣的渗透性。所以，通常需用适当的洗涤液洗涤余渣，以便恢复其渗透性。此外，可采用轴向往复刀来代替旋转的全宽刀，这样可大大降低卸料过程中滤饼被压实的程度。

从机械角度考虑，使用这种往复刀优点明显，因为往复刀像车床车刀那样工作，切口很小，故能卸除很硬的滤饼，而全宽刀则难以做到这点。不过，使用往复刀需要的卸料时间一般较长。

刮刀卸料离心机装在有弹簧减振系统的重底座上，故当离心机在超共振区工作时，减振系统能够克服掉较大的不平衡力，有利于平稳操作。

当过滤速度超过进料速度时，便会产生不平衡力，从而导致在进料过程中滤饼不为液层所覆盖的现象。为了避免由于进料速度波动所引起的滤饼不均匀现象，滤饼上面是需要覆盖液层的。

由于刮刀卸料离心机通常都是在全速下进料，所以当采用该机型来处理易于过滤的悬浮液时，理所当然应使用一些大功率电动机，以保证在整个进料过程中，进料速度都能超过过滤速度。

图 5-28 是一种常见的 SG 系列手动刮刀下部卸料离心机结构，除具有三足式离心机的传统优点外，还具有如下特点：采用手动刮刀下部卸料，可使操作者不接触物料，不仅减轻了劳动强度，改善了操作条件，还可提高生产效率；采用刮刀低速卸料，卸料振动小，晶粒不易破碎，机件不易损坏，延长了使用寿命。该离心机与物料接触零部件均采用 1Cr18Ni9Ti 不锈钢制造，可耐一般酸性腐蚀，亦可根据用户要求用特定材料制作。

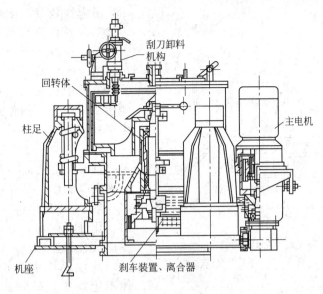

图 5-28 SG 系列手动刮刀下部卸料离心机结构

图 5-29 是 SXZ-1000 三足式下部卸料自动离心机，该机是现代化工、食品、制药等行业改善生产条件、提高质量、保证产品质量、实现自动化生产较为理想的固/液相混合物料的处理设备。可用于分离细粒度、中等粒度的颗粒状结晶或短纤维状的悬浮液，具有工作性能可靠、分离效果很好、处理能力较大、操作维修方便等优点，成功地应用于国内外各现代工业部门。例如适用于轻质碳酸钙、纯碱、淀粉、蛋白质、氟硅酸钠、二氧化硅等上百种物料的分离。

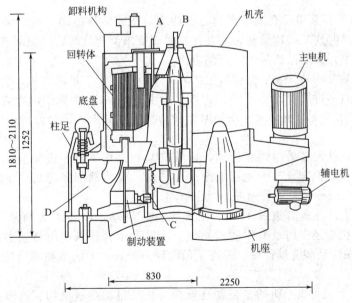

图 5-29　SXZ-1000 三足式下部卸料自动离心机
A—洗涤管 $\phi27\times3$；B—进料管 $\phi57\times3$；C—出渣口 $\phi96\times3$，法兰中心距 160，连接孔
6×ϕ13 均布；D—出液口 $\phi76\times3$，法兰中心距 800，连接孔 12×ϕ13 均布

图 5-30 是一种卧式刮刀卸料式离心机结构。该机的优点是可在全速下进行各工序的工作，产量大，分离洗涤效果好，各工序所需的时间和操作周期的长短可视物料的工艺要求而

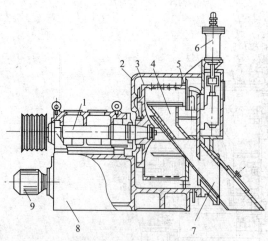

图 5-30 卧式刮刀卸料式离心机

1—主轴；2—外壳；3—转鼓；4—刮刀机构；5—加料管；
6—提刀油缸；7—卸料斜槽；8—机座；9—油泵电机

定，适应性较好，工作可靠。缺点是刮刀卸料时易使物料破碎，振动较大，刮刀易磨损。由于刮刀卸料后，转鼓网上仍保留一薄层滤渣对分离不利，当处理易堵塞滤网而又无法再生的物料时，不能使用。此外，操作过程是间歇的，功率消耗不均匀。

（2）技术发展及常见类型

目前三足式离心机的发展方向主要表现在以下几个方面。

① 人工上卸料　三足离心机在纺织、化纤、制药、制糖、炸药、电镀工业以及香料等行业，目前仍获得广泛应用，其主要原因是产品不受损伤，晶体不遭破坏。吊袋式上卸料装置既可保证上述要求，又大大减轻了劳动强度。

在手动或电-液动机械刮刀式的三足离心机中，多数为下卸料方式，在国外也有采用机械刮刀-螺旋装置上卸料的机型，以利于设备的布置。若采用气力上部卸料（气刮刀）方式，则兼可达到卸料及输送的目的。若采用上卸料方式，其优点是可以降低离心机本身的安装高度。

若转鼓较小，则通常采用宽刮刀，靠刮刀的旋转动作来卸料。较大转鼓中则可采用窄刮刀，靠刮刀的旋转和轴向移动完成卸料。一般刮刀上均采用可更换的合金钢刀刃。

② 传动的改进　采用具有无级调速特点的变容积式液压传动，可以满足三足离心机的变速要求：在分离时要求高速运转，而在卸料时则要求低速旋转，以便刮刀对产品粒度的破坏最小、振动最小，并能保证最大的刮削力。

目前，瑞士的 Escher Wyss 公司所生产的 V-100/130 型三足离心机，已采用了液压轴向活塞变速转动，而不再用 V 带。日本田边铁工所生产的 ACT 型则采用直流电机可控硅无级调速；AFT 型采用滑叉电机调速，均使摩擦和易损零件减少。田中公司还应用了"VS"联轴器无级调速。

通常三足离心机大多采用底部传动，以致安装和维修不便。近年美国生产的 ATM 和 MARKⅢ型三足离心机则设计为上部油压变速传动，将传动部件都集中于机器上部，从而加大了下部卸料口以便排料更为通畅。

在制动方式上，日本田边铁工所采用直接电气制动，因而大大简化了制动装置。在 SLG 型三足离心机中还专门设有振动检测仪、速度测示仪，以避免传动事故的发生。瑞典 Alfa-Laval 公司在传动装置设计中，考虑了消除噪声公害，为油泵和油马达安装了吸音和隔音罩板。

③ 自控　关于三足离心机的全自动化操作（包括自动给液机构、给液检测计和滤饼厚度检测计、自动刮料机构以及程序控制装置等）的研究，目前已取得了长足的进展。瑞士 Escher Wyss 公司所研制的变速间歇加料-分离的自动控制机构最为成功。

在自控技术发展中，控制部分通常采用电动单元仪表，执行机构则一般需用气动装置，中间通过气-电转换。这样既可使动作平稳可靠，能适应防爆要求，同时又可保证系统进行电子计算机监视，这是当前国际新技术发展的主要趋向。

④ 对放射性污水的处理　将蛭石垫附设于立式的篮筐壁，依靠离心力使污水通过该垫。与采用交换柱所进行的离子交换处理方法相比，此项新技术的最大优点是接触时间短，从而大大减少了辐射的危险；并且垫的处理较简单。

放射性污水的化学处理所产生的残渣中，含有从污水中排出的大部分放射性物质，一般在处理前有必要将其浓缩。这种化学残渣的过滤性能是非常差的，但在冷冻和解冻之后可得到很大改善。为浓缩一定类型的"冷冻-解冻"残渣，英国原子能研究中心使用三足离心机来进行操作。

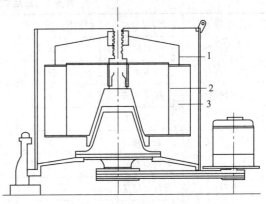

图 5-31　处理放射性污水的专用离心机
1—顶盖；2—两个同心圆柱形多孔壳；3—可提升的篮

该离心机主要是软钢结构，装有带观察窗和出口管的安全罩。篮筐安装在装有滚珠和滚柱轴承组件的牢固的笼中。旋转的篮筐实际上就是一个易处理的容器，其容积为 45L，直径 46cm，深为 38cm。篮筐由软钢制成，在其多孔金属壁上内衬结实的滤纸，将残渣从正好在顶部下方处垂直地投放入旋转篮筐的中心。当注满后拆下篮，并将其放入屏蔽的易处理的容器中。

这种离心处理"冷冻-解冻"化学残渣的新技术，可以获得易处理的密实性固体滤饼。其专用设备和工艺流程如图 5-31 和图 5-32 所示。

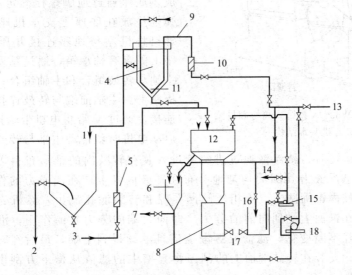

图 5-32　处理放射性污水的工艺流程
1—沉淀槽；2,7,14—延迟系统；3—原料供给槽；4—蛭石供料槽；5—流量计；
6—排放槽；8—处理室；9—回洗槽；10—流量计；11—空气搅动；
12—三足离心机；13—处理槽；15—清洗泵；16—清洗槽；
17—无滴液耦接器；18—排放泵

近年来，随着各种新技术的相继应用，国内外出现了很多新型自动操作的三足式离心机。通过采用时间继电器以及数字程序控制的方法，使机器适时调速，连续运转。加料阀门及卸料机构的动作，均由电动、液动元件控制。整个操作可以在完全自动的周期性循环过程下进行，其他各类型三足式离心机的分类见表 5-3。

表 5-3 三足式离心机的分类

特点 分类	卸料方式			分离操作 方式	主轴运转 方式
	机构	方位	转速		
人工卸料	人工	上部	停机	间歇	恒速、间断
	起吊滤袋	上部	停机	间歇	恒速、间断
	手动刮刀	上部	低速	间歇	调速、连续
自动 卸料	旋转刮刀	下部	低速	周期循环	调速、连续
	升降刮刀	下部	低速	周期循环	调速、连续
	气力输送	下部	低速	周期循环	调速、连续
	刮刀-螺旋	下部	低速	周期循环	调速、连续

5.2.1.2 离心力卸料离心机

离心力卸料离心机也叫锥篮离心机，其结构有立式及卧式两种。

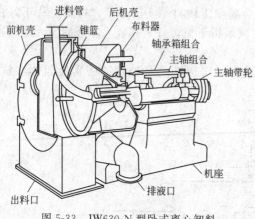

图 5-33 IW630-N 型卧式离心卸料
离心机基本结构

（1）结构及工作原理

如图 5-33 所示，本机主要由转鼓组合、主轴组合、机壳、机座及弹性基础等主要部件组成。

弹性基础主要由 4 个弹性垫和底座组成。底座通过地脚螺栓固定在水泥基础上，弹性垫放在底座上支承机座，由两个保险螺钉将机座与地座连接并压紧弹性垫。机座上固定有轴承箱，通过精度较高的前、后主轴承转鼓组合和主轴组合；机壳亦固定在机座上。主轴前端与转鼓连接，后端与带轮连接，通过 V 带将电机带轮连接在一起，当启动电机时就带动主轴与转鼓旋转。

当主机全速运转后，悬浮液通过进料管进入装在转鼓内的锥形布料器上，由于锥形布料器的作用，悬浮液沿其圆周均匀地分布在转鼓内锥上，在离心力的作用下，悬浮液被推移进入到转鼓内锥筛网上，液相经筛网孔隙和转鼓滤孔流出，经机壳收集后从排液口排出；而固相在锥面上受到向前的分力（即向大端的分力）的作用，沿筛网向大端移动，由于转鼓直径不断变化，滤渣层逐渐变清且继续得到干燥，最后经转鼓大端端面甩出而进入集料槽，安装在转鼓端面上的刮刀将集槽中的滤渣从槽下方刮出，经前机壳出料口卸出。

（2）用途及特点

本机是一种无机械卸料装置的自动连续卸料的过滤式离心机。它在全速下完成进料、分离、干燥及卸料等操作工序，适用于分离中粗（固相粒度大于 0.1mm，约 150 目）的结晶颗粒或无定型物料及纤维状物料、浓度在 50% 左右的悬浮液的分离，特别适用于真空制盐中的盐浆固液分离，当变换转鼓锥角或转速时也可用于谷物等松散物料的脱水。

该机具有结构简单、造价低、功率消耗小、维修方便、脱水效果好、对物料有较强适应性、与物料接触的零件均采用不锈钢材料制造、耐腐蚀性好等优点，广泛用于各行业的悬浮液分离。

这种离心机的工艺过程特点是薄层过滤（滤渣厚度一般为 4mm 以下），脱水效率高，物料能在很短时间内获得含湿量较低的滤渣。能否实现薄层过滤是判断该机设计及使用是否成功的主要标志。为此要特别注意下列几个方面的问题。

① 转鼓锥角、滤网及转速　悬浮液经加料系统进入转鼓内的分配器均布在滤网上，在离心力作用下，物料从转鼓小端向大端运动（其固体颗粒运动原理参见上悬式自动卸料离心机）。此时分离因数不断增加，物料的物理性质（如黏度、固液比等）也不断改变，所以，整个过程与转鼓的结构、转速及滤网的性能密切相关。要定量综合这些因素进行设计，目前还有困难，一般是通过试验确定。对具体物料进行试生产时，观察运转中及停机时滤网上物料的分布状态，对确定操作条件是很有用处的。

在适宜的转速及锥角下，滤网是能否实现薄层过滤的关键，它不但要满足离心过滤各阶段的要求，还要力图减少固相的漏料和磨损。即使性能良好的滤网也必须仔细安装才能发挥其应有作用。因为物料是薄层分布在滤网上，如滤网局部凸起以致物料不能覆盖其上，其后果不但减小过滤面积，更严重的是一方面改变附近物料的流动状态造成这部分物料的含湿量增加，另一方面空气容易穿过滤网导致转鼓大端密封能力下降，增加滤渣的含湿量。

② 加料系统和分配器　为了提高产量和质量，转鼓通常装有分配器，使物料获得一定的角速度并将物料顺利地分布在滤网上。当处理黏度大的物料（如丙糖膏）时，利用物料在转鼓停留时间短的特点，在物料进入分配器之前增设加热系统，降低滤液黏度又大致使晶粒溶解，可使生产能力显著提高。

锥篮离心机必须配有一套与它相适应的加料系统。因当物料性质有所改变时，它不像其他具有各种机械卸料的过滤式离心机那样可通过调节物料在转鼓内的停留时间来控制产品质量。另外，锥篮离心机转鼓内只覆盖薄层物料，因此，即使加入的物料只是短暂的时间内起变化，也对分离过程迅速产生影响。所以，加料系统往往设有空气或机械搅拌等装置，在控制进料量的同时，用以控制物料的固液比及均匀度，使离心机处于最佳状态下工作。

③ 离心力卸料离心机主要参数　转鼓直径 500～1020mm；分离因数 1600～2100；转鼓锥角 50°～70°。

5.2.1.3　活塞推料离心机

活塞推料离心机广泛应用于化工、制药、肥料等工业部门。一般适用于含粗、中颗粒的悬浮液。

（1）结构与工作原理

如图 5-34 所示，主机主要由机壳、进料装置、转鼓、筛网、推料装置、机座、轴承座组合、电动机、油泵、冷却器等零部件组成。物料分离干燥在转鼓内进行，油泵输出的压力油使推料机构作往复运动；冷却器置于油箱内，使压力油得到很好的冷却；机壳、轴承座组合、电机等固定连接在机座上，使整机结构十分紧凑。

悬浮液在离心机全速运转后通过进料管连续进入布料斗，在离心力场的作用下，悬浮液沿圆周均匀地甩到转鼓内的筛网上，液相经筛网间隙与转鼓过滤孔，由机壳上的排液口泄出；而固相则截留在筛网上形成圆筒状滤渣层，通过推料装置的往复运动，将滤渣层沿转鼓轴向向前移动而排出转鼓，由机壳上的卸料口卸出。

（2）用途与特点

本机为卧式单级、活塞推动卸料、连续操作的过滤式离心机。可以在全速运转下完成进料、分离、洗涤、干燥、卸料等所有操作程序。

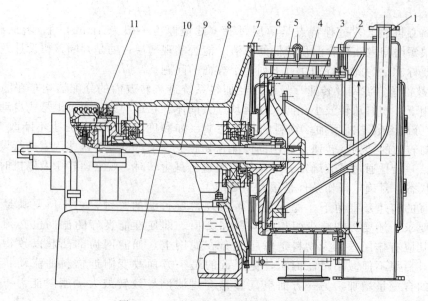

图 5-34　活塞推料离心机的基本结构

1—进料管；2—前机壳；3—布料斗；4—转鼓；5—筛网；6—推料盘；7—轴承箱；

8—主轴；9—推杆；10—油箱；11—复合油缸

本机具有自动、工作连续、产量大、单位产量耗电量小、对固相晶粒破坏小、运转平稳、耐腐蚀、操作维修简单等特点。适用于分离过滤性能较好的含颗粒状结晶或短纤维状物料的悬浮液。其固相物的平均粒度 0.2～3mm，浓度（体积比）40%～60%，操作温度小于100℃为宜。适用于如碳铵、硫铵、氯化铵、食盐、芒硝（元明粉）、硝化棉、无机盐等行业百余种物料的分离。

本机与物料接触的零件采用 1Cr18Ni9Ti 不锈钢制造。

5.2.1.4　卧式双级活塞推料离心机

（1）结构与工作原理

图 5-35 是 HR 系列卧式双级活塞推料离心机。

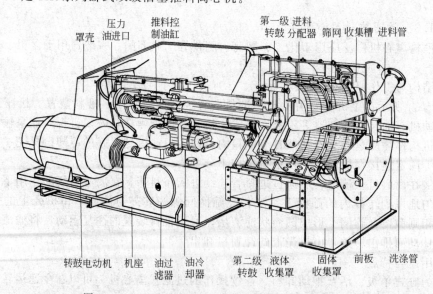

图 5-35　HR 系列卧式双级活塞推料离心机基本结构

① 结构　HR系列卧式双级活塞推料离心机主要由泵组合、推料机构、机座、轴承组合、转鼓、筛网、机壳及电控箱等零部件组成。推料机构、转鼓、筛网等零部件通过轴承组合支承在机座上，机座油池内装有油冷却器，泵组合亦由机座支承，其油泵伸入油池内，回转体通过V带与主机带轮连接，电控箱系一单独系统，安装在与主机相适宜的位置。

② 工作原理　如图5-36所示，主机全速运转后，悬浮液通过进料管进入装在外转鼓上的分配盘，由于离心力的作用，悬浮液均匀地分布在内转鼓的板网上，液相经板网网隙和转鼓过滤孔而泄出，而固相则被截留在板网上形成环状滤渣层。由于内转鼓的往复运动，将滤渣沿转鼓轴向向前推动，经外转鼓前的集料槽卸出。

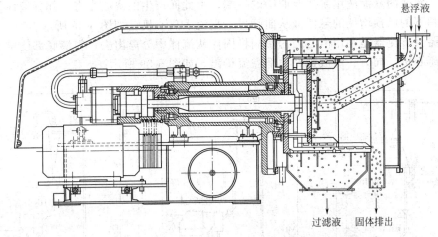

悬浮液

过滤液　固体排出

图5-36　HR系列卧式双级活塞推料离心机工作原理

(2) 用途与特点

HR系列离心机为卧式双级活塞推料、连续操作的过滤式离心机。它在全速下完成所有的操作工序，如进料、分离、洗涤、干燥和卸料等。适用于含中颗粒或短纤维状的浓悬浮液的分离，广泛用于化工、化肥、制盐、制药、食品、轻工等工业部门。

HR系列离心机具有自动连续操作、连续排渣、生产能力高、与物料接触的零部件均用不锈钢制造、耐腐蚀性能好、对晶粒不易破碎、滤渣可洗涤等传统优点外，还具有如下的特点。

① 高滤渣生产量　较高的推料次数取决于推料机构中的一改传统的径向换向为轴向换向；高的技术参数可决定最佳滤饼厚度，由此可靠地实现高滤渣生产量。

② 高固体回收率　厚层过滤是阻止固体随母液跑失的一大屏障；采用先进的铣制板钢，使它有密集均匀的精确间隙，由此可保证高固体回收率的实现。

③ 低滤渣含湿量　滤渣从一级转鼓进入到二级转鼓不仅可获得更大的离心力，而且很大程度上是滤渣松散后重新布料改变了毛细管结构，获得低滤渣含湿量。

④ 低能量消耗　一级转鼓的缩短和较小的直径，低的液压即可完成推送作用；铣制板网表面光洁平整，阻力随着摩擦力的减小而减小；一级转鼓的往复运动还能实现推送滤渣的作用，无峰值负荷；这些都能获得低的能量消耗。

⑤ 过滤板网　筛网由许多块板网组成，表面平整光洁、缝隙均匀；可根据所处理物料制造合适的板网缝隙。

⑥ 适用范围　HR系列离心机具有良好的过滤性，已能成功地分离200种以上的不同物料。例如氯化钠、硫酸钠、重铬酸钠、硫酸铵、硝酸铵、硼酸、醋酸纤维、硝化纤维、尿

素 DVC、氯化钾、硫酸钾、碳酸钾、磷酸盐等。

⑦ 具备有效的工作条件　HR 双级活塞推料离心机要求料液连续供给。典型例子是其平均粒子尺寸由 0.1～10mm 的晶状产物和长可达 30mm 的纤维材料，晶状产物混合物中固体含量正常可以分离到 30%～70%（质量分数），而纤维状材料则为 3%～12%（质量分数）。

在最佳的物料预增稠供给情况下，方可得到离心机的最佳操作状态，与之相配的预增稠装置及分配器可帮助达到这些要求。三种预增稠装置如下。

静态预增稠器　若固体具有沉淀特性，且工厂内允许有空间安装静态预增稠器，则为最简单的方式，如图 5-37 所示。

曲筛　稀薄的悬浮液用泵送至曲筛的一端，由此而产生的离心力将一部分液体经滤筛分离出去，剩下的已预增稠的悬浮液从曲筛另一端流入离心机，如图 5-38 所示。

旋流器　旋流器是利用离心力的影响将固体从流体中分离出去，料液底部已增稠的物料直接流入离心机，同时、清液则经上部溢流排出，如图 5-39 所示。

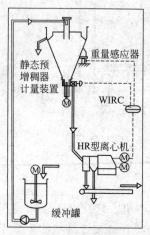
图 5-37　静态预增稠器

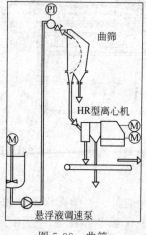

图 5-38　曲筛

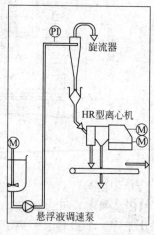
图 5-39　旋流器

（3）卧式活塞推料离心机的主要技术参数

转鼓级数：1 级、2 级、3 级、4 级、6 级，8 级（制糖工业用的达到 10 级）；

转鼓长度：152～760mm；

转鼓直径：152～1400mm；

往复次数：30～70 次/min，常用为 40 次/min；

推料行程：50～80mm；

分离因数：300～100；

生产能力：几十千克每小时至 70t/h；

筛网缝隙：0.1～0.3mm；

滤饼厚度：12～60mm；

过滤强度：10t/(h·m²)；

物料滑动速度：>0.1m/s。

5.2.1.5　虹吸刮刀卸料离心机

虹吸刮刀卸料离心机是利用虹吸原理，以增加过滤推动力的新型离心机。这种新型离心机从 1973 年首次出现以后，三四年内就有了系列产品，表 5-4 为国外生产虹吸刮刀离心机系列之一，国内近年也有厂家生产。

表 5-4 HZ 系列虹吸刮刀卸料离心机性能参数

型　号	转鼓直径 /mm	转鼓转速 /(r/min)	分离因数 F_r	过滤面积 /m²	转鼓容积 /L	电机功率 /kW	机器质量 /kg
HZ-40Si	400	3000	2000	0.25	11	5.5	500
HZ-80Si	800	1900	1600	1.00	88	15	2300
HZ-125Si	1200	1200	1000	2.50	350	80	7000
HZ-200Si	2000	760	630	6.30	1400	75	12000

（1）结构

如图 5-40 所示，该系列离心机主要由刮刀组件、机壳门盖组件、回转组件、虹吸管组件、机体组件及液压系统等组成。

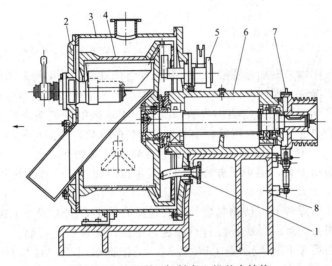

图 5-40 虹吸刮刀卸料离心机基本结构
1—反冲装置；2—门盖组件；3—机壳组件；4—转鼓组件；5—虹吸
管机构；6—轴承箱；7—制动器组件；8—机座；

机座与轴承箱用螺栓连接在一起，轴承箱通过主轴承支承回转组件。主轴与转鼓通过螺栓连接在一起；转鼓包括内转鼓（过滤转鼓）和外转鼓（虹吸转鼓），内转鼓为带加强圈的开孔薄壁圆筒，加强圈支承在外转鼓壁上，使内、外转鼓之间形成轴向流体通道；内转鼓内铺设网和滤布，滤布两头用 O 形橡胶条压紧；外转鼓壁上不开孔，内、外转鼓之间的转鼓底上对称开有斜孔，作为转鼓与虹吸室间的流体通道，整个回转组件壁支承在轴承上。主轴后端套装 V 带轮，通过 V 带与主电机上的液力偶合器相连。当启动主电机时，就会带动回转组件运转。轴承箱除支承回转组件外，其大背板上部通过法兰连接安装有虹吸管组件，下部装有反冲管；大背板外圆端面上通过螺栓与机壳相连；机壳与门盖之间以门框相连接，门盖上装有刮刀组件。

（2）工作原理

如图 5-41 所示，机器全速运转后，由反冲管向虹吸室内灌水（滤液），流体经虹吸室与转鼓的通道进入转鼓，除排去虹吸室内空气外，还在过滤介质上形成一液体层，然后开始进料，同时将虹吸管旋到某一中间位置，一定时间后再旋到指定位置，进料结束后将虹吸管旋到最低位置。悬浮液进入转鼓后，由于过滤介质上液体层的作用，物料均匀分布在过滤介质上，液相由于离心力和虹吸抽力的双重作用而快速穿过过滤介质和内转鼓上的过滤孔进入到内外转鼓之间的通道，然后经转鼓底上的斜孔进入到虹吸室，由虹吸管吸入后排出，而固相则截留在过滤介质上形成滤渣层，经一定时间分离后，旋转刮刀将其刮下，经料斗卸出。

（3）用途与特点

GKH 系列离心机是一种卧式、自动控制的刮刀卸料虹吸过滤的新型离心机。它利用离心

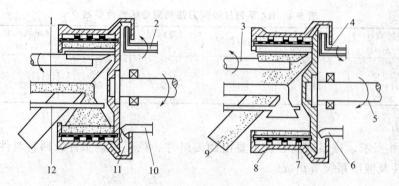

图 5-41　虹吸刮刀卸料离心机工作原理

1—悬浮液入口；2—分离液出口；3—刮刀；4—虹吸管；5—主轴；6—反冲管；7—内转鼓；

8—外转鼓；9—滤渣出口；10—反冲水入口；11—虹吸室；12—洗涤液入口

力和虹吸抽力的双重作用来增加过滤推动力，从而使过滤加速，可缩短分离时间，获得较高的产量和较低的滤渣含湿量。因此广泛应用于固相粒度小、浓度比较低的难分离物料的分离，特别是用于大负荷生产和需要充分洗涤的场合。除可用于重碱的分离洗涤脱水外，还可用于淀粉、磷酸钙等多种物料的分离；对重碱、小苏打等物料的分离，还能显著改进操作状况。

该系列离心机与同规格的卧式刮刀离心机相比较，具有如下特点。

ⅰ.由于过滤推动力大，缩短了分离时间，其单位时间的生产能力可提高 50% 以上，而且显著降低了滤渣的含湿量。

ⅱ.过滤速度可任意调节，使物料能均布在过滤介质上，大大减小了振动和噪声。

ⅲ.采用设计周密的液压系统进行自动控制，使操作更加稳定可靠。

ⅳ.采用先进的可编程序控制器 CPC 控制，动作准确可靠，且具有体积小、效率高、寿命长、调整维修方便等优点。

ⅴ.设计采用了橡胶减振基础，显著地减小了机器振动时对厂房及设备的影响。

ⅵ.采用了液力偶合器传动，避免了用离心离合器传动时频繁更换摩擦片之烦。

5.2.1.6　振动卸料和进动卸料离心机

振动卸料和进动卸料离心机都具有锥形转鼓，前者伴随有往复振动，后者伴随有进动运动，它们在一定程度上具有锥篮离心机的优点并有所改进。这两种离心机都有立式与卧式结构。图 5-42 所示为卧式进动卸料离心机。

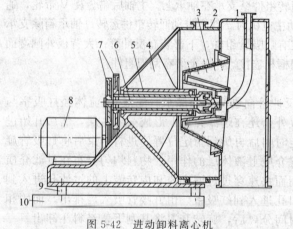

图 5-42　进动卸料离心机

1—前机壳；2—中机壳；3—转鼓；4—机座；5—公转轴；6—自
转轴；7—带轮；8—电动机；9—减振橡胶；10—基础

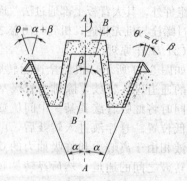

图 5-43　转鼓运动状态

从图 5-43 可知,左侧转鼓母线处于最大倾角位置。此时,在其附近区域的渣层向上滑动进行卸料,其余部分处于滞留状态。由于自转与公转速度不同,使转鼓中的各部分物料将交替地处于"滑动"及"滞留"状态,滤渣不断排出。

对确定的转鼓,物料在转鼓中的停留时间可通过改变进动角 β 及转速差进行调节。但一般 $\beta < 5°$。两轴可由一个电动机带动,并以改变带轮直径获得不同转速。它特别适用于大容量地处理中、粗颗粒的易过滤物料,因此,国外已开始广泛用于处理无机盐、有机盐、煤炭、矿石等。国内也开始了这方面的工作。

振动卸料离心机主要特性参数为:转鼓直径 500～1500mm;转鼓锥角 20°～36°;分离因数 60～180;振动频率 25～37Hz;转鼓振幅 1.5～10mm;处理物料直径 $>200\mu m$;悬浮液浓度 $>30\%～40\%$;最大固体产量 400t/h。

进动离心机主要技术参数为:转鼓大端直径 400～1200mm;筛网半锥角 5°～22°;转鼓自转速度 420～1500r/min。

5.2.2　沉降离心机

5.2.2.1　螺旋卸料离心机

螺旋卸料离心机也有沉降和过滤两种形式,它是连续运转、进料和卸料的离心机。目前应用较多的是沉降式,由于其卸渣过程中经过一段干燥区,所以排出的沉渣中含湿量较其他一些沉降式离心机为小,一般螺旋卸料离心机的分离因数都较前几种离心机为高,所以它能分离含更细颗粒的悬浮液。它广泛应用于合成纤维树脂、聚氯乙烯、碳酸钙、滑石粉、淀粉生产和污水处理等生产过程中。

螺旋离心机出现之后,由于它具有自动,连续操作,无滤网和滤布,能长期运转,维修方便;应用范围广(固相脱水,液相澄清,分离固相重度比液相轻的悬浮液,液-液-固分离,粒度分级等);对物料的适应性较强,结构紧凑,易于密封;单机生产能力大等突出优点,从而得到了迅速的发展。它在离心机领域里一直占着重要地位。在各种国际展览会上,各种各样的螺旋离心机最引人注目。

中国的螺旋离心机发展比较晚,但近年来发展速度较快。目前国内已能生产的卧-螺离心机有 200、350、380、450、600、800、1000 等规格。

(1) 结构和工作原理

如图 5-44 所示,该系列离心机主要由柱-锥形转鼓、螺旋推料器、行星差速器、机壳和机座等零部件组成。转鼓通过主轴承水平安装在机座上,并通过连接盘与差速器外壳相连。螺旋推料器通过轴承同心安装在转鼓内,并通过外花键与差速器输出轴内花键相连。

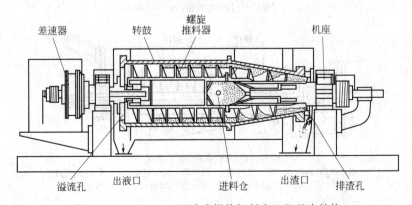

图 5-44　LW(WL) 型卧式螺旋卸料离心机基本结构

在电机拖动下，转鼓带动差速器外壳旋转，由于差速器的变速作用，螺旋推料器以一定的差速（超前或滞后）与转鼓同向旋转。待分离的悬浮液从加料管进入螺旋推料器的料仓内，经初步加速后经料盒出口进入转鼓。由于离心力的作用，转鼓内的悬浮液很快分成两相：较重的固相沉积在转鼓壁上形成沉渣层；较轻的液相则形成内环分离液层。在螺旋推料器的作用下，沉渣和分离液向相反的方向运动，沉渣被推送到锥段进一步脱水后经出渣口排出，分离液从大端溢流孔排出或采用向心泵排出。

（2）转鼓结构及差速器工作原理

转鼓有圆锥型、圆柱型和柱锥型三种基本形式。圆锥型有利于固相脱水；圆柱型有利于液相澄清；柱锥型则可兼顾两者之特点，是最常用的形式。在转鼓的内表面上有时为了在固壁上形成一层密实沉渣物构成的保护层以减少沉渣对鼓壁的磨损，改善螺旋对沉渣的输送作用和防止沉渣在转鼓圆周上打滑，可在转鼓内表面沿母线方向加筋或表面开槽。锥体母线与轴线的夹角一般为 $7°\sim12°$，国内现有的卧式螺旋卸料沉降式离心机绝大部分的锥角在 $10°\sim11°$，螺旋鼓的主要作用是推送沉渣，但也应能顺利排出滤液。其结构形式常用的有整体螺旋叶片、带状螺旋叶片和断开式螺旋叶片几种。螺旋多采用双头的，以便于螺旋鼓平衡。螺旋叶片的表面光洁度与耐磨性对机器的正常运转和使用寿命影响很大。如果叶片表面很粗糙，使沉渣与螺旋的摩擦力大于沉渣与转鼓的摩擦力，则沉渣附在螺旋上而推不出料，所以螺旋叶片表面一般都要平整光洁，为此，通常在叶片表面堆焊硬质合金或镶硬质合金片。

在所有螺旋沉降离心机中，沉渣在转鼓内表面上的移动，全靠螺旋鼓对转鼓的相对转动来实现，两者转差率（转速差与转鼓转速之比）在 $0.6\%\sim4\%$，多数为 $1\%\sim2\%$，它由变速箱所产生，变速箱是这种离心机的一个主要部件。由于螺旋沉降式离心机的转鼓与螺旋鼓的转速差小而传递转矩大，宜采用周转轮系机构，常用摆线针轮行星变速箱或渐开线行星齿轮变速箱。摆线针轮变速箱的传动示意图如图5-45(a)所示。这种变速箱的中心针轮与转鼓以同一角速度回转，它是由电动机经带轮带动的。行星摆线轮是同一电动机通过带轮带动变速箱的转臂输入轴，变速箱的输出轴（与行星摆线轮架相连）则与螺旋鼓枢轴相连，从而带

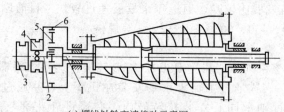

(a) 摆线针轮变速传动示意图

1—螺旋鼓枢轴；2—变速箱转臂输入轴；
3,4—V带轮；5—行星摆线轮；6—中心针轮

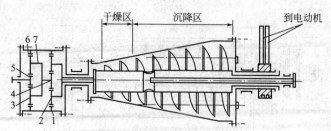

(b) 渐开线行星齿轮变速传动示意图

1—第二级内齿轮；2—第二级行星轮；3—第一级行星轮；4—第二级中心轮；
5—第一级中心轮(不转动)；6—第一级内齿轮；7—第一级系杆

图5-45　摆线针轮和渐开线行星齿轮变速传动示意图

动螺旋鼓旋转，并使螺旋鼓与转鼓产生相对旋转。为了使传动平稳，受力均衡，常采用两个行星摆线轮成 180°对装在偏心轮套上来实现同一传动。通常行星摆线轮的齿数只比中心针轮齿数少一个齿，是实现小传差率较理想的传动装置。渐开线行星齿轮变速箱的传动示意图如图 5-45(b) 所示，在第一行星传动中，一般中心轮固定不动，转鼓是通过带轮由电动机带动，它与变速箱的内齿轮相连，所以内齿轮和转鼓同步转动。系杆（或称行星轮架）上装有 3～4 个相同的行星轮，它同时与中心轮、内齿轮啮合。行星轮既有自转又有公转，其公转数就是第二级行星传动的中心轮的转数。为实现所要求的传动比，常采用二级行星传动，其传动机构与一级行星传动相同，并由第二级系杆带动螺旋鼓回转，它使螺旋鼓与转鼓产生相对转动。

这些差速机构中，螺旋在转鼓中推送物料的相对转数远小于螺旋的实际转数。当螺旋叶片在转鼓中输送物料时，需要一定的力矩 J。带动螺旋鼓旋转所需的功率（$J\omega_t$，其中 ω_t 为螺旋鼓的回转角速度）较螺旋叶片输送物料实际所需的功率（$J|\omega_t-\omega_q|$，其中 ω_q 为转鼓回转角速度）大得多，两功率之差则在传动系统中循环，如螺旋鼓超前时，它沿螺旋鼓、物料、转鼓、传动机构回到螺旋鼓，这样输送物料所需的功率远远小于带动螺旋鼓所需要的功率。

为了使沉渣向转鼓小端移动，螺旋叶片的缠绕方向、螺旋鼓相对于转鼓的旋转方向以及转鼓和螺旋鼓的旋转方向（两者同向）三者间应符合表 5-5 的要求。

表 5-5 三足式离心机分类

螺旋叶片缠绕方向	螺旋鼓相对转鼓的旋转	螺旋鼓与转鼓的旋转方向（从小端处看）	螺旋叶片缠绕方向	螺旋鼓相对转鼓的旋转	螺旋鼓与转鼓的旋转方向（从小端处看）
右	滞后	逆时针	左	滞后	顺时针
	超前	顺时针		超前	逆时针

为保护变速箱与螺旋鼓免受可能的超载（如沉渣的堵塞或难以推送，或金属杂物落入转鼓内卡住螺旋鼓时）与损坏，各种结构的螺旋沉降离心机均设有过载保护装置。其结构形式较多，最简单的是在变速箱的输入轴上加保险销，但这种保护装置并不可靠，所以现在较少使用。目前应用较多的是电控机械式过载保护装置。

过滤式螺旋卸料离心机的结构基本上和沉降式相似（由于转鼓一般不像沉降式那样长，多采用像锥篮离心机那样的外伸支承结构），只是转鼓开孔，内衬滤网，滤液穿过网孔及转鼓壁而排出，滤渣则留在滤网上。悬浮液加到转鼓的一端，进行固液分离，滤渣则在转鼓的另一端卸出。工艺需要时可以加入洗涤液洗涤滤渣。滤渣在转鼓壁上成薄层分布，并不断被螺旋叶片推移翻动，有利于过滤过程，但固相磨损较大和颗粒较小的固相容易从滤网漏入滤液中。

过滤式转鼓多为圆锥形，在小直径端加入悬浮液，大直径端处卸料，这样物料本身在离心力作用下有一个沿转鼓母线朝向大端的分力，这个分力将减少螺旋推移物料所需的力。转鼓母线与轴线的夹角（多在 20°以内）可小于滤网的摩擦角，此时螺旋推移物料前进。当转鼓母线与轴线的夹角大于物料与滤网的摩擦角时，螺旋阻滞物料前进。这样，螺旋起控制物料在转鼓内停留时间的作用。

卧-螺离心机主要技术参数为：固相粒度 0.005～2mm；悬浮液容积浓度 1%～50%；生产能力最大可达 190m³/h（悬浮液）；转鼓直径 160～1600mm；转鼓长径比 1～4.2；转鼓半锥角 5°～18°；液池深度与直径的比 0.05～0.2；转鼓与螺旋的转差即转鼓转速的0.2%～3%。

卧-螺离心机除了 LW(WL) 型系列，还有 D 型系列。D 型系列离心机是一种连续操作、结构紧凑、自动化程度很高、应用领域很广的高品质螺旋卸料沉降离心机，该机可自动显示主要技术参数，能保证一机多用（并流型和逆流型复合在一起），是固/液分离的理想设备。对物料可进行一种或多种液相（乳浊液）的澄清；悬浮液的固/液分离以及固相脱水和粒度分级等，广泛用于石油、化工、食品、制药、环保等行业。见参考文献 [12]。

5.2.2.2 复合离心机

（1）结构及原理

如图 5-46、图 5-47 所示，悬浮液物料由加料口加入，经加料管进入沉降转鼓，在离心力场作用下进行沉降分离，沉降后液相由下部沉降液出口排出。而含湿量较高的固相沉渣由沉降螺旋沿沉降转鼓内壁刮送到上部，经沉渣口排入过滤转鼓，进行过滤分离。滤液透过滤网进入外壳内腔，再由过滤液出口排出。滤渣由沉降转鼓外壁上的过滤螺旋推向下部，经固相出口排出。沉降螺旋与过滤转鼓装配在一起同步旋转，两者与沉降转鼓之间的转差是靠差速器保证的。机器上部备有洗涤管，加入洗涤液可对滤渣进行洗涤。

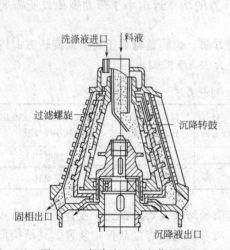

图 5-46 复合离心机工作原理

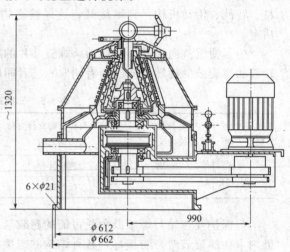

图 5-47 复合螺旋离心机结构

（2）主要用途

用以处理悬浮液固相浓度为 5%～35%（质量分数）、粒度大于 0.15mm（当量直径）、对成品结晶形状没有特殊要求的粗结晶及短纤维的分离，特别是需要单机生产能力大的易脱液的液固分离。

（3）主要特点

结构紧凑，效率高，便于实现自动化控制。用于处理固相含量少的物料时，应先经沉降浓缩，可以提高过滤效率。

复合式离心机的另一种形式是装有碟片的卧-螺离心机。该种机型利用了碟式分离机和卧-螺离心机的优点，将转鼓分为主分离室和辅助分离室。主分离室为卧-螺离心机，其作用是把悬浮液中的大部分固体分离出来；辅助分离室内装有碟片，它将经过初步分离的液体进一步澄清，以获得澄清度很高的液相产品。这种离心机的结构见图 5-48。

主分离室主要是由转鼓和螺旋组成的。待分离的悬浮液在转鼓内进行沉降分离，沉降在鼓壁上的沉渣由螺旋推送到出渣口卸出。

辅助分离室由两个倒空心锥组成转鼓，内装有一组碟片，碟片通过空心套、锥体固定在倒空心锥上，防止碟片轴向运动。

在主分离室内未被完全澄清的液体经溢流堰流入辅助分离室内，然后通过碟片上的孔进

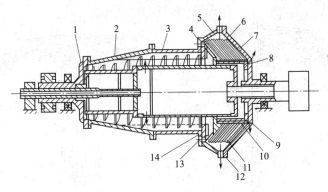

图 5-48 装有碟片的卧-螺离心机

1—出渣口；2—螺旋；3—转鼓；4—螺钉；5,6—倒空心锥；
7—碟片；8—空心套；9—溢流口；10—通道；11—孔；
12—喷渣孔；13—锥体；14—溢流堰

入碟片。其中的固体借离心力进一步被分离出来，从转鼓周边上的孔喷出。液体则从碟片间的间隙流经空心套上的通道从溢流口排出转鼓。倒空心锥与溢流堰用螺钉连接在一起，只要拆掉螺钉后，便可拆下倒空心锥，这样不需要拆除全部转鼓就能清洗碟片。

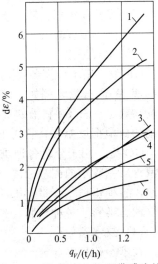

在辅助分离室中，碟片把液体分割为许多薄层，在分离过程中液体处于层流状态，由于固体粒子沉降的路程缩短，因而可提高离心机的生产能力。图 5-49 是在操作参数、转鼓直径和溢流堰直径相同的条件下，卧-螺离心机和带碟片的卧-螺离心机分离石英粉的分离特性曲线。在图中，曲线 1、2 和 5 分别是卧-螺离心机的分离液固相带失量、实际分离粒度和理论分离粒度；曲线 3、4 和 6 则是装有碟片的卧-螺心机的实际分离粒度、分离液固相带失量和理论分离粒度。可以看出，卧-螺离心机和带碟片的卧-螺离心机的实际和理论分离粒度以及分离液固相带失量均按抛物线变化，而带碟片的卧-螺离心机的分离粒度比卧-螺离心机的大约小 1 倍，分离液的固相带失量约小 1.2 倍。必须注意的是，在两种情况下，实际分离粒度曲线均较理论值高。

图 5-49 卧-螺离心机和带碟片的
卧-螺离心机的分离特性曲线

5.2.2.3 管式分离机及室式分离机

当处理液-液、液-液-固（固相含量较小）难分离的物料时，上述离心机由于分离因数较小而不能达到分离的要求，因而必须使用具有较大分离因数的离心机。如前所述，从强度方面考虑，这类离心机宜采用直径较小的转鼓。

由于转鼓直径较小，为适应工艺过程的要求，结构上出现了如管式分离机、室式分离机及后面所述的碟式分离机的形式。

管式分离机的转鼓直径最小，用增加转鼓的长度来使容积增大，以提高生产能力。如GF-105 离心机，转鼓内径只有 105mm，但它的高度却有 755mm，故称为管式分离机。

（1）结构

管式分离机的结构如图 5-50 所示，其结构特点是挠性主轴管状转鼓，转速高，轴径小（如 GF-105 型离心机轴径最小处仅为 ϕ8mm）。

（2）工作原理

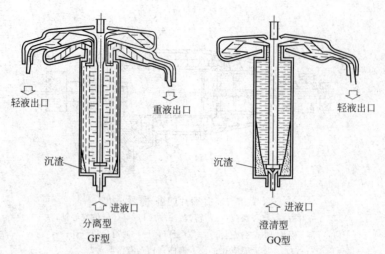

图 5-50 管式分离机的结构

GF 型，密度大的液相形成外环，密度小的液相形成内环，流动到转鼓上部各自的排液口排出，微量固体沉积在转鼓壁上，待停机后人工卸出。GQ 型，密度较大的固体微粒逐渐沉积在转鼓内壁形成沉渣层，待停机后人工卸出，澄清后的液相流动到转鼓上部的排液口排出。

（3）主要用途

GF 型，用于分离各种乳浊液，特别适用于两相密度差甚微的液-液分离以及含有少量杂质的液-液-固分离，例如，变压器油、透平油、润滑油、燃料油、染料、油脂、皂化、各种微粉物料、Span-80 料液的提纯；各种口服液、各种药液的分离；血浆、生物药品的分离及从动物血中提取血浆；食用油、大豆浓缩磷脂的精制、油水分离及污水处理等。

GQ 型，用于分离各种难于分离的悬浮液。特别适合于浓度小、黏度大、固相颗粒细、固液重度差较小的固液分离。例如，各种药液、苹果酸、各种口服液的澄清；煤焦油、石墨除渣，各种蛋白、藻带、果胶的提取；糖蜜的精制；血液分离，疫苗菌丝、各种葡萄糖的沉降、油、染料、各种树脂、橡胶溶液提纯。

（4）技术参数

技术参数见表 5-6。

表 5-6 技术参数

项 目	型 号	GF105A	GFL150	GFZ105	GFX105	GQL75	GQ105A	GQQ105	GQL125	GQL150
转鼓	内径/mm	105	142	105	105	75	105	105	124	142
	有效高度/mm	730	700	730	730	430	730	750	735	700
	沉积容积/L	5.5	10	5.5	5.5	2	5.5	5.9	7.4	10
	转速/(r/min)	16000	14000	16000	14500	20000	16000	15000	15000	14000
	最大分离因数	15025	15570	15025	12223	16770	15025	13200	15500	15570
进料口喷嘴直径/mm		4、6、8、10	8、10、12	4、6、8、10	4、6、8、10	2、3、5	4、6、8、10	8、10、12	3、5、7、9	8、10、12
物料进口压力/MPa		>0.05	>0.05	>0.05	>0.05	>0.05	>0.05	>0.05	>0.05	>0.05
生产能力/(L/h)		~1200	~3000	~1500	1000	~500	~1000	2000	~2000	~3000

管式分离机能获得极纯的液相和密实的固相，机器结构简单，运转平稳。缺点是固相的排出需停机拆除转鼓后进行，单机生产能力低。

管式分离机的发展趋势主要是制造密闭加压的机器以及增强转鼓材料以提高分离因数和增加沉降面积，提高单机生产能力。

室式分离机的转鼓可看作是管式分离机的变型，它在转鼓内插入多个同心圆隔板，使转鼓分割成多个小室。被分离的悬浮液从中心进入，依次流过各室，最后液相从外层排出。而固相颗粒则沉降在各室内，停机后拆开转鼓取出。分成多室的好处主要在于减小固体向鼓壁沉降距离，从而减少沉降所需的时间、增加沉降面积以充分利用转鼓的空间体积，提高分离效果及产量。这种离心机一般用于分离含固相量很少且容易分离的悬浮液。分离过程中，较大的颗粒在内层室内沉降，而较难沉降的小颗粒则在外层室内沉降。其传动及支承机构则类似于碟式分离机。

5.2.2.4 处理气-液-固三相混合物的沉降式离心机

分离气-油-水和固体混合物的沉降式离心机如图5-51所示。该机由机壳、转鼓、进料装置、分离物料排出装置等部件组成。被分离出的固相随重相液一道排出，不需要螺旋输送。

转鼓由内转鼓和外转鼓组成，并支承在机壳上。机壳由内机壳和外机壳组成，内机壳收集分离的水和固体，外机壳收集转鼓溢出的油。机壳顶部装有气体排出管和阀门1；中部有进料管5和澄清油排出装置4、6和7，下部是水和固体排出装置10和11及油排出装置12、13和15。

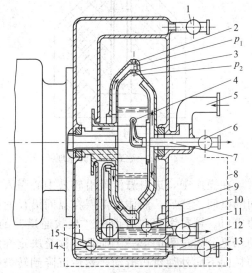

图 5-51 分离气-液-液和固体的沉降式离心机
1—气体排出止逆阀；2,3—外、内转鼓排出孔；4—排出
装置；5—进料管；6,11,13—阀门；7,12—排出管；
8,14—控制线路；9—管线；10,15—浮球

待分离的气-油-水和固体混合物经管5进入转鼓，沿径向流到内转鼓中，在离心力作用下，混合物中的气-油-水和固体，被分离后分别处于内转鼓室的内层、中层和外层。内转鼓中心的气体从排气门进入外机壳，再经止逆阀1排到机外。止逆阀的作用是防止外机壳内的气压过低时而产生气体倒流。处于内转鼓中层的已被澄清的油在离心液压作用下，进入撇液管经阀门6排出。内转鼓外层的水和固体，从内、外转鼓圆周上的排水孔3和2流到内机壳的底部。当转鼓在给定的转速下工作时，如果被分离混合物的组成不变，离心机的分离过程则处于稳定状态。即转鼓内的气-油和油-水界面分别保持在某一径向位置。当混合物的组成改变时，气-油和油-水界面随各相的相对压力的改变而向内或向外移动，破坏了稳定的工作状态，使分离工况恶化。

控制油-水界面的措施是：在内机壳底部装一台适用的泵，泵的入口插入水中，泵管经排液管接到外转鼓和内转鼓之间的径向排液通道内。在离心机工作过程中，泵连续向外转鼓室输送排水量，使内、外转鼓的孔3和2附近的压力 p_1 和 p_2 相等，内转鼓内的油-水界面稳定在某一径向位置。如果压力 p_1 过低，外转鼓室内的水经孔流入内转鼓，直到 p_1 等于 p_2。如 p_1 过高，内转鼓内多余的水从孔3排出，直至 p_1 等于 p_2。外转鼓室内设有挡板，防止外转鼓内的液体倒流入通道内，如泵输送的水量过大，则从溢流口溢流。

为保持内机壳底部的水位稳定在某一位置，由浮球10、控制管线9、阀11组成液位控制系统，当水位升高时，浮球上升，经控制系统开启阀11；如水位下降，阀11关闭。

为控制气-油界面，设置排气口，如转鼓内油量过多，则气体从排气口排出。油过少，气-油界面向外移动，此时外机壳底部的油位降低，浮球15随之下降，经控制系统14和8

关闭阀 13 和 6，直到气-油界面向内移动到正常工作的界面为止。如果转鼓内油量过多，气-油界面向内移动，多余的油从排气口溢流，外机壳底部的油位上升，浮球动作，阀 6 和 13 开启。为使内、外机壳的压力保持平衡，在内机壳和转鼓之间留有环状缝隙。该机也适用于不同密度的多种流体混合物的分离。

5.2.2.5　盘式离心机

盘式离心机又称碟片式离心机，在其转鼓中有一组锥形盘，如图 5-52 所示。

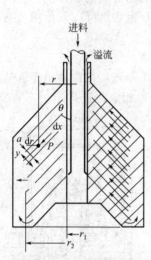

图 5-52　盘式离心机原理

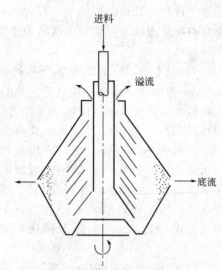

图 5-53　喷嘴型盘式离心机转鼓

在操作中，进料悬浮液沿转鼓中心引入，并向下通过这组锥形盘进入锥形盘和转鼓壁之间的空间。然后，液体以薄层在盘间沿径向向内流动，并流向位于转鼓顶部中心处的环状空隙出口。颗粒沉积在所谓的"盘状通道"的两个锥形盘的上盘的下表面上。颗粒的沉降运动，是分离过程的第一个而且往往是决定性的阶段；分离过程的第二阶段，则是盘表面上的颗粒向下向外往盘边滑动，然后沉降到转鼓壁上。

通常，盘式离心机转鼓直径为 150～1000mm，其转速与转鼓直径有关，可高达 12000r/min。在处理易分离的悬浮液过程中，流量可达 100m³/h；当固相浓度低于 15%时，处理的理论沉降速度的限度大约为 8×10^{-8}/ms。为了确保转鼓具有尽可能高的容量，一般使其高度与直径大致相等。此外，为使沉积固体能够沿锥形盘表面下滑，其锥体角应足够大，一般为 35°～50°。对盘式离心机设计的主要改进，通常是针对固体卸料方法进行的，其改进后的结构有三种形式。

（1）固体保留型

图 5-52 所示为最简单的一种盘式离心机转鼓，特点是其壁与转轴平行的无孔转鼓。这种转鼓用于处理体积浓度低于 1%的低浓度悬浮液，以避免进行频繁的人工清洗。有时还采用易于处理的纸衬里，以便能够使清洗操作简化。典型的固体容量约为 5～20L。最广泛的应用场合是从牛奶中分离奶油，应用通常限于无毒液体，因为在人工清洗时，毒物对人体有害。

（2）喷嘴型

使用喷嘴型盘式离心机时，固体可以按泥浆形式连续卸料。对转鼓形状作了改进后，可以使泥浆区具有如图 5-53 所示的锥形截面，这样就能提供较大的存留容积，并能使抛出的泥浆具有良好的液流分布。为了防止沉积固体积聚或发生堵塞现象，可对这些称为喷嘴小孔的直径及数目进行最优化处理。实践表明，喷嘴数选定为 12～24，直径为 0.75～2mm，底流与物料通量的比率为 5%～50% 较好。底流流量几乎只决定于所用喷嘴的直径和数目。与在水力旋流器中一样，在喷嘴型盘式离心机中，较大的底流流量容易导致进入底流颗粒的"死通量"增大，从而使得净分离效果计算不能说明问题。

喷嘴型盘式离心机有几种设计方案：例如部分固体卸料的再循环，喷嘴设在较小的转鼓直径处，卸料前的洗涤装置，以及内喷嘴和为卸除压缩固体的刮管等。

这种盘式离心机的重要应用有高岭土的脱水、焦油的脱水以及湿法磷酸的澄清。

（3）固体抛出型

固体抛出型结构如图 5-54 所示，它可将固体间歇抛出。这种离心机带有一些用阀进行关闭的边缘孔。这些孔可用定时器或采用按沉渣厚度进行自动操作的装置加以控制；也可使用环状滑板，打开转鼓边缘上分布的长宽孔。这种结构与上述用阀关闭的小孔相比，有利于处理更粗更硬的固体。

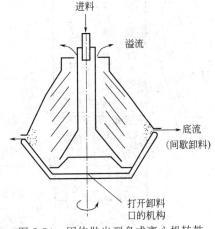

图 5-54　固体抛出型盘式离心机转鼓

固体抛出型盘式离心机，适用于处理中等固体浓度（2%～6%）的悬浮液。而在这种场合下，连续卸料和间歇操作都不大适宜。此外，这种离心机还可用以处理在喷嘴卸料剪切力作用下容易破碎或散开的固体，也能使压实较慢的固体得到较好的浓缩。根据转鼓边缘开启时间的不同，可进行全卸料或部分固体卸料。

这种离心机适用于各种汁液和食物提取液的澄清以及船用燃料的净化。

5.3　离心机的选型

5.3.1　选型的原则

离心机的种类和品种规格型号繁多，机构和性能各异，而工业中需分离的物料的种类和性质更是千差万别。因此，对特定生产流程中某一特定待分离的物料需选用何种离心机是适宜的，是值得研究的问题。如果选择不当，不仅达不到分离要求，有时甚至造成失效而使生产无法运行。

中国离心机生产已经系列化、标准化，并制定了离心机型号的表示方法，如图 5-55 和图 5-56 所示。

在生产过程中，有脱水、澄清、浓缩、分级、分离等不同的工艺要求，选型首先要根据生产过程不同进行特殊考虑。常见的过程有以下方面。

（1）脱水过程

脱水过程是使悬浮液中的固相从液相中分离出来，且要求含的液相越少越好。当固相浓度较高、固相颗粒是刚体或晶体且粒径较大时，则可选用离心式过滤机。如果颗粒允许破碎，则可选用刮刀式离心机；颗粒不允许被破碎，则可选用活塞推料离心机。当固相浓度较低、颗粒粒径很细或是无定型的菌丝体时，一般采用三足式沉降离心机或卧式螺旋卸料沉降离心机。当悬浮液中固、液两相的密度接近，颗粒粒径在 0.05mm 以上时，可选用过滤式离心机。一般情况下，沉降式离心机的能耗比过滤式离心机高，脱水率比过滤式离心机低。

（2）澄清过程

澄清是指大量的液相中含有少量的固相，希望把少量的固相从液相中除去，使液相得到

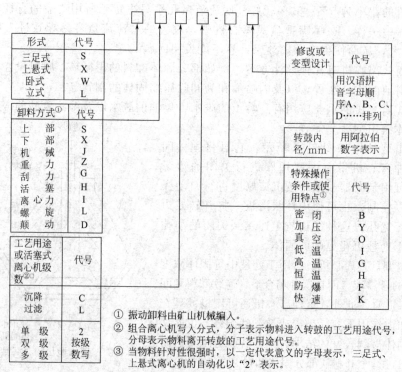

形式	代号
三足式	S
上悬式	X
卧式	W
立式	L

卸料方式①	代号
上　部	S
下　部	X
机　械	J
重　力	Z
刮　力	G
活　塞	H
离　心	I
螺　旋	L
颠　动	D

工艺用途或活塞式离心机级数②	代号
沉降	C
过滤	L
单　级	2
双　级	按级
多　级	数写

修改或变型设计	代号
	用汉语拼音字母顺序A、B、C、D……排列

转鼓内径/mm	用阿拉伯数字表示

特殊操作条件或使用特点③	代号
密　闭	B
加　压	Y
真　空	O
低　温	I
高　温	G
恒　温	H
防　爆	F
快　速	K

① 振动卸料由矿山机械编入。
② 组合离心机写入分式，分子表示物料进入转鼓的工艺用途代号，分母表示物料离开转鼓的工艺用途代号。
③ 当物料针对性很强时，以一定代表意义的字母表示，三足式、上悬式离心机的自动化以"2"表示。

示例：WH₂-800代表卧式双级活塞卸料、具有过滤式转鼓、一级转鼓滤网、内径为800mm的离心机。

图 5-55　离心机型号的表示方法

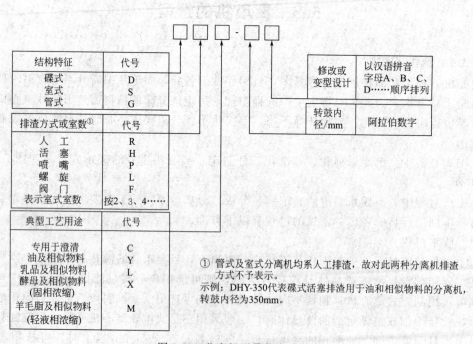

结构特征	代号
碟式	D
室式	S
管式	G

排渣方式或室数①	代号
人　工	R
活　塞	H
喷　嘴	P
螺　旋	L
阀　门	F
表示室式室数	按2、3、4……

典型工艺用途	代号
专用于澄清	C
油及相似物料	Y
乳品及相似物料	L
酵母及相似物料（固相浓缩）	X
羊毛脂及相似物料（轻液相浓缩）	M

修改或变型设计	以汉语拼音字母A、B、C、D……顺序排列

转鼓内径/mm	阿拉伯数字

① 管式及室式分离机均系人工排渣，故对此两种分离机排渣方式不予表示。

示例：DHY-350代表碟式活塞排渣用于油和相似物料的分离机，转鼓内径为350mm。

图 5-56　分离机型号的表示方法

澄清。大量液相含有少量固相，且固相粒径很小（10μm 以下）或是无定型的菌丝体，可选用卧式螺旋、碟式或管式离心机。如果固相含量小于1％、粒径小于5μm，则可选用管式或碟式人工排渣分离机。如果固相含量小于3％、粒径小于5μm，则可选用碟式活塞排渣分离机。其中管式分离机的分离因数较高（$F_r \geqslant 10000$），可分离粒径在 $0.5\mu m$ 左右较细小的颗粒，所得的澄清液澄清度较高，但其单机处理量小，分离后固体干渣紧贴在转鼓内壁上，清渣时需要拆开机器，不能连续生产。碟式人工排渣分离机的分离因数也较高（$F_r = 10000$），由于碟式分离机的沉降面积大，沉降距离小，所得的澄清液的澄清度也较高，且处理量较管式离心机大，但分离出的固相沉积在转鼓内壁上，也需要定期拆机清渣。碟式活塞排渣分离机的分离因数在 10000 左右，可以分离粒径在 $0.5\mu m$ 左右的颗粒，所得的澄清液的澄清度也较高，分离出的固相沉积在转鼓内壁上，当储存至一定量后，机器能自动打开活塞进行排渣，可连续进行生产。

（3）浓缩过程

浓缩过程是使悬浮液中含有的少量固相的浓度增大的过程。常见的分离设备有碟式外喷嘴排渣分离机、卧式螺旋卸料离心机和旋液分离器等。固、液相密度较大的物料，可用旋液分离器。固、液密度差较小的物料，可用碟式外喷嘴排渣分离机或卧式螺旋卸料沉降离心机。卧式螺旋卸料离心机的浓缩效果与机器的转速、转差、长径比及固、液相的密度差、黏度、固相颗粒粒径及分布以及处理量有关。城市污水处理厂的剩余活性污泥使用卧式螺旋卸料沉降离心机，可使二沉污泥的固含量从 0.05% 浓缩到 8% 左右。一般情况下，卧式螺旋卸料离心机排出的固相含水率比碟式外喷嘴排渣分离机要低一些。

（4）分级过程

随着科学技术的发展，超细颗粒在工业上具有很多用途，但是超细颗粒（$d \leqslant 2\mu m$）用常规的筛分方法很难分离，而需要采用湿式离心的方法加以分离，即把固相颗粒配成一定浓度的溶液（并加入适量的分散剂），在一定的分离因数下，可得到粒径不同的两组颗粒。分级过程最常用的机型是卧式螺旋卸料离心机。

（5）液-液、液-液-固分离过程

液-液、液-液-固分离是指两种或三种不相溶相的分离，分离的原理是利用相的密度差。液-液分离时，应确保其中一相纯度较高，而另一相纯度可稍低一些。液-液-固分离时，需按固体含量多少考虑选用人工排渣还是自动排渣的机型。液-液、液-液-固分离量较小时，可考虑选用管式分离机；处理量大的一般选用碟式人工排渣或活塞排渣分离机。在管式分离机和碟式分离机中均需通过调整环来调节两相的纯度。在碟式分离机中，轻、重液相的含量还与碟片中心孔的位置有关。

总之，想对分离机械做出明智的选择，必须依据下述几个原则。

ⅰ. 对固-液分离流程系统有比较全面的分析和了解。这就要求对分离操作环节的上游和下游流程有所了解，这个范围从上游的化学反应器或分离物的其他来源处开始，一直到合乎要求的最终产品为止。这样，整个流程系统中前面的和后续的步骤对分离步骤的影响将会明确起来。这样就可以知道进入分离设备的料浆的物性，如浓度、粒度、黏度等是稳定的还是随时可变的，进行分离前是否需要进行预处理或预浓缩，分离后的固体渣是否需要干燥脱水操作方能制成产品，渣中含母液是否需回收，是否要求洗涤和降低渣中含湿量等。以上因素对离心机和过滤机的选型都将产生影响。这是分离前、后工艺过程对分离机械选型的影响，简称工艺过程的影响。

ⅱ. 要对被分离物料的特性有充分的了解。需要知道的分离物料特性包括：料浆或悬浮液中固相的浓度、颗粒特性、密度、液相的黏度、密度、挥发性、毒性、腐蚀性、pH 值等。

固相的颗粒特性是指颗粒直径、体积、形状、表面积等描述悬浮液中单个和聚集颗粒的物理量。对于分离机械的选择来说，颗粒尺寸的大小是最重要的。由于工业生产中，物料的固相颗粒绝大多数均是非球形的无规则形状的颗粒，因此要全面而准确地描述颗粒的尺寸和表面轮廓是不可能的。对颗粒的实际尺寸还取决于测量方法。测量方法不同，所得的颗粒尺寸及表示方法也将不同。

颗粒群的颗粒尺寸分布以及在分离过程中所形成的颗粒层（滤饼或沉渣层）的性质，对分离过程速率有直接和重要的影响。颗粒层的一个特性尺寸是孔隙直径，其定义是颗粒层中孔隙体积与形成此颗粒层的全部颗粒的表面积之比值。显然，颗粒尺寸愈小，表面积愈大，孔隙直径则愈小。因此，分离时，流体通过的阻力则愈大，速率将降低。其次，极细的颗粒（通常小于 $10\mu m$ 的颗粒）所形成的颗粒层，通常具有可压缩性。而有些非定型物料不论颗粒大小，其本身就具有可压缩性。对于可压缩性的物料颗粒层，增大过滤压力可能导致颗粒层被压缩而堵死孔隙，使分离过程无法进行，在这种情况下，用沉降方法反而优于过滤方法。

ⅲ. 要满足分离任务和要求，分离任务包括单位时间内的处理量、需要回收的固相或液相的回收率、固相含湿量和液相含固量的要求、母液是否有挥发性而需要密闭型分离机械等。

ⅳ. 要考虑经济性，经济性包括设备的可获得性、附属装置的多寡、设备的价格、质量和可靠性、维修管理和运转费用等。由于分离机械种类繁多，能满足同一分离任务和要求的机种可能不止一种，在这种情况下，最后的选择往往取决于经济性。

综上所述，选型的原则可归纳为工艺流程、物料特性、分离任务、经济性四个需要满足和适应的方面。

5.3.2 选型的依据

当工业生产过程的工艺操作条件已确定时，具体选择何种分离机械主要依据分离任务和物料特性。

（1）分离任务

包括处理量的规模、操作方式和分离目的，如图 5-57 所示，分为 9 种。

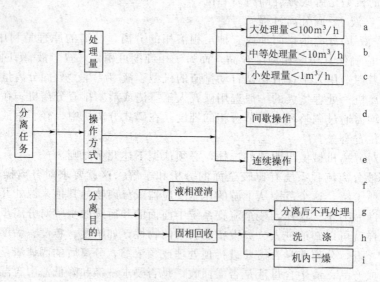

图 5-57 分离任务分解

（2）物料特性

包括固相颗粒、密度、液相密度、黏度、悬浮液浓度等。分别测定这些物料性质，需要专门的仪器设备，还要耗费不少的时间和人力。对于离心机和过滤机的选型而言，需要的是综合性，即物料的沉降性和过滤特性。

物料的沉降特性如图 5-58 所示，共 8 种，从 A～H。F～G 反映了悬浮液固相浓度。A～C 反映了固液相密度差、固相粒度和液相黏度的综合性质。沉降实验可用简单的仪器很容易在实验室完成。

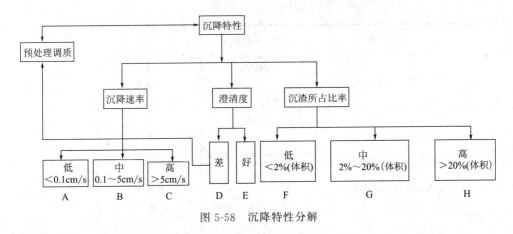

图 5-58 沉降特性分解

物料的过滤特性，测定过滤特性可在实验室用布氏漏斗作真空过滤实验。过滤 200mL 料浆，求得滤料饼生成速率，如图 5-59 所示。共分 4 级，I～L。它反映了固相颗粒层（滤饼）的过滤阻力的综合特性。

5.3.3 选型的基本方法

5.3.3.1 表格法

为满足生产任务，必须根据分离物料的性质和分离任务，即依据图 5-57～图 5-59 中

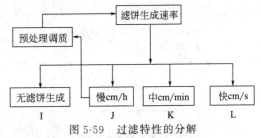

图 5-59 过滤特性的分解

所列各项的实际情况，按表 5-7 所列各种类型分离机械的适用范围进行选择，并根据一些特殊要求以及其他条件逐步筛选。其他条件包括：所选机种是否有厂家生产，该产品的质量、可靠性、价格、能耗及操作费用等，将这些条件加以权衡后确定。还可与制造厂联系，提供物料做分离实验，或以小型机做实验，取得数据后确定选型。

表 5-7 应用举例：待分离物料的处理量为 $8m^3/h$，间歇式生产，固体需洗涤，按图 5-57 可知必须满足 b、d、h 三项分离任务和要求，从表 5-7 查出，满足此三项任务的有下列分离机械，共分七大类：1 带垂直滤液的加压过滤机，2 带水平滤液的加压过滤机，9 水平带式真空过滤机，11 压滤机，12 刮刀卸料过滤离心机，14 上悬式或三足式离心机，18 带压榨隔膜的压滤机。

表 5-7 各类分离机械的适应性

序号	分离机类型	适宜的分离任务	所处理物料的沉降特性	所处理物料的过滤特性
1	带垂直滤液的加压过滤机	a、b 或 c	A 或 B	I 或 J
		d	D 或 E	
		f、g、h 或 i	F 或 G	
2	带水平滤液的加压过滤机	b 或 c	A 或 B	J 或 K
		d	D 或 E	
		g 或 h	F 或 G	
3	带式压榨过滤机	a、b 或 c	B	J
		e	D 或 E	
		g	G	
4	筒式过滤机	b 或 c	A 或 B	
		d	D 或 E	
		f	F	

续表

序号	分离机类型	适宜的分离任务	所处理物料的沉降特性	所处理物料的过滤特性
5	转鼓真空过滤机	a、b 或 c e f、g、h 或 i	A 或 B D 或 E F、G 或 H	I、J 或 K
6	上部加料转鼓真空过滤机	a、b 或 c e g、h(或 i)	C E G 或 H	L
7	顶敷层转鼓真空过滤机	a、b 或 c e f(或 g)	A D 或 E F(或 G)	I(或 J)
8	圆盘真空过滤机	a、b 和 c e g	A 或 B D 或 E G 或 H	J 或 K
9	水平带式真空过滤机、翻斗真空过滤机或转台真空过滤机	a、b 或 c d 或 e g 或 h	A、B 或 C D 或 E F、G 或 H	J、K 或 L
10	深层床过滤器	a 或 b e f	A D F	I
11	压滤机(板框式或厢式)	a、b 或 c d f、g、h 或 i	A(或 B) D 或 E F、G 或 H	I 或 J
12	刮刀卸料过滤离心机	a、b 或 c d g 或 h	A、B 或 C D 或 E G 或 H	K 或 L
13	活塞推料过滤离心机	a 或 b e g 或 h	B 或 C E G 或 H	K 或 L
14	上悬式、三足式离心机	b 或 c d g 或 h	A、B 或 C D 或 E G 或 H	K、J 或 L
15	振动卸料或进动卸料离心机	a e g	C E H	L
16	螺旋卸料过滤离心机	a e g	C E H	K 或 L
17	旋液分离器	a 或 b e f、g 或 h	B 或 C D 或 E F、G 或 H	
18	带压榨隔膜的压滤机	a、b 或 c d 或 e g(或 h)	A(或 B) D 或 E G 或 H	J 或 K
19	振动筛	a、b 或 c d 或 e f 或 g	B 或 C E F 或 G	K 或 L

序号	分离机类型	适宜的分离任务	所处理物料的沉降特性	所处理物料的过滤特性
20	螺旋挤压机	a 或 b d 或 e g	A D 或 E H	I 或 J
21	管式分离机	(b 或)e d f 或 g	A 或 B D 或 E F	
22	撇液管排液的沉降离心机 (三足式、卧式刮刀卸料)	b 或 c d	B(或 A) D 或 E	
23	碟式分离机	a、b 或 c d 或 e f 或 g	A 或 B D 或 E F 或 G	
24	螺旋卸料沉降离心机	a、b 或 c e f、g(h 或 i)	B、C(或 A) E(或 D) F、G 或 H	
25	粗滤器	a、b 或 c d 或 e f(或 g)	C E(或 D) F	K 或 L
26	旋叶压滤机	B 或 c e f、g 或 h	A 或 B D 或 E F、G 或 H	I、J 或 K

注：表中有括号的表明该机种对该项性能可能适应，但较为勉强。

进一步筛选，需根据被分离物料的沉降实验确定。设上述物料的实验结果如下：沉降速率 2～3cm/s（B），分离澄清度较好（E），沉渣所占容积比为 15%，过滤速率 5cm/min（K）。则可根据物料的沉降和过滤特性（BEGK）从表 5-7 第四、五两栏中看出可以剔除 1 和 11。至此再要缩小范围，则需根据其他条件来考虑。例如，滤浆母液有挥发性时不能用真空过滤，应剔除 9；母液又是有机溶剂，对橡胶有腐蚀，不能用 18。最后剩下可供选择的仅有三类，即 2 水平滤叶加压过滤机、12 刮刀卸料过滤离心机、14 上悬式或三足离心机。以上分离机械中以三足式人工上卸料离心机价格最便宜，生产厂家也多，易于购置；但人工卸料劳动强度大，生产效率低，不易保证处理量的要求，则必须使用自动下卸料三足式离心机或刮刀卸料上悬式离心机或卧式刮刀卸料离心机。这三者的选择势必根据生产厂家提供的产品价格、质量和可靠性而确定。至于带水平滤叶的加压过滤机，目前以芬达型过滤机较好，但价格贵，且压力源不外乎用泵进料加压，或另加压缩空气，或用有压缩性气体，都要增加附属装置费用，似不宜采用。

5.3.3.2　图表法

用图表法选择离心机比较粗糙，见表 5-8，只能根据悬浮液的固相浓度和固相颗粒的粒子尺寸进行离心机的选择，但它可以与前节的表格法配套使用，相互参考和补充，例如滤饼含液量、洗涤程度、滤液澄清度等是前节表格法所没有的。

图 5-60 和图 5-61 分别表示各种结构的过滤式离心机和沉降式离心机。

表 5-9 汇总了各种离心机的分离因数范围（不包括小型试验机）和操作方式。

表 5-8　各种离心机的适用范围和性能

离 心 机	适 用 范 围		机器性能 0～9 级（9 级最好）			
	进料固相质量分数 / %	固相粒子尺寸 / μm	滤饼 干燥度	洗涤 性能	滤液 澄清度	结晶 破坏度
活塞推料离心机			9	6	4	4
卧式刮刀卸料离心机			9	6	5	5
螺旋卸料过滤离心机			9	5	4	4
振动卸料离心机			7～9	5	4	3
三足式和上悬式离心机			9	6	4	6
离心卸料离心机			7		5	7
螺旋卸料沉降离心机			4	3	4	—
管式分离机			—		6～7	
人工排渣碟式分离机			3		6～7	
环阀排渣碟式分离机			3		6～7	
喷嘴排渣碟式分离机			3		6～7	

（进料固相质量分数刻度：0.001　0.01　0.1　1　10　100；固相粒子尺寸刻度：0.1　1　10　10^2　10^3　10^4　10^5）

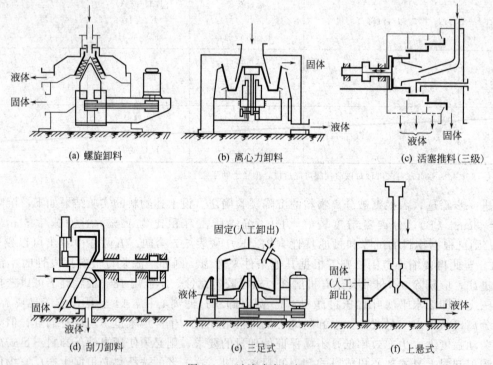

(a) 螺旋卸料　　(b) 离心力卸料　　(c) 活塞推料(三级)

(d) 刮刀卸料　　(e) 三足式　　(f) 上悬式

图 5-60　过滤式离心机

表 5-9　各种离心机的分离因数和卸料方式

离 心 机	分离因数	操作方式	离 心 机	分离因数	操作方式
过滤式离心机（图 5-60）			沉降式离心机（图 5-61）		
螺旋卸料式	200～2200	连续式	螺旋卸料式	500～4000	连续式
振动卸料式	75～150	连续式	喷嘴排渣式	6000　9000	连续式
活塞推料式	200～1200	连续式	环阀排渣式	5500～7500	自动间歇式
卧式刮刀卸料式	200～2000	自动间歇式	管式	12000～60000	人工间歇式
三足式	400～1300	间歇式-人工或自动	多室式	4000～8000	人工间歇式
上悬式	400～1300	间歇式-人工或自动			

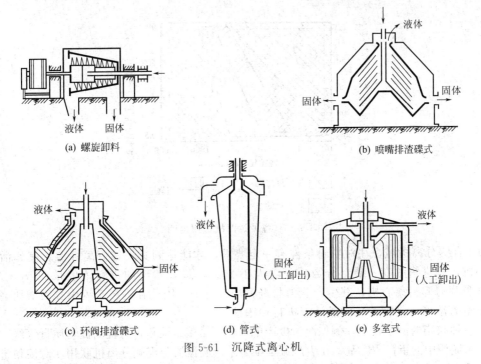

(a) 螺旋卸料 (b) 喷嘴排渣碟式

(c) 环阀排渣碟式 (d) 管式 (e) 多室式

图 5-61 沉降式离心机

图 5-62 可供依据悬浮液中固相粒子尺寸（μm）或重力沉降速度以及清液流量来选择沉降离心机。

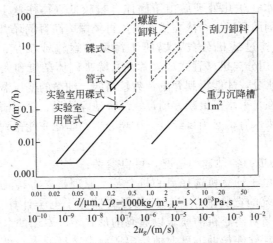

图 5-62 沉降离心机适用范围

图 5-63 可依据固相粒子尺寸（μm）来选择过滤机。但这两种方法都是粗略的，仅供参考，可是较简便。

5.3.3.3 综合选型及各机种联用

(1) 各机种联用

在下列情况下可采用各机种联用。

ⅰ. 材料性质特殊，如悬浮液浓度过低或固相粒度分布范围过宽，因而只选择某一种机型无法完成分离任务的情况。

ⅱ. 对分离任务有特殊要求的情况，如要求滤饼含液量极低，以利于下道干燥工序的节能；又如要求分离产品（固相或液相）的杂质含量最少。

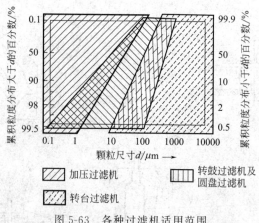

图 5-63　各种过滤机适用范围

　　ⅲ. 有些分离机械往往对物料条件有一定要求，才能达到其较佳分离性能。例如活塞推料离心机，其进料浓度（质量分数）至少大于 20%，最佳状况的进料浓度是 50%～75%。又如虹吸刮刀卸料离心机，其生产能力与进料浓度有关。因此在进料系统中必须增加诸如旋流器或重力浓槽（带搅拌）对悬浮液进行预浓缩。

　　多机种联用的例子较多，例如淀粉生产中，特别是玉米淀粉，为提高淀粉质量等级，必须降低玉米淀粉中的蛋白质含量，在生产流程中多采用旋流器与碟式分离机联用，对淀粉进行反复多次洗涤、脱水。在采矿作业中，精选矿石，为提高矿石有用成分含量，多采取粉碎，湿法细磨后含细微颗粒的矿浆经过浮选、浓缩、脱水、振动床等多机种的联合分离。在污水处理中，活性污泥脱水，污水在生化处理后由于固体含量较低（往往低于 1%），且固体密度低，多采用预处理（加絮凝剂调节）后经浓缩槽浓缩，再经螺旋卸料沉降离心机（或带式真空过滤剂）脱水，再用带式压榨过滤机分离，以便于污泥的运输或焚烧。又如含固体杂质较多（>1%）的变压器油，先用分离机（管式或碟片式）除去固体杂质和大部分水分，然后再用真空滤油机除去其余所含水分，才能得到介电常数较高的、纯净的变压器油。又如要得到纯净的液相，例如纯水，先是在自来水厂聚凝、消毒、沉降池除沙泥、澄清槽澄清，再经深层过滤器过滤，得到可饮用的自来水后，必须再经过一次膜分离的超滤才能得到纯水。

　　（2）综合选型
　　表 5-10 综合了离心机的各种选型情况，可供参考。
　　近年来国外采用了电子计算机选择离心机。基本原理是先将料液的物料特性与对离心机的要求，归纳编制成系统的选择表，以软件的形式储存于电子计算机系统内；选择离心机时，将处理料液的特性与对离心机的要求以数码的形式填入专用的卡片，该卡片就作为信息输入电子计算机；在储存软件帮助下迅速地给出所要求选择的离心机。
　　当然电子计算机选择出来的离心机，不一定是唯一的或最佳的，可能有多个答案，如要得到最佳选择方案，还应辅之以必要的试验。
　　编制储存软件内的选择表时，一般是将与选择离心机有关的物料特性列为十大项（力度、密度差、沉降速率、浓度、颗粒形状、固料特性、固相可溶性、悬浮液温度、防爆性、固相最大密度）进行编码。每一大项特性又分为若干项给予编码，如依固粒可能有从 0.5～150μm 及长、短纤维的各种情况，将粒度又分编为 9 个子项。对离心机的要求按 5 大项（工艺性能、生产能力、加热或冷却、洗涤、磨损）进行编码。每一大项也分编为若干子项，如离心机的工艺性能编为悬浮液澄清、固料脱水、乳浊液分离等子项。一共编列有 17 大项和 78 子项。
　　相应于每一子项的要求，都有一定类型数量的离心机可适用，将这些适用的离心机分别归纳于每一子项中（只要满足要求，各机种可重复地在各子项中出现），就构成一个比较完整的选择表。

表 5-10　离心机的综合选用

项目	过滤离心机						沉降离心机				分离机		
	间歇式		活塞式		连续式		螺旋卸料		管式	室式	碟式		活塞排渣
	三足、上悬	卧式刮刀三足自动上悬式机械	单级	双级	离心力卸料	螺旋卸料	圆锥型	柱锥型			人工排渣	喷嘴排渣	
分离因数	500~1000	~2500	300~700	300~700	1500~2500	1500~2500	≈3500	≈3500	10000~60000	≈8000	≈8000	≈8000	≈8000
用途　澄清	优	优	优	优			可	良	优	优	优	良	优
用途　液-液分离									优	优	优	优	优
用途　沉降浓缩							可	优			优	优	
用途　脱液	优	优	优	优	优	优	可						
用途　应用	固相脱液、洗涤	固相脱液、洗涤	固相脱液、洗涤	固相脱液、洗涤	固相脱液	固相脱液	固相浓缩	固相浓缩、液相澄清	乳浊液分离、液相澄清	液相澄清	乳浊液分离、液相澄清	乳浊液分离、液相澄清	乳浊液分离、液相澄清
生产能力　干渣/(t/h)	~5	~8	~10	~14	~10	~6	~5	~5					
生产能力　悬浮液/(m³/h)									~6	~18	~10	~100	~90
料液物性　固相浓度/%	10~60	10~60	30~70	30~70	≤80	<80	5~30	3~30	<0.1	<0.1	<1	<10	1~5
料液物性　固相粒度/mm	0.05~5	0.1~5	0.1~5	0.1~5	0.04~1	0.04~1	0.01~1	0.01~1	~0.001	~0.001	0.001~0.015	0.001~0.015	0.001~0.015
料液物性　两相对密度差	相对密度差不影响						≥0.05	≥0.05	≥0.02	≥0.02	≥0.02	≥0.02	
分离效果	优	优	优	优	优	优	良	良	优	优	优	渣呈流动状	优
洗涤效果	优	优	良	优	可	可	可	可					
晶粒破碎度	低	高	中	中	中	高	中	中					
代表性分离物料	糖、棉纱	糖、硫铵	碳铵	硝化棉	碳铵	洗煤	聚氯乙烯	树脂、污泥	动植物油、润滑油	啤酒、电解液	奶油、油	酵母、淀粉	抗菌素、油

思 考 题

1. 什么是分离因数？提高分离因数的主要途径是什么？

2. 离心机的生产能力与哪些条件有关？碟片式离心机的生产能力为什么与碟片数有关？

3. 在离心机转鼓中，悬浮流相对转鼓产生周向速度时，对悬浮流的轴向速度和颗粒的沉降速度影响如何？

4. 离心机对流体流动状态的基本要求是什么？

5. 在一定的转速条件下，给定的沉降离心机对悬浮液中固体颗粒为什么有一个分离极限？

练 习 题

1. 已知离心机转速 3000r/min，分离物料密度 $1500kg/m^3$，离心机转鼓内半径 0.8m，转鼓内物料环的内表面半径 0.7m，求此时的离心液压。

2. 有一澄清型碟片离心机，内有碟片 20 个，碟片小端半径 0.05m，大端半径 0.3m，碟片母线与轴线成 30°夹角，在转速 5000r/min 下分离固体颗粒密度为 $2000kg/m^3$ 的水悬浮液，要使粒径大于 $1.0\mu m$ 的颗粒都得到分离，计算此时的生产能力。

3. 在上题中，若碟片间距 $h=5mm$，$f=0.5$，求此时大于 $1.0\mu m$ 的颗粒不被液流带出的条件？向碟片大端移动的条件？并与上题计算结果比较。

4. 已知柱型转鼓离心机生产能力 $Q=10m^3/h$，转鼓内半径 $r_2=0.5m$，自由叶面半径 0.3m，在长转鼓条件下，液体流动状态不随时间改变，求此时的液流轴向速度分布，并绘图表示。

参 考 文 献

[1] Willus C A. Chemical Engineering Progress. 1973，(9).

[2] Bohman H. Proceedings of the First European Conference on Mixing and Centrifugal Separation. 1974，(9)：9-11.

[3] 孙启才，金鼎五主编，离心机原理结构与设计计算．北京：机械工业出版社，1987.

[4] 潘永密，李斯特主编．化工机器．北京：化学工业出版社，1981.

[5] Srarovsky L. Solid-Liquid Separation. Butteworths，1977.

[6] Wokeman R J. Filtration and Separation. 1979.

[7] 机械工程手册编委会编．机械工程手册．第 2 版：第 12 卷．第 9 篇分离机械．北京：机械工业出版社，1997.

[8] 孙启才主编．分离机械．北京：化学工业出版社，1993.

[9] 章棣主编．分离机械选型与使用手册．北京：机械工业出版社，1998.

[10] 斯瓦罗夫斯基 L 著．固液分离．宋企新等译．北京：化学工业出版社，1990.

[11] 辽阳制药机械股份有限公司．离心分离机械产品样本．

[12] 重庆江北机械厂．离心机产品样本．

[13] 李德昌编．离心机．西安：陕西科学技术出版社，1992.

附录1 容积式压缩机型号编制方法（JB 2589）

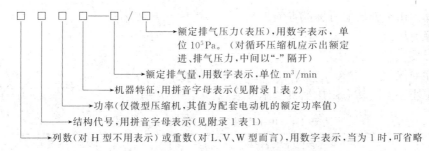

额定排气压力（表压），用数字表示，单位 10^5Pa。（对循环压缩机应示出额定进、排气压力，中间以"-"隔开）

额定排气量，用数字表示，单位 m^3/min

机器特征，用拼音字母表示（见附录1表2）

功率（仅微型压缩机，其值为配套电动机的额定功率值）

结构代号，用拼音字母表示（见附录1表1）

列数（对 H 型不用表示）或重数（对 L、V、W 型而言），用数字表示，当为 1 时，可省略

活塞式压缩机型号由大写汉语拼音和阿拉伯数字组成，表示方法如下。

说明：原动机功率小于 0.18kW 的压缩机不标排气量与排气压力值。

附表 1-1　活塞压缩机的结构代号

结构代号	涵义	来源	结构代号	涵义	来源
V	V 型	V-V	M	M 型	M-M
W	W 型	W-W	H	H 型	H-H
L	L 型	L-L	D	两列对称平衡	D-DUI
S	扇型	S-SHAN(扇)	MT	摩托	M-MO(摩)、T-TUO(托)
X	星型	X-XING(星)	DZ	对置式	D-DUI、Z-ZHI
Z	立式	Z-ZHI(直)	ZH	自由活塞	Z-ZI(自)、H-HUO(活)
P	一般卧式	P-PING(平)			

附表 1-2　活塞压缩机的特征代号

特征代号	涵义	来源	特征代号	涵义	来源
W	无油润滑	W-WU(无)	F	风冷	F-FENG(风)
D	低噪声罩式	D-DI(低)	Y	移动式	Y-YI(移)

下面给出某些活塞压缩机型号示例。

V2.2D-0.25/7——2 列、V 型，原配电动机额定功率 2.2kW，低噪声罩式，额定排气量 0.25m^3/min，额定排气表压力 7×10^5Pa。

2VY-6/7 型空气压缩机——4 列，双重 V 型，移动式，额定排气量6m^3/min，额定排气表压力 7×10^5Pa。

在此标准颁布之前，活塞压缩机型号编制略有不同。例如，H22165/320 氮氢气压缩机——H 型，22×10^4N 活塞力，第 3 种变型设计，额定排气量 165m^3/min，额定排气表压力 320×10^5Pa。

又如，5L5.5-40/8 空气压缩机——"5"表示系列序号，L 型，5.5×10^4N 活塞力，额定排气量 40m^3/min，额定排气表压力 8×10^5Pa。

再如，4M12-45/210 型压缩机——4 列，M 型，12×10^4N 活塞力，额定排气量 45m^3/min，额定排气表压力 210×10^5Pa。

附录2 动力用空气压缩机的基本形式参数

（1）动力用空气压缩机标准进气工况

进气绝对压力　　　0.1 MPa

进气温度　　　　　20 ℃

进气相对湿度　　　0

（2）中小型空气动力用压缩机基本参数

附表 2-1 中小型空气动力用压缩机基本参数

电动机额定功率 kW	额定排气压力/MPa						电动机额定功率 kW	额定排气压力/MPa		
	0.7		1.0		1.25			0.7	1.0	1.25
	公称容积流量/(m³/min)							公称容积流量/(m³/min)		
18.5	3.0	2.6①	2.5	3.2①	2.2	2.0①	132	22	18	16
22	3.6	3.2①	3.0	2.6①	2.6	2.4①	160	28	22	20
30	4.8	4.2①	4.0	3.6①	3.4	3.2①	200	35	28	25
37	6.0	5.3①	5.0	4.5①	4.2	4.0①	250	42	34	30
45	7.1	6.3①	6.0	5.3①	5.0	4.6①	315	50	46	40
55	9.5	8.5①	8.0	7.1①	6.7	6.0①	355	63	50	45
(63)	11	10①	9.0	8.0①	8.0	7.1①	400	71	56	50
75	13		10	10①	9.0	8.5①	450	80	63	56
90	16		13		11		500	90	71	63
110	19		15		13		560	100	80	71

① 为风冷压缩机公称容积流量。

注：括号内电动机功率为非优选值。

（3）空气动力用压缩机的比功率

附表 2-2 中小型空气动力用压缩机的比功率和噪声

电动机额定功率 /kW	公称排气压力/MPa								
	0.7			1.0			1.25		
	比功率/(kW/m³·min⁻¹)≤								
	水冷		风冷	水冷		风冷	水冷		风冷
	有油	无油	有油	有油	无油	有油	有油	无油	有油
18.5									
22	5.80	6.0	6.30	6.91	7.15	7.51	7.73	8.00	8.40
30									
37									

续表

电动机额定功率/kW	公称排气压力/MPa								
	0.7			1.0			1.25		
	比功率/(kW/m³·min⁻¹)≤								
	水冷		风冷	水冷		风冷	水冷		风冷
	有油	无油	有油	有油	无油	有油	有油	无油	有油
45	5.40	5.75		6.43	6.85		7.20	7.67	
55①									
55②			6.10			7.27			8.13
(63)	5.15	5.60		6.14	6.67		6.87	7.47	
75									
90									
110	5.13	5.50		6.11	6.55		6.84	7.33	
132									
160									
220	5.11	5.40							
250									
315	5.09	5.35							
355									
400									
450	5.07	5.30							
500									
560									

① 单作用空气压缩机。

② 为双作用空压机。

注：1. 括号内电动机功率为非优选值。

2. 风冷空压机比功率包括冷却风扇功率。